河北省社会科学基金项目

新型职业农民培育策略研究

◎高玉峰　孟凡美　著

中国农业科学技术出版社

图书在版编目（CIP）数据

新型职业农民培育策略研究 / 高玉峰，孟凡美著 .—北京：中国农业科学技术出版社，2021. 4

ISBN 978-7-5116-5261-4

Ⅰ. ①新… Ⅱ. ①高…②孟… Ⅲ. ①农民教育-职业教育-研究-中国 Ⅳ. ①G725

中国版本图书馆 CIP 数据核字（2021）第 059292 号

责任编辑 王惟萍
责任校对 贾海霞
责任印制 姜义伟 王思文

出 版 者 中国农业科学技术出版社
北京市中关村南大街 12 号 邮编：100081
电 话 (010)82106643(编辑室) (010)82109702(发行部)
(010)82109709(读者服务部)
传 真 (010)82106634
网 址 http://www.castp.cn
经 销 者 各地新华书店
印 刷 者 北京建宏印刷有限公司
开 本 710mm×1 000mm 1/16
印 张 18. 5
字 数 312 千字
版 次 2021 年 4 月第 1 版 2021 年 4 月第 1 次印刷
定 价 88. 00 元

前　言

中国目前正由农业大国向农业强国发展，但是农业从业人口老龄化问题日益显现，为解决“谁来种地”“怎样种好地”的问题，党中央于2012年提出了“要大力培育新型职业农民”，习近平总书记也针对“谁来种地”问题在2013年的中央农村工作会议上进行了深刻阐述，从此拉开了新型职业农民培育的序幕。自2012年起每年的中央一号文件都对新型职业农民培育工作进行部署，在实施乡村振兴战略背景下新型职业农民成为实施乡村振兴的主力军。

我国新型职业农民培育工作经历了由点到面的过程。2013年在全国31个省（区、市）100个县进行了试点，2014年增加到300个示范县和14个示范市，2015年达到487个示范县和21个示范市。“十三五”规划提出到2020年全国新型职业农民总人数超过2 000万。当前已经建立起新型职业农民培育制度体系和组织机构，在全国各地已经涌现出一大批典型的新型职业农民，有效地促进了乡村振兴。目前国家已经将农村的部分种植养殖大户培育成为新型职业农民，他们具有传统的种植经验，但其年龄普遍偏高，文化程度普遍偏低，如何培育一批年轻、高文化层次及高素质的新型职业农民，更好地发挥其示范引领和辐射带动作用，确保新型职业农民培育工作的长期性和稳定性成为当前应该着重解决的问题。

本书为著者2017年承担的河北省社会科学基金项目“河北省新型职业农民精准培育策略研究”（项目编号：HB17SH025）的成果。著者一直关注国家有关新型职业农民培育方面的政策、各省（区、市）的典型做法、取得的成功经验、新型职业农民培育中存在的问题等，并与国外一些发达国家在职业农民培育方面取得的成功经验进行对比和深入思考，在对新型职业农民等有关人员全面调研的基础上有针对性地开展研究。《新型职业农民培育策略研究》凝聚了著者5年的研究成果，本书从新型职业农民与传统农民的区别及对国外职业农民培育经验研究为起点，对国家和部分省（区、市）有关新型职业农民培育政策进行了阐述，以河北省新型职业农民为研究对象，在对河北省 11 个地市 1 000 余名新型职业农民进行问卷调查的基础上，采用灰色关联分析等方法对新型职业农民培育现状、需求、素质等方面进行了深入研究，同时对河北省近 1 000 名涉农专业学生成为新型职业农民愿景、影响因素及对策等进行了分析，对典型的新型职业农民培育模式进行了梳理和总结，提出了新型职业农民培育机制，介绍了典型新型职业农民的成功经验，对充分发挥图书馆在新型职业农民培育中的作用及方法等进行了剖析。全书共十一章，其中第一章至第三章、第九章和第十章由孟凡美完成，其余内容由高玉峰完成。本著作丰富了新型职业农民的研究成果，对其他专家学者进一步研究新型职业农民具有重要的参考价值，也可为有关部门决策提供依据。

本著作的读者群体既可以是政府工作人员，也可以是高等院校、科研院所的专家学者，还可以是涉农专业大学生及新型职业农民等。调研过程中得到了河北省各地市农业农村局及涉农高校的大力支持，尤其是河北省邢台市农业农村局提供了许多宝贵的资料。在本书撰写过程中河北科技师范学院职业教育研究院的闫志利研究员、学报编辑部的邹德文研究员、农学与生物科技学院的贺字典教授均提出了宝贵的意见和建议。李桂艳、邬大为、刘志祥等典型代表给予了大力支持。本书的出版得到了河北科技师范学院资助。在此一并表示感谢！

由于时间仓促，新型职业农民培育问题也将与时俱进，不断演化出新的问题，书中内容难免跟不上时代的步伐，敬请广大读者批评指正！

高玉峰

2020 年 12 月于秦皇岛

目　　录

第一章　新型职业农民与农民

“三农”问题一直是党和国家领导人十分关心和关注的问题，每年的中央一号文件都会聚焦“三农”。中国是一个农业大国，有8亿~9亿的农民生活在农村，要想实现中华民族的伟大复兴和四个现代化，就要解决这些农民的生计问题。随着中国加入WTO以后，国外农产品价格和质量对中国传统农业和农耕方式提出了巨大挑战。“谁来种地”“怎样种好地”已成为迫在眉睫的问题。党中央、国务院提出了培育新型职业农民的一系列制度和措施，如及时雨般为农业和农民的改革发展指明了方向。那么新型职业农民与传统农民有何区别呢，培育新型职业农民在当今有何重要意义？

第一节　新型职业农民的含义

一、新型职业农民的提出

进入21世纪后，随着我国城镇化进程速度加快，全国户籍人口城镇化率逐年提高，从事农业的人口数量减少，尤其是从事农业的年轻人更少，在我国农村农业后继无人现象十分普遍，有的地区甚至出现有田无人种的情景，主要原因是农业属于弱势产业，效益低，风险大。但我国人口众多，粮食安全问题是国计民生中的一个非常重大的问题，未来谁来种地，如何种好地，成为社会普遍关注的问题。

农业部、财政部和团中央从1999年开始实施了“跨世纪青年农民科技培训工程”，该工程计划利用10年时间为农村培训800万致富带头人，使其成为建设社会主义新农村的中坚力量。党的十六届五中全会提出培养“有文化、懂技术、会经营”的新型农民；2006 年中央一号文件《中共中央 国务院关于推进社会主义新农村建设若干问题的建议》、党的十七大报告均指出培育“有文化、懂技术、会经营的新型农民”，但说法从“培养”改为了“培育”，一字之差说明国家更加注重创造适合新型农民成长的环境条件，从政策上支持有志于从事农业的有文化的农民，更加科学地从事“农业”这一传统行业，为农业注入“技术”和“科技”含量。2010 年中央一号文件对职业农民这一含义又增加了“创业能力”的新要求，即新型农民要具有“科学种田”和“就业创业”的双能力。2012 年中央一号文件《关于加快推进农业科技创新、持续增强农产品供给保障能力的若干意见》提出“农业技术集成化、劳动过程机械化、生产经营信息化”的建设目标，为实现“保发展、保供给、保稳定”三保目标，要提供“强科技、强民生、强生产”的强农惠农富农政策保障，才能同步推进工业化、城镇化和农业现代化。在一系列党的强民富民政策的指引下，对农民向“新型农民”“新型职业农民”的培育工作开始启动。对“未升学的农村高中、初中毕业生”提供免费的农业技能培训，对“农村青年务农创业项目”和“农民工返乡创业项目”给予补助和贷款支持。这一系列培训和培育工作旨在优先发展一批农业科技人才和农村创业先头部队，成为“新型职业农民”。因此未来“农民”或“新型职业农民”是一种职业，与工人、教师、公务员等职业并列，体现了新型职业农民与传统的农民的不同，改变了传统农民的身份象征，体现出从身份向职业转变、从兼业向专业的转变、从传统生产方式向现代生产经营方式的转变。

二、新型职业农民的含义

“新型职业农民”概念的提出，可以说颠覆了几千年前对农民的定义，农民不再是一种身份，而是变成一种职业，指专业从事农业行业的人员。朱启臻等社会学者均对新型职业农民的含义进行了阐述。新型职业农民是在农民基础上再具备下列特征：一是从事和农业相关的生产者、经营者；二是身份和城市市民一样平等；三是具有稳定收入，具有强烈的社会责任感，成为农业现代化建设的重要推动者。为此在《关于新型职业农民培育试点工作的指导意见》中将新型职业农民分为 3 种类型，即“生产经营型、专业技能型和社会服务型”，并对这 3 种新型职业农民进行了定义。生产经营型职业农民主要包括农业专业种植大户、家庭农场主、农民合作社带头人等以农业为职业、有专业技能和资金投入能力从而从农业中获得收入的劳动力；专业技能型职业农民主要包括农业工人、农业雇员等，其主要在农民合作社、家庭农场、专业种植大户、农业企业（园区）等单位中从事农业劳动获得劳动收入的劳动力；社会服务型职业农民主要包括农村信息员、农村经纪人、农机服务人员、统防统治植保员、村级动物防疫员等农业社会化服务人员等从农业服务中获得收入的农业社会化服务的人员。[1]

第二节　新型职业农民与农民的区别

一、什么是农民

《谷梁传·成公年》中将社会人分为“士、农、工、商”四民。范宁将农民定义为“播殖耕稼者”。颜之推《颜氏家训·勉学》中也指出农民为计量耕稼者。朱德指出“农民分地大翻身，苦战九年镇日勤”。因此从古至今传统意义上的农民均是千百年来生活在农村，长期从事农业生产从土地中获得收入的劳动力。《辞海》中农民的定义为：“农民是直接从事农业生产的劳动者。在资本主义社会和殖民地半殖民地社会，主要指贫农和中农；社会主义社会，主要指集体农民”。

在农业发达国家，农民其实与工人、医生、教师、渔民、商人等职业并列，就是一种职业名称。因此农民与市民一样，所有从事这些职业的就业者都平等享有法律赋予公民的权利，也同样承担法律要求的义务，只不过从事的职业有别。《中华人民共和国户口管理条例》正式实施以后，我国形成了农村户口和城市户口“二元结构”的户籍管理体制。由于城市和农村户口带来的城乡二元制分隔，使“农民”不仅仅是职业，更多赋予其社会身份或者社会地位。导致年轻人对农业的轻视或敌视，“跳农门”脱离农村、进入城市获得市民户口所带来的红利，因此，在中国“农民”更多地体现为“一种社会等级、一种生存状态，一种社区乃至社会的组织方式，一种文化模式乃至心理结构”。

二、新型职业农民的特征

（一）职业性

从职业分类意义上来理解，其实农民本是一种职业，只不过是农民这一职业长期生长在农村，从事农、林、牧、渔业的生产劳动者。职业农民应该符合以下条件：长期生产或生活于农村；使用（或长期使用）生产性耕地或其他农业生产资料；大部分时间从事农业生产或农业技术服务；经济收入主要来源于农业生产和农业经营。因此，职业农民与传统农民最大的区别在于：农民职业是自己主动选择的结果，而不是从父辈继承而来的；职业农民更注重科学种地、管理与经营；职业农民将现代企业制度引进农场管理中，与工业企业或公司性质相当。因此职业农民一部分是农民中种植能手发展起来的，另一部分是其他行业经理人或农业专业毕业生从事农业行业形成的，当前的职业农民可以是种植能手、养殖行家，也可以是农产品经纪人（表1-1）。

表1-1　传统农民与职业农民的区别

项目	传统农民	职业农民
身份属性	职业与身份统一	职业不受身份影响
职业流动性	差，一般靠继承获得，相对封闭	强，自愿选择，符合一定条件即可自由进入和退出
整体素质	较低	较高
生产目标	维持家庭基本生产和生活需要	获取社会平均劳动收益
经营方式	小而全，小生产，小交易	专业化、精细化、产业化

（二）现代性

新型职业农民除了把农业当成一种终身从事的职业外，还应具备现代性的条件。

（1）新型职业农民具备一定的经营规模，收入高，社会地位高并能够得到社会尊重。新型职业农民与市场高度衔接，农业经营高度市场化，因此比传统农民从土地上获得更多的报酬。

（2）新型职业农民是把务农作为终身职业的全职农民，务农是其终身职业，后继有人使这一职业具有高度的稳定性。

（3）新型职业农民是有文化、懂技术、善经营、会管理的知识技能型农民。新型职业农民不仅要有文化、懂技术、善经营和会管理，还要有高度的社会责任感和使命感，要有良好的生态环境观念。

（4）新型职业农民是民主法制意识强、思想道德素质较高的民主型和文明型农民，具有现代性。新型职业农民改变了过去小农经济时代的弊端，是一种引入了现代农业元素的发展观的农业。

针对新型职业农民的这些特征，农业部办公厅在2012年发布的《关于新型职业农民培育试点工作的指导意见》文件中指出“以农业为职业、具有一定的专业技能、收入主要来自农业的现代农业从业者”即为新型职业农民。在“十三五”全国新型职业农民培育发展规划中明确规定的新型职业农民为“以农业为职业、具有相应的专业技能、收入主要来自农业生产经营并达到相当水平的现代农业从业者。”在此基础上，陕西省、新疆维吾尔自治区、上海市等省（市、区）在综合素质、专业技能、经营规模、社会效益、职业道德等方面规定了本地区新型职业农民的认定条件。自此各地区出现了一大批有文化、有技术、懂经营、终身从事农业且有责任担当的新型职业农民，在农业资源合理配置、引入先进生产经营模式、先进技术示范带动作用、带领当地农民致富等新农村建设中发挥了巨大作用。

第三节　培育新型职业农民的重要意义

如果说“十三五”是全面建成小康社会的决胜期，是加快推进农业现代化的关键期。那么“十四五”则是现代农业深度融合时期。在中共中央《“十四五”规划和2035年远景目标建议》中规定“十四五”期间要“全面实施乡村振兴战略，强化以工补农、以城带乡，推动形成工农互促、城乡互补、协调发展、共同繁荣的新型工农城乡关系，加快农业农村现代化”。为此在“加快培育农民合作社、家庭农场等新型农业经营主体，健全农业专业化社会化服务体系，发展多种形式适度规模经营，实现小农户和现代农业有机衔接”中更需要新型职业农民的带头示范作用，这样才能形成一支高素质农业生产经营者队伍，才能担当起现代农业建设的历史重任。

一、培育新型职业农民是实现农业现代化的必然要求

2035 年中国要基本实现社会主义现代化。农业现代化关键是“农业科技现代化”。习近平总书记在吉林时强调“加强农业科技创新，科研人员要把论文写在大地上，让农民用较好的技术种出好的粮食”。在正定时强调“建设社会主义现代化大农业，关键靠现代科学技术的推广和应用，靠掌握这些科学技术的专门人才”。在福建工作时仍然强调：“要积极探索一条适合国情、省情、县情，依靠科技进步和提高农民素质，花钱省、多办事和集中力量办大事的现代农业发展路子”。在浙江工作期间做出指示：“大力发展高效生态农业的重大决策，并推动全面建立科技特派员制度的路子”。在上海工作期间，他提出“坚持农业的科技化、集约化发展，大力发展现代、生态、高效、特色农业，全面提升农业的经济功能、生态功能和服务功能。”因此在农村必须要有一批愿意终身从事农业的、愿意接受新技术、新知识的人做领头羊，实现农业与科技的无缝衔接。这些人成立家庭农场、专业合作社、农机合作社等，让农民成为农业产业工人，进入这些农业企业工作，带领当地农民脱贫致富，因此培育大批高素质的新型职业农民，是农业产业化、规模化、现代化的重要条件，是社会主义新农村建设的必要之路。

二、培育新型职业农民是城乡一体化发展的必然要求

多年实行的城乡二元制制度阻碍了实现城乡一体化发展，因此，发展职业农民政策也是削弱或削除长期农村户口带来的负面影响，农民实现职业化后，就如同城镇的居民一样，务农如同上班，其生活也就市民化了。因此，一大批新型职业农民的出现，将使农业成为收入稳定的职业。只有提高农民文化与科技、生态文明素质，培养新型职业农民，才能在根本上解决“三农”问题，推进工业化和城市化，将人口压力转化为人力资源的优势，促进城乡经济社会的协调发展。城乡经济社会发展的主体是人，而农民职业化程度的高低，既是衡量城乡一体化

进程的重要指标，又决定着城乡经济社会发展的速度和效益。“新型职业农民”是榜样，也是目标，为实现这个目标，需要在“化”上大做文章，下大功夫，让更多的农民成为“新型职业农民”。

“小康不小康，关键看老乡”，全面建成小康社会的重点和难点在农民，最艰巨最繁重的任务在农村。“农民要小康，收入要连涨”，2015 年城镇居民人均可支配收入为 31 195 元，农村居民仅为 11 422 元。2019 年中国城镇居民人均可支配收入 42 359 元，比 2018 年增长 7.9%，农村居民人均可支配收入 16 021 元，比 2018 年增长 9.6%，提前一年比 2010 年翻一番，增速连续 10 年高于城镇居民。2020 年前三季度农村居民人均可支配收入达到 12 297 元，实际增长 1.6%。因此，在“十四五”期间，实现城乡一体化关键是如何拉动农村经济的发展，形成以农业与旅游业融合形成的现代生态观光农业、创意农业、智慧农业、都市农业、文化农业；农业与航空、生物技术渗透形成航空育种农业、无土农业；农业与信息技术等高新技术产业协同发展形成精准农业、信息农业、模拟农业等的“一镇一特色、镇镇有产业”或“一县一村一品”的产业格局，促进传统农业产业的集聚发展和转型升级。因此，我们必须要加大力度培育新型职业农民，加快农民职业化的步伐，从而构建一支高素质的现代农业生产经营队伍，为实现农业现代化提供坚实的人力资源基础和保障。

三、培育新型职业农民是最终实现全民共同富裕的建设目标需要

中国要强，农业必须强；中国要美，农村必须美；中国要富，农民必须富。农业基础稳固，农村和谐稳定，农民安居乐业。党的十八大报告提出“四化同步”的目标，既“坚持走中国特色新型工业化、信息化、城镇化、农业现代化道路，推动信息化和工业化深度融合、工业化和城镇化良性互动、城镇化和农业现代化相互协调，促进工业化、信息化、城镇化、农业现代化同步发展”。在这一过程中农业现代化仍是短板，由于农业这一行业中对青年人缺乏吸引力，后继乏人，导致农业现代化进程远远落后于“工业化、信息化、城镇化”。因此，如何让农业吸引更多的年轻人，让农民这一职业成为体面的职业成为 21 世纪的新课题。围绕着“80 后不想种地、90 后不懂种地，00 后不问种地”的现实，党和

国家多次出台政策，激发种地活力。“土地流转”“土地托管”等不同形式的土地集中种植模式在各地开始尝试，并取得了不错的效果，逐渐实现了小农户与现代农业的有机衔接。

四、发展现代农业亟须培育新型职业农民

农村土地承包责任制曾激活了农民种地积极性，让60后、70后在自家的土壤上耕耘出粮食大丰收的热情。随着80后、90后受教育程度和眼界宽阔后，“脸朝黄土背朝天”的耕作模式让他们对土地失去了耐心。进城务工成为新一代农民工远比在家种地务农更有吸引力，因此新一代年轻人中出现了分化，对农业有热情的农村年轻人或城里人成了专业种地人，他们对农业、对土地的热爱加上国家政策的扶持，使他们成为新型职业农民。我们国家的农业也开始出现了现代农业的萌芽。现代农业是“广泛地运用植物学、动物学、化学、物理学等现代科学技术，自觉地利用自然和改造自然，并把工业部门生产的大量物质和能量投入到农业生产中，以换取大量农产品，成为工业化的农业，从而让农业生产走上区域化、专业化的道路，由自然经济变为高度发达的商品经济，成为商品化、社会化的农业。即现代农业为“健康农业、有机农业、绿色农业、循环农业、再生农业、观光农业”的集成。党和国家多次提出现代农业发展之路。在《中共中央、国务院关于落实发展新理念加快农业现代化实现全面小康目标的若干意见》中明确提出“着力构建现代农业产业体系、生产体系、经营体系，加快构建职业农民队伍，形成一支高素质农业生产经营者队伍”。《中共中央关于制定国民经济和社会发展第十三个五年规划的建议》也明确提出要“培养新型职业农民”。2021年中央一号文件中提出三个目标：“一是（巩固脱贫）巩固和拓展脱贫攻坚成果、二是（推进振兴）全面推进乡村振兴、三是（加快现代化）加快农业农村现代化。”培育新型职业农民是突破现代农业发展瓶颈、补齐现代农业发展短板，并最终实现城乡一体化统筹协调发展而采取的明智之举，可谓意义深远。

“乡村振兴，是民族复兴题中之义”，从这些关键词中足以看出农业的发展对中国发展的重要性。“农业的繁荣就是国家的繁荣，农村的文明就是国家的文明，农民的体面就是国家的体面”。无论是从实现城乡一体化考量，还是从实现

小康社会思考，让农民更体面地生活、更体面地劳动，让农民成为更体面的职业，都是全社会必须关注和持续努力的。

五、我国已构建新型职业农民培育体系

“农为邦本，本固邦宁。”足以看出农业对国家发展大局的重要性。2021 年一号文件再一次强调“要坚持农业科技自立自强，加快推进农业关键核心技术攻关。”“深入推进农业供给侧结构性改革，推动品种培优、品质提升、品牌打造和标准化生产。”“要建设高标准农田，真正实现旱涝保收、高产稳产。”等一系列政策均说明了农业现代化对中国四个现代化实现的重要性。

党的十八大以来，党中央、国务院针对农业现代化建设的需要，将大力培育新型职业农民作为一项非常重要的战略性任务来完成，积极谋划，抓好落实。四川省达州市实施了《通川区新型职业农民认定管理实施办法》和《通川区深化职业农民制度试点工作实施方案》，通过“新型职业农民教育培训、政策扶持、跟踪问效”这一机制将职业农民制度纳入乡村振兴考核体系，着力培养有文化、懂技术、善经营的新型职业农民队伍。为“谁来种地”这一目标打造农村人才高地、激活农业农村干事创业队伍。在推动现代农业建设中成效初显。地方政府根据地域特点，各显神通，充分发挥农业广播电视学校、涉农大中专院校及科研院所等在新型职业农民培训中的重要作用，鼓励和支持农业企业园区、农民专业合作社等建立新型职业农民实训基地，建设农民田间学校，支持基层农技推广服务机构进行做好跟踪服务工作，初步形成了以各类公益性涉农培训机构为主体、多种资源和市场主体共同参与的“一主多元”新型职业农民教育培训体系。组织了各种形式的农民培训，将新技术、新知识送到田间地头。在“十三五”期间落实了《国家中长期人才发展规划纲要（2010—2020 年）》和《全国农业现代化规划（2016—2020 年）》的部署后我国新型职业农民培育体系已基本构建完成，取得了三大成效。一是新型职业农民正在成为现代农业建设的主导力量。二是具有中国特色的新型职业农民培育框架基本确立，培育制度基本建立和完善。三是“一主多元”的培育体系初步形成。通过培育和培训，新型职业农民队伍不断壮大，部分高素质的青年农民正在成为专业大户、家庭农场主、农民合

作社领办人及农业企业骨干，一批新生代农民工、涉农专业毕业生、科技人员等加入了新型职业农民队伍。除此以外，工商资本也开始进入农业领域，IT 行业、“互联网+”现代农业等新业态催生了一批新型职业农民，这些新元素均为现代农业发展注入了新鲜血液（表 1-2）。

表 1-2　“十三五”新型职业农民培育发展主要指标

指标	2015 年	2020 年	年均增长	指标属性
新型职业农民队伍数量	1 272 万人	2 000 万人	146 万人	预期性
高中及以上文化程度占比	30%	≥35%	1 个百分点	预期性
现代青年农场主培养数量	1.3 万人	≥6.3 万人	≥1 万人	约束性
农村实用人才带头人培训数量	6.7 万人	16.7 万人	≥2 万人	约束性
农机大户和农机合作社带头人培训数量	示范性培训为主	≥5 万人	1 万人	约束性
新型农业经营主体带头人培训数量	示范性培训为主	新型农业经营主体带头人基本接受一次培训	≥60 万人	预期性
线上教育培训开展情况	试点性开展	完善在线教育平台，开展线上培训的课程不少于总培训课程的 30%；开展线上跟踪服务	≥6%	预期性

“十四五”期间，对于新型职业农民的培育更要有针对性。一是培育对象更有针对性，选准培育对象，并建立培育对象数据库。优先从国家现代农业示范区、农村改革试验区、粮食生产功能区、重要农产品生产保护区、特色农产品优势区、农业可持续发展试验示范区、现代农业产业园遴选培育对象，将新型农业经营主体信息直报平台中的人员纳入培育对象。而且要把产业“扶贫建档立卡贫困户”优先遴选为职业农民培育对象。二是培训内容设置得更为科学合理。除了重点设置新知识、新技术、新品种、新成果、新装备的应用，市场化、信息化、标准化和质量安全等环节中制约产业发展的技术，还要把品牌创建、市场营销、企业管理、融资担保、职业道德素养、团队合作、科学发展等内容也列入培训内容，整体提升新型职业农民的从业素养、抵御市场风险等能力。三是创新培育机

制。除了利用政府原有的培训体系如农广校、涉农院校、农业科研院所、农技推广机构等原有培训资源外，还应将农业园区、农业企业引入市场竞争机制，建立新型职业农民实习实训基地和创业孵化基地，发挥其产前、产中、产后整个产业链优势，开展新型职业农民培育工作。四是更新培训方式。除采用传统的集中面授及现场实训方式外，还可以采取线上与线下相结合的培训方式，或者结合快手、抖音、微视频等短视频平台，采用更多更灵活的方式在新型职业农民培训方面探索，让农民随时随地可以接受农业新知识、新技术、新政策。

第二章　国外职业农民培育

国外职业农民培育工作起源较早，建立了较为完备的法律体系，具有健全的农民培育体系，都有专门的培育机构负责职业农民培育工作，政府非常重视职业农民培育工作，每年投入大量的经费支出职业农民培育，主要的代表国家有美国、英国、法国、日本、韩国、澳大利亚、俄罗斯、印度、巴西、南非等。

第一节　美国职业农民培育

美国在 20 世纪 60 年代已经实现了农业现代化，虽然美国从事农业生产的人数不多，不到国民的 1%，但是美国却是农产品出口大国，出口能力强，在世界农产品市场上处于支配地位，究其原因是美国农业生产率高，农民素质高，美国政府重视对农民的培训，对农民教育投入大。

一、农民教育培训体系完善

美国农业科教体系较为完善，不仅有正规教育机构，同时还有非正规的推广教育机构。农业教育培训、技术研究、技术推广三位一体。由州政府建立农业技术推广体系，负责经费支持，农学院负责具体工作。在 19 世纪初，美国政府负责提供土地和资金，建立农业学校，同时加大了农业学校的财政投入，促使农业学校迅速发展，在校生规模不断扩大，农业学校承担着科学研究和技术推广的双重任务。要求农业院校的教师每年必须承担科学研究、技术推广等任务，并与职称晋升挂钩，确保农业院校的教师具有理论知识和动手操作能力，在实践中发现农业生产中存在的各种问题，通过科学研究逐步解决，最终把成果传授给学生，在很大程度上保证了农业技术的及时更新。美国开设农业职业教育课程的中学共有 3 500 所，有近 1/3 的高中生进修过有关农业方面的课程。

美国不仅建有正规的农业院校，各州政府还都建立了农业试验站，并且在不同的地方建立了分站，具体工作也由农学院管理，农业试验站和各分站结合当地农业生产中遇到的实际情况进行科学研究，以便及时解决生产中遇到的实际问题。农学院有近一半左右教师参加到试验站的研究工作，同时有一半的试验站工作人员兼任农学院教学工作。农学院教师每年都在农村开办各种农业技术培训班，利用农闲时对农民进行系统的理论和技能培训，帮助农民解决生产中遇到的困难和问题，传授先进的农业科学知识，把科研成果和理论紧密结合。国家还通过成立农村俱乐部的方式，帮助农民学习农业知识，寓教于乐，提高农民的经营管理能力。同时美国各级政府还都建立了大量的有关农业方面的科学研究机构，并配备农业科技人员。目前美国早已形成了农业技术教育培训、农业科学研究与农业技术推广三位一体的管理模式。

随着美国工业、服务业的不断发展，服务业就业人口越来越多，所占比例越来越大，相反从事农业的人口数量越来越少，所占比例越来越小，大量农业人口不断地从农村向城市移动，同时还存在农业从业人员年龄老龄化等问题。尽管如此，美国政府仍然在全国设立了近 3 000 个农业技术推广站，负责对农场主进行培训，提高农业规模化经营水平和生产效率，美国生产的农产品满足了本国的需要，还将大量的剩余农产品出口到世界各国，美国是世界上最大的农产品出口国家，许多农产品如玉米、大豆等出口量都位于前列。

二、美国农民培育相关组织和计划

（一）美国未来农民组织

美国未来农民组织（FFA）至今有 80 多年的历史，是非政府组织的农业教育组织，在中等教育阶段针对青少年开展，目的是通过开展农业知识方面的教育和培训向青少年传授有关农业知识、生产技能及生活技能。美国的未来农民组织非常成功，向农业战线输出了许多技术人才。FFA 具有牢固的立法基础，有非常可靠的资金支持。FFA 管理理念先进，宗旨明确，方法科学，教育内容紧跟农业技术发展前沿，人才输出渠道广泛。目前，FFA 为大约 6 000 万名学生提供与农业相关的教育，取得了较好的效果。

（二）新农民或农场主培训计划

目前美国农民的平均年龄日益老化，培育年轻的农民和农场主迫在眉睫，为此美国农业部国家食品和农业研究所（NIFA）提出了新农民和农场主发展补助金计划（BFRDP）。该计划主要是对美国的新农民和农场主进行教育培训，通过培训提高新农民和农场主的技术水平，目的在于帮助美国新农民和农场主，特别是那些工作经验不足十年的农民和农场主，通过提高新农民和农场主的农业技术水平，以解决美国农民年龄日益老化的问题。

第二节　欧洲国家职业农民培育

一、欧洲国家农民培育政策

欧洲各国政府十分重视对农民的教育培训，在对农民教育培训过程中创建了富有特色的培训模式，他们把对农民的培训与农民证书制度相结合，激发农民培训的兴趣，不仅满足了农民对培训的需求，提高了农民的农业生产技术，提高了农业产量，创造了较大的经济效益，同时这种模式的建立极大地影响了世界其他国家对农民的培训，使其他国家对农民的培训水平上了一个新台阶。由于欧洲国家农业生产经营单位主要是家庭农场，他们对农业技术要求非常高，农场规模不但小而且分散，培训组织起来相对困难，欧洲各国农业技术先进，信息技术发达，特别适合网络培训。欧洲各国提出由政府部门、高等院校、科研院所等相结合，采用职业教育与成人教育相结合的方式对农民进行教育和技术培训。

二、法国职业农民培训

法国政府和其他国家一样也十分重视农民职业教育和农业技术培训，每年政府都投入大量的资金用于农民培训，在全国各地建立大批农民职业教育培训学校及农业科研机构。在法国“农民”已经成为一种职业，法国非常重视农民教育培训，培训形式多种多样，根据不同人群的特点及需求，有针对性地开展培训，采取讲座、现场教学、交流考察等多种培训形式。培训时间也比较灵活，从两三天到几个月不等。培训对象可以是学徒工、农村青年、农村妇女。学员培训结束经考核合格后，政府为学员颁发相应的职业证书。法国政府为培训合格的学员颁发的证书主要有：农业技术员及高级技术员证书、农业职业教育证书等。政府还会为获得职业资格证书的农民颁发各种奖励，提供各种优惠政策，从而调动了广大农民参加职业教育和农业技术培训的积极性和主动性，实现了提高培训效果的目的，对促进农业生产具有十分重要的作用。法国农民培训的内容十分具有针对性，培训部门通过调查研究，制定相关专业和技能需求，再开设新课程、淘汰不合适的课程。教学时间根据季节进行调整，农忙的时候培训时间短，农闲的时候培训时间长。培训方式理论和实践相结合，农忙季节在田间地头培训，以实践教学为主，农闲时以理论教学为主。法国政府非常重视对农民培训效果的考核，建立了非常严格的考核制度，培养了大量优秀的农业技师，获得农业技师资格的职业农民，有资格独立经营农场，从而保证了有更多的具有技术的人员经营国家的土地，提高了土地的效益。[2]

三、英国职业农民培训

英国政府特别重视职业农民教育和技术培训工作，政府财政每年都投入大量资金支持农民教育和技术培训工作。英国政府还通过立法的形式，以法律的形式保障农民培训的顺利进行，《农业培训法》的颁布和实施，使英国对农民的培训更有了保证，同时英国政府还设立了国家培训奖，奖励在职业农民教育和农业技术培训工作中有突出成绩的单位和个人。同时政府还建立非常严格的考核制度及各种奖励激励措施，以调动农民参加培训的积极性，提高了培训的效率，从而保证了农民职业教育和农业技术培训质量。参训学员在培训结束后都要参加考核，只有考核合格以后，才能获得“国家职业资格证书”。网络培训是英国农民培训的主要渠道，高校和科研机构相互配合，相互合作，相互支持。学员参加培训经考核合格后可获得相应的证书，如毕业证、学位证或者是职业资格证书等。充分发挥了正规的学校教育和业余的网络作用，建立各层次教育培训相互补充、分工明确农民培训体系，能够满足不同层次农民培训的需求，调动了各方面的力量，提高了培训的效果。英国有近300个农业技术培训机构，每年有1/3的农民参加培训。[3]

第三节 日本、韩国职业农民培育

一、日本职业农民培训

日本国土面积小，耕地少，人口密度大，但是日本政府非常重视农业发展和农民教育培训，通过制定一系列优惠政策和保护措施，培养了大批高素质的职业农民。

（一）日本农民教育培训体系

日本政府非常重视农民教育培训，政府各部门之间分工合作，农民培训以教育系统为主，其他有关部门予以配合。农业教育分布在各个教育学程，包括小学、初中、高中、大学。日本综合性大学都开设农业方面的课程，内部设有农学部，进行本科教育，而日本的农业院校是专门进行农业本科教育的院校，培养目标是为国家培养大批高素质的农业方面的人才，学生毕业后主要从事农业科学研究和教育教学实践活动，不直接从事农业生产和农业经营活动。日本还设有45所农业专科学校，主要从事专科教育。日本以初中生为教育对象，进行农业教育，主要是为了培养农业应用型人才，从事农业生产。针对城市在职人员等开展农业技能短期培训，为其重新就业提供技术准备。此外日本的农业指导式教育，是经过学校正规教育之后，根据需要到农民家中接受指导，要求指导的农民要具有农业指导师的资格，日本的非学历教育是对日本高等农业教育的有益补充。日本还成立了农协，农协作为农户与市场、农户与政府之间的中介和纽带，承担着日本农民的教育培训职能。

（二）日本农民培育政策

1. 环境保全型农业认证制度

日本政府以建立生态农户为载体，通过制定优惠的农业政策、提供各种无息贷款，以及减免农业税收等政策给予农户大力支持，减轻农户的负担，激发农户的积极性，提高农户的经济效益，来推动环境保全型农业建设。认定为生态农户的标准是拥有 4.5 亩（1 亩≈667 平方米，15 亩=1 公顷，全书同）以上土地、年收入在 200 万日元以上。对生态农户国家给予无息贷款，主要由农业银行放贷，农民可以获得无息贷款，对贷款的最长时间要求为不超过 12 年。政府或农业协会可以为生态农户提供购置农业设施资金方面的扶持，以保证农户有足够的资金购买农业设施。政府还在生产经营规模大、农业管理技术水平高、获得经营效益好的农户建立相关基地，为农民农业技术培训、农产品有机示范、农业生态观光等提供基地，供其他农户学习，提高基地的社会服务功能。

2. 注册农户制度

日本从 1993 年开始实行注册农户制度。国家给注册农户政策上的支持，目的是为了改善日本农业的经营状况，推进农业规模生产，提高农业的经济效益。注册农户生产所需土地、设备及必要的资金由国家及政府有关部门补助利息。对于具有一定规模的注册农户，农业用机械、设施、家畜、树木的折旧比例增加，可以包含相关经费，税制上可享受优惠。

二、韩国职业农民培训

（一）韩国农民培训模式

韩国政府为了摆脱农业后继无人的问题，非常重视农民培训。从法律上为农民培训提供了保障，制定了《农村振兴法》，规定了农民教育的主体，具体包括农业合作组织、农业大学和农村振兴厅，农民教育培训由这些机构及其他民间组织共同完成，构成了韩国的农民教育培训体系，这种体系非常具有特色及人性化，具有非常好的教育培训效果。农业合作组织设有新农民技术大学、研修院、教育院、农业经营教育支援团，主要对农协会员、农民技术员及职业农民等进行培训；农业振兴厅下设道农村振兴院、市郡农村指导所、邑农村指导所，主要对系统内的工作人员、骨干农民、农村青少年及农业院校的师生进行培训；其他民间组织包括农村文化研究会、农民教育学院、农村青少年教育协会等，主要对农村青少年、农业技术人员和全体农民进行培训。

(二) 韩国农民培育的相关政策和制度

1. 国家支持农业政策

为了应对开放给韩国农业带来的冲击，韩国政府采取了有效的应对策略。2004 年，韩国政府制定了“农业和农村社区综合计划”，为确保其计划的顺利实现，2004—2013 年向农业投资 119 万亿韩元以保证计划的实现。韩国政府制定了“农业和农村社区十年中长期政策框架”，制定了相应的政策路线图。

2. 农户培训计划

韩国政府充分意识到在农业生产以及在获得农业、渔业竞争力方面，农业生产的主体，也就是农户和渔民的技术、技巧和管理能力比其他因素都要重要，必须通过培训提升农渔民的经营能力。农户培训计划的目标重点在于通过先进技术和管理能力的培训，提升农民在产业主体中的地位，通过扶持有先进技术和管理能力的农业专家，对不同规模的农户进行系统的培训，通过提高年度预算提升培训质量。

第四节　澳大利亚职业农民培育

澳大利亚是南半球经济最发达的国家，他们农业技术先进，职业农民素质高，与澳大利亚的农民教育培训、认证管理以及相关的政策支持是密不可分的。

一、澳大利亚农民教育培训体系

澳大利亚非常重视农业教育和农民职业技术培训。学校教育与职业教育构成农业教育体系，资格框架、质量培训框架和培训分三部分构成国家技能框架体系。澳大利亚的教育主体：学前教育、义务教育、高中教育、大学高等教育等各类院校，而职业教育是大学教育的有益补充，由继续教育机构及有关的职业培训机构来完成，主要对未择业人员和职业农民开展农业知识及相关农业技能方面的培训。政府支持大的农场主、农业企业集团开展农业技术培训，并且每年都投入大量的培训经费支持其承担培训工作。

澳大利亚资格框架体系要求发证机构按照统一标准发放培训结业证书，保证了职业教育培训课程实施和评估始终遵循国家标准。学员可以选择职业教育或学校教育两种渠道学习，每种渠道均随着学习的深入发放级别不断升高的证书，学员每完成一阶段的教育都可以凭借证书参加工作或继续学习以最终获得学士学位。澳大利亚对职业培训实行准入制度，建立了科学的质量培训框架体系，对培训过程进行了非常严格的监督和管理，有专门的机构负责此项工作，澳大利亚根据不同行业工作者所需要的知识与技能进行评价，确定评价标准。

二、澳大利亚农民培育相关政策和制度

（一）支持农业政策

澳大利亚政府对于农业的直接干预较少，对农产品经营采取开放性政策，建立灵活的市场机制以促进农业发展。由于经济外向性程度高，政府调控的主要做法是：引导与支持传递市场信息传递，提高出口产品质量，通过信息引导农业结构优化调整。政府取消了对农产品的直接价格补贴，采取更加符合 WTO 政策。政府对农业的支持措施主要有：一是基础设施的服务，政府加大对基础设施建设的投入，积极为农民做好服务工作；二是做好粮食储备，以解决国家粮食安全；三是实施农业收入保险，确保农民收入有保障；四是有关自然灾害方面的救济，对于自然灾害，政府都投入大量的资金进行救济，以最大限度降低农民的损失。

（二）农业科学研究政策

澳大利亚拥有非常完整的农业科研及农业服务体系，农业科研成果在短时间内能有效进行转化，转化率非常高，一般在80%左右，较高的成果转化率确保了澳大利亚的农业增收，澳大利亚农业的许多领域都处于世界领先水平，比如旱作农业、育种、畜产品加工等。农业科研机构以国际市场需求为导向，根据需求采用多个单位和部门联合攻关，形成了科研、生产、销售为一体的农业科学研究体系。澳大利亚农业技术推广体系完善，能将研究成果及时推广到农业生产上，政府也鼓励科研与生产相结合，推行农业产业部门资助研究与推广政策，政府部门 1∶1 的比例出资资助，用于本行业的科研与技术推广。澳大利亚的农业科研经费来源广泛，除政府投入外，行业协会及各类公司都积极赞助，各种技术推广机构进行有偿服务所得，同时农产品销售后的盈利按比例提取用于该产品的技术研究与推广。

（三）农业税收与融资政策

澳大利亚的税收政策对农业生产与经营有特殊的优惠办法，相关法律规定：对于一般纳税人在计算收入所得时，只扣除经营性支出，不扣除资本性支出，但有关农业的某些资本性支出可在当年或若干年内扣除。畅通的农民融资渠道也是保障农民生产福利，激发其务农积极性的重要保障。

（四）农民教育培训政策

澳大利亚政府对农民的支持重点在于对农民教育与培训，根本目标在于提高农业劳动者素质，进而提升农业劳动生产率。在过去的 20 年中，政策变化对农民的教育培训方式产生了重要影响。一是减少州级农业推广资金的个人投入，增加政府公共资金的投入，放松政府对教育培训的控制，将教育培训项目实施对外招标，引入市场机制，扩大培训规模，使农民获得更多的教育机会和高质量的教育培训。二是改变了职业教育培训战略。

第五节　俄罗斯职业农民培育

俄罗斯非常重视农业科技的力量及农业机械化生产，在农业科研等领域都处于世界的前列。教育培训方式灵活，接受培训的人员多，俄罗斯整个国家的全部人员都能接受到培训，使得俄罗斯终身教育体系更加完善。

一、俄罗斯职业农民教育培训体系

俄罗斯职业农民教育培训分为四个层次。一是高等农业教育，主要面向高中毕业生招生，学制 4～5 年，培养目标是农业工程师和农业专家；二是农村中等职业教育，面向初中和高中毕业生招生，学制 2～3 年，目标是培养熟练工人和中等农业专家；三是农村初等教育，主要面向初中毕业生招生，学制 1～2 年，开设职业课程，培养目标是一般农业方面的工人；四是高校后续教育与补充职业教育，主要招收受过完全高等教育或已参加工作人员，培养博士研究生。俄罗斯的高等农业教育以高等农业院校及农业科研院所为主，它们是俄罗斯农业高等教育实施的主体。俄罗斯农业科学院是承担高等农业教育的特殊机构，历史悠久，是目前世界上最大的国家级农业科学研究机构。高等农业教育的远程教育，通过Internet网来实现教学的目的，应用比较广泛，不受时间、地点的约束。农村中等教育与农村的文化、经济紧密联系在一起，是俄罗斯农村教育的重要组成部分。农村复式教学学校是俄罗斯农村中等教育的一大特色。

二、俄罗斯农民培育相关政策和制度

（一）农业补贴政策

俄罗斯为了是保证粮食安全，维护农产品价格稳定，保障农民收入不降低，于2007年1月颁布了《联邦农业发展法》，该法对农业补贴政策做了非常详细的说明，俄罗斯的农业补贴政策大致分为农业补贴国内支持政策、农产品市场准入政策及农产品出口补贴政策3个部分。

（二）农业保险政策及相关法律

俄罗斯的农业生产受天气因素影响较大，为了促进农业经济复苏，保障农业生产顺利进行，为农业企业或农场等提供农业保险服务。俄罗斯出台了与农村教育相关的法律，如《2000—2010年农业食品政策基本方针》《农业合作制法》等，确保农民教育培训顺利完成。俄罗斯出台了农民教育认证制度，在制定职业教育人才培养规格时，将欧洲的就业市场作为目标。

第六节 印度职业农民培育

印度是一个农业大国，农业资源丰富。20世纪60年代开始了以科技为导向的“绿色革命”，2005—2010年农业GDP均增长水平为3.9%。2011年粮食丰产，总产量为25 042万吨，历史上前所未有。这些得益于印度各级政府对农业科研以及农民教育的重视。

一、印度农民教育培训体系

印度农业教育是邦管事务，中央的主要任务是从宏观上制定农民教育培训的基本原则，并协调好各项工作，促进工作有效开展，而农民教育培训的具体工作

由农业有关部门负责，主要是印度科研教育局的农业研究理事会下属的研究机构及农业大学承担。印度职业农民教育主要特点是农民教学、农业科研及农业推广等结合。印度农业部设有农业合作社局、科研教育局等管理部门。农业合作社局下面依次设有农业推广处、农业推广办公室、邦农业局、农业科技管理局等机构；科研教育局下面设有农业研究理事会。农业研究理事会下设国家研究机构、项目处、办事处、研究所及农业大学等，共149个单位和部门。

二、印度农民教育政策

（一）农产品价格及投入补贴政策

印度农产品价格政策是农业发展战略中不可分割的一部分，主要政策措施有：实行农产品的最低支持价格、市场干预价格等价格政策，采取分散采购、粮食储备等政策，确保农产品价格的稳定性。同时印度还实行农产品投入补贴政策，主包括购买化肥、农药、种子等农用物资的补贴，农业生产所需电力、灌溉、柴油等动力方面的补贴。加入世贸组织后，印度政府根据《农业协议》中针对发展中国家的补贴条款，不断增加农业投入补贴，保证农产品的价格和农民生产的积极性。

（二）农业信贷政策

印度的农业信贷按信贷的时间分为短期、中期和长期3种信贷形式。短期信贷主要针对农民购买化肥、种子、农药等生产资料，贷款期限为15个月的农业信贷，这种信贷不需要农民进行抵押，是较为优惠的信贷，信贷利率优惠10%。中期信贷主要是用于农民改善生产条件，贷款利率比短期信贷的利率更低，贷款期限比短期贷款的时间更长，一般在5年以内。长期信贷比中期信贷的贷款时间更长，一般在5年为以上，主要对农田保护、农村电气化等硬件设施的建设而设立的贷款。在信贷资金使用和具体执行过程都有非常明确的规定，规定了开垦荒地、良种选育、改造农业基础设施、增加灌溉面积等具体环节中的投资导向，规定了简化批准和支付手续、消除商业银行对农业和农民信贷歧视、增加农村的小规模信贷。

（三）实施国家农业保险

1999—2000年印度政府实施国家农业保险计划，主要目的是保护农民，降低农业由于受到自然灾害而带来的损失，通过经济补偿的方式减轻农民的损失，以便恢复农民受到自然灾害后正能恢复正常的生产。农业保险承保的自然灾害主要包括旱灾、涝灾、雹灾、火灾、病虫害等。印度从 1999 年开始实施种子作物的保险试验计划。对于牲畜保险沿用 20 世纪 70 年代逐步开展和实施的耕牛保险计划，继续降低畜牧业发展的风险。

第七节　巴西职业农民培育

巴西经过 50 年的发展从一个相对落后的农业国逐步发展成为一个新兴的工业化国家，政府对农民和农业的支持政策起到了非常重要的作用。通过对农民培育的支持，巴西农业得到了长足的进步。近年来，粮食产量显著增加，农业生产出口呈现多样化。

一、巴西职业农民教育培训体系

巴西的职业教育与经济发展、社会进步相结合，强调了私人部门和市场机制的作用，政府通过建设政策工具来促进培训。巴西政府为了提高农村地区的职业教育水平，改善农村地区的生产效率和生活质量，促进社会进步成立了专门的农业职业教育机构，政府实施的“员工继续培训计划”为企事业单位培养了大量优秀的员工。巴西具有健全的农业科研体系，针对农业生产中遇到的实际问题进行系统的研究，主要由农业科研院所、国家农牧业研究公司及各州农业研究所来承担。国家为农业院校提供科研项目方面的资金支持，此外企业和农场主也给予农业院校一定的科研资金支持，确保农业科研院校有足够的资金完成农业项目的研究及技术开发等工作。

二、农民培育的政策与措施

（一）生产者支持政策

巴西针对农民的支持政策较多，主要有政府低价购买农产品政策、政府保护农产品价格政策、农产品售空计划、期权合约补贴政策等。政府低价购买农产品政策：当市场的价格低于农产品的生产成本时，政府购买农户手中的产品；当市场价格较高时，农户可以将产品出售给市场。政府首先根据不同地区确定农产品的收购价格，向农民公布，政府以公布的价格直接从农民手中购买农产品，从而保证农民的基本收入，调动了农民从事农业生产的积极性。政府保护农产品价格政策：当农产品销售价低于政府的保证价格时，销售价格和保证价格之间的差额由政府支付给农民，保证农民的收入不降低。农产品售空计划：政府向加工企业或者批发商支付产地与消费地之间的运费补贴，数额相对较少，仅为产量的5%～6%。期权合约补贴：其实质是价格保证制度的一种。在期权所有者决定执行期权合同时，私人代理商负责购买农产品，当农产品收货后市场的实际销售价格高于当时的期权价格时，农民可以自己另行出售；当到期市场的实际销售价格低于期权价格时，政府补贴相应市场价格和期权价格之间的差额。

（二）农村保险和信贷政策

为了应对农业风险，巴西政府制定了覆盖范围广的农业保险计划。农业保险主要由国家中央银行独家经营，其他银行做代理机构，由财政部、农业部、银行等组成委员会，并由政府从财政预算中拨出资金。巴西农民交纳少量的保险费，就可以有效规避风险，从而使生产积极性得到提高。巴西的国家农村信贷体系提供农业贷款，主要是为还没有与市场建立起联系，并且很难获得农业贷款的小规模农业生产者提供，贷款利率低于市场利率。巴西政府建立了“出口保障基金”和“提高竞争力基金”，主要目的是为扩大农业生产，支持小规模农业企业增加农产品出口。从1965年开始，经过多年信贷政策的调整和不断的创新，取得了显著的成效。

第八节　南非职业农民培育

南非是非洲大陆综合国力最强的国家，国土面积约为122.1万平方千米，有4 760万人口，其中农业人口占全国人口的15%，人均GDP为 3 200美元。南非农业在非洲排名第三位，政府非常重视农业发展和职业农民培育工作，制定了一系列的惠农、支农政策，具有完善的农民培育机制，培养出大批高素质的职业农民。

一、南非农业特点

南非耕地面积占国土面积的13%，为 1 536 万公顷。南非的平均农业生产总值占国内生产总值的3%左右，每年生产的粮食除满足自己国民的需要外，仍有部分可以出口，每年农产品出口收入占南非矿业出口收入的15%左右。南非生产的农产品十分丰富，最重要的农作物是玉米，产量居非洲第一位，为 1 000 万~1 300 万吨/年，葵花籽、葡萄酒、绵羊毛产量均居世界前列。畜牧业产值已超种植业，是非洲最大的养羊国，所需肉类 85%能自给。

南非的农业生产分为两大类，发达大农场和传统农业。发达大农场由少数白人农场主经营，商品化程度非常高，占南非农业总产值 90%以上；另一个是传统农业，仅能维持当地人的生计，人均占有可耕地低至 0. 1 公顷。与此同时，农业劳动力占劳动力总数的比重持续下降，农业劳动力平均年龄为 62 岁。南非经济开发较早，人口多，农产品消耗量大，有利于农产品销售。截至 2000 年南非共有 27 万多台农用拖拉机和谷物联合收割机。每个农业劳动者每年能生产谷物近 8 000 千克、肉类近 700 千克，高的生产率与高商品化率相辅相成。南非非常重视环境和生态保护，积极发展有机农业。

二、南非农民教育培训做法

南非农民培育由国家统筹规划，贯穿整个教育环节，以教育系统为主，政府及有关部门协同。

（一）基础教育阶段

2005 年农村教育部长级委员会强调，中小学阶段应开设农业相关课程，开展多种多样的授课方式，可以把农业生产知识教育、农业园区建设教育、农业创收创业教育和农业科技服务教育有机结合起来。基础教育阶段的农业课程主要是园艺管理方面的，包括花床管理、草坪管理以及蔬菜生产等方面的知识。

（二）继续教育阶段

继续教育主要是针对成年人开展的农业技术培训，通过学习考核合格者最终能获取国家承认的学历证书。南非有 13 个承担农业技术教育的农业院校，开设的课程主要有农学、植物营养、农业工程、农业经济与管理、植物保护、土壤学与肥料学、植物病理学、植物昆虫学、植物生产技术、动物生产技术、植物化学保护、市场营销等。

（三）高等教育阶段

高等教育机构负责开发和农业相关的课程，农业研究人员、专家、技术人员和有关管理人员同国家农业研发体系内的其他机构合作开展实用技术研究和农村战略研究，将乡村治理、乡村发展等内容纳入培训计划，培育和激励农村发展计划和以社区为基础的研究计划。南非的高等农业教育由大学中的农学院承担，现有 8 所国立学校设有农学院，还有近 30 所专科性质的农学院。

（四）农业研究理事会

南非的农业研究理事会不属于农业行政管理机构，是一个相对独立的机构，是国家级的农业研究实体，共有 7 个研究机构，在全国不同地方设有 40 个农业试验基地。农业研究理事会及其所属研究机构不受农业部和其他行政部门管辖，所需经费除由议会单列预算外，还可通过需求方提出公关课题及要求并提供研究所需经费，或者农业研究理事会自行研究的成果向需求方销售。

第九节　各国职业农民培育比较分析

总体来说，各国都非常重视职业农民培育，但由于各国的基本国情不同，导致各国的做法不同，形成了不同的职业农民教育体系、培育措施、农业支持制度，最终取得的成效不同。

一、基本国情

农业土地资源直接影响着一个国家的农业生产形态。印度耕地面积占国土面积 55%，法国占 35.41%，德国占 34.64%，英国占 25.24%，美国占 17.79%，俄罗斯占 12.9%，南非占 12.1%，澳大利亚占 6.19%，日本、韩国耕地面积占陆地面积比例相对较低。巴西耕地面积虽大（5 900 万公顷），但开发的仅占 6%。从平均农业土地占有水平看，人口密度较大的日、韩明显处于劣势。从农业人口人均耕地面积看，澳大利亚最多，为2.68公顷/人，日本最低仅为0.11公顷/人，俄罗斯0.84公顷/人，南非0.31公顷/人，巴西0.3公顷/人，韩国和中国均为0.18公顷/人，印度为0.13公顷/人。

劳动力是重要的生产要素，其重要程度不亚于农业土地。随着社会经济不断发展，第一产业的就业人口逐年减少。农业人口所占比重最少的为美国，1990年为2.9%，而到2007年仅为1.4%。其次为澳大利亚，2013年农业劳动力仅占全国人口的1.92%。而据欧盟统计局公布的数据显示，欧盟的农业从业人口在2000—2009年减少了25%。俄罗斯、巴西的农业劳动力比例相比较大，分别为6.94%和6.52%。

二、农民培育相关法律

各国都建立了职业农民培训的相关法律，如美国制定了《莫雷尔法案》《哈奇法》《史密斯—休斯法案》《职业教育法》，韩国制定了《农村振兴法》《农渔民后继者育成基金法》《环境友好型农业促进法案》《农业、农村基本法》，澳大利亚制定了《国家培训保障法》《澳大利亚技术学院法》《职业教育与培训经费法》《澳大利亚职业教育与培训法》，英国制定了《农业培训局法》《技术教育法》，法国制定了《农业教育指导法案》，德国制定了《职业教育法》，日本制定了《农学校通则》《农业改良助长法》《农业基本法》《食品、农业、农村基本法》，俄罗斯制定了《联邦农业发展法》《消费合作社法》《生产合作社法》《2000—2010年农业食品政策基本方针》《教育法》《联邦教育发展纲要》《农业保险法》。从各国的法律来看，主要有以下共同特征。

各国都有明确的管理机构管理农民教育培训工作，并对培训机构的认定、考核都做出了具体的要求，德国法律规定农民教育培训工作由农业协会主管，地方教育局和培训农场协同进行；而英国法律规定由教科部负责，澳大利亚法律规定对教育机构要由澳大利亚技能标准管理委员会来评定。各国法律对农民教育培训经费有明确的规定，如美国联邦政府为各州学院拨款 1 400万美元；英国规定农场工人带薪参加培训，工资由政府支付；澳大利亚规定年收入较多的雇主应按工资的一定比例用于培训员工，工资达到22.6万澳元以上的雇主将工资的1.5%培训员工。各国政府的农民资格进行了认定，德国规定要想获得农业师傅资格，须经过不少于3年的正规职业教育取得初级农民资格后，再经过5年的生产实践考核合格。[4]

三、职业农民教育培训体系

经过长期实践探索，各国都形成了一套较为完善的农民教育培训体系，政府、农业院校和科研机构、农民培训机构相辅相成。国家负责统筹规划职业农民培训相关工作，负责相关协调，高等农业院校负责培训，其他培训机构及协会等组织作为补充。

（一）政府是农民职业教育培训管理的主体

各国都以政府为主体，制定相关法律，从宏观上管理职业农民教育培训工作，具体的管理工作由政府相关职能部门承担，不同国家承担的部门不同，综合各国，主要由农业部门、教育部门和农民组织来负责，有的国家由几个部门负责，世界各国由农业部门管理的居多，占3/4左右，如美国、法国等国家。美国实行垂直管理，即按自然区划设置自上而下的组织工作，美国农民教育培训所需要的经费全部由政府承担。法国中等农业学校和高等农业学校的校长由农业部直接任命，由农业部直接拨付教育经费、批准专业设置等。

（二）农民教育培训内容丰富

各国农民教育培训的内容都特别丰富，都非常注重理论和实践相结合，培训具有非常强的针对性和实用性，非常注意根据社会需求及市场行情变化设置培训内容，培训的系统性非常强。西方发达国家的农民教育培训内容，从传统的种植养殖技术不断地进行拓展，涵盖了产前、产中、产后的有关领域，从传统的技术扩展到了经营管理、市场预测、经营决策、市场营销、质量监控、风险规避等各个领域，从传统的栽培管理模式向绿色农业、有机农业、智慧农业、高端农业、数字农业发展。同时为不同层次的农民提供不同的培训内容。

（三）农民教育培训形式多样

随着社会不断进步，农业经济迅速发展，各国针对农民的教育培训形式呈现多样化趋势。不仅表现为培训内容丰富，形式也灵活多样，韩国创造了“4H”

教育模式，德国创造出了“双轨制”教育模式。将短期培训与长期培训相结合。有的国家根据培训目的的不同而采用不同的教育方式，如英国、法国和德国根据培训的目的不同分为基础农业培训、专业培训和晋升技术职称培训等形式。

（四）政府提供农民教育培训经费

各国政府每年财政预算中都留有农民教育培训经费，为农民教育提供较为充足的经费支持。如英国政府为农民教育培训提供70%的经费，美国财政预算600亿美元作为农民教育培训经费，德国国家教育投资的15.3%作为农民教育培训经费。同时各国都非常重视从其他渠道筹集农民教育培训经费，如法国政府通过农业补助方式，拨专款支持农业技术研究与推广，同时对农业教育大量投资；德国农民参加培训免缴费用并可获得伙食补贴等。

四、农民和农业政策支持

各国政府非常重视对农业和农民实行支持政策，既有对农民和农业上的直接支持，比如给予补贴的方式，也有间接上的支持，通过直接和间接的支持，调动了农民参与农业生产的积极性，提高了农民参与培训的主动性和创造性，概括起来，国外政府对农民和农业政策上的支持主要表现在实施财政补贴、金融信贷和农业保险等方面。

（一）财政补贴政策

各国政府每年不仅对农民进行免费培训，同时对农民和农业实施财政补贴政策。如美国建立的直接支付和反周期支付政策、自然灾害补贴政策等。欧盟建立的价格保护政策，对内实行价格支持，对外实行贸易保护等。韩国实行对农民的价格支持政策和直接支付政策，2004 年之后进行了调整，对农产品的支持政策由市场价格支持为主向生产者采取直接支付的方向转变，直接支付政策主要是对“环境友好型”农业生产的农户和提前退休的农民给予直接补贴。

（二）金融信贷政策

各国都为农民生产提供优惠的信贷支持，既有短期的也有长期的，贷款利率虽然不同，但相对其他贷款来说不仅利率低，同时办理手续简单，有的国家甚至不需要进行贷款抵押，良好的金融信贷政策，解决了农民农业生产资金上的困难，促进了各国农业高速高质量的发展。美国不仅在紧急时期为农场提供紧急贷款，在平时也为农场主提供信贷资金，而且信贷体系发达，共有 49 家各类银行为农民提供信贷服务。俄罗斯注重信贷的公平性，使更多的人受益，基本满足所有农民的需求。

（三）农业保险政策

各国都出台了农业保险政策，保证农业受到自然灾害后，农民得到相应的经济赔偿。但各国的农业保险政策不同。美国的农业保险以政府为主导，主要是国家专业保险机构负责，政府组建官方的农作物保险公司，对其资本、存款、收入等免税，同时对其他农业保险公司提供一定比例的保费补贴和经营管理补贴。农民仅支付一部分纯保费，其余部分由政府补贴。具体包括农作物保险、有机农作物保险、农业灾害援助补充规定和补充的收入援助支付，除了为农作物提供保险，还为牲畜、饲料、苗圃遭受自然灾害提供援助。

第十节　国外职业农民培育对中国的启示

各国都通过立法的方式保障农民教育培训有效开展，并且以青年农民作为主要的培训对象，政府是农民教育培训的主体，农业主管部门、教育部门、农业科研院所、农业协会等组织协同完成或独立完成，根据社会及经济发展需要开展灵活多样的培训，培训内容从传统的农业知识向现代农业转变，从单纯传授知识向知识、市场、管理及营销等多方面转变，一些国家对农民的资格进行了认证，提出了从事农业的条件，除政府为农民教育培训提供专项经费支持外，还多方筹集资金，确保农民培训经费充足，此外健全了金融信贷、农业保险法等法律法规，为农民解除了后顾之忧，各项法律的制定和相应制度的完善，调动了农民从事农业的积极性，提高了农民的素质，促进了各国农业的发展，对我国新时期新型职业农民培育具有非常重要的指导意义。目前我国是农业大国但不是农业强国，与西方农业发达国家相比有差距。但我国有自己的优势，土地资源丰富，我们可以借鉴国外的成功经验，但不能照抄照搬，应该根据国情，有针对性地采纳他国经验做法，构建具有中国特色的新型职业农民培育模式。

一、制定和健全有关新型职业农民培育相关法律法规

发达国家都十分重视农民教育培训的立法，针对农民教育培训都建立了一套非常完善的法律法规，国家通过了法律的形式保证了农民培训健康有序发展，确保了农民培训所需的人力、物力和财力，建立了完善的农民培训体系。我国是一个农业大国，政府一直重视农业、农村和农民工作，自2012年以来，新型职业农民教育培训工作得到了高度重视。但是我国目前还没有一部有关新型职业农民教育培训方面的法律法规，因此，有必要制定一部与新型职业农民培育有关的法律法规，通过法律的形式明确把和新型职业农民培育有关的内容固定下来，做到科学立法。

二、完善新型职业农民教育培训体系

借鉴发达国家农民教育培训经验，我国应该进一步完善新型职业农民教育培训体系。目前我国针对新型职业农民教育培训工作主要由国家和地方农业广播电视学校为主，每年培训了大量的新型职业农民，对提高农民素质起到了非常重要的作用，但是我国农民人口数量大，分布广泛，单纯依靠农业广播电视学校系统进行培训，实在是力不从心。我国有大批的农业院校和农科科研院所，拥有大批的农业专业技术人才，掌握着较为先进的农业专业技术，充分发挥农业院校和科研院所作用，对新型职业农民培育工作会起到非常大的促进作用。充分发挥以农业园区、农业企业和农民专业合作社为基地在新型职业农民培育中的重要作用，形成以农业广播电视学校为主体，农业科研院所、农业院校为补充，农业园区、农业企业和农民专业合作社为载体的一主多元的新型职业农民教育培训体系，实现政府牵头，多部门配合，社会参与的运行机制。按照新型职业农民教育培训目标，不断建立、健全新型职业农民培育制度，规范对培训机构和培训学员的管理，提高培训效率。根据新型职业农民的类型，有针对性地开展教育和培训工作。

三、逐步建立新型职业农民职业资格制度

新型职业农民打破了农民的身份标志，作为一种新型职业，国家应该尽快建

立新型职业农民的从业资格制度。首先从新型职业农民认证开始，全国统一标准，对于认证为新型职业农民的，要纳入国家职业资格管理中，相对提高新型职业农民入职门槛，我国在相当的一段时间内允许新型职业农民和传统的农民并存，加大对传统农民的培育，使越来越多的农民成长为新型职业农民。

四、进一步完善新型职业农民培育政策

美国、日本、韩国、澳大利亚一些发达国家，通过立法对农业和农民给予了极大的支持和扶持，有效地促进农业和农村高速发展，对职业农民培育起到重要作用。目前我国应进一步优化农业农村政策，集中优势农业生产要素由新型职业农民管理，对新型职业农民流转土地给予政策上和资金上的支持，提高新型职业农民的经营规模和管理水平，对于经营好的新型职业农民给予政策上的奖励，调动更多的新型职业农民的积极性。国家进一步调整针对新型职业农民的金融信贷政策，确保新型职业农民资金需求，国家作为担保，简化信贷手续，提高新型职业农民的贷款额度。进一步优化农业保险制度建设，强化农业保险补贴力度，扩大农业保险补贴范围，提高新型职业农民地域风险的能力。扩大社会保障范围，提高社会保障水平，积极解决新型职业农民在医疗、养老及子女上学等方面的问题。

第三章　中国新型职业农民培育政策

自2012年中共中央提出培育新型职业农民以来，连续10年中央一号文件对新型职业农民培育工作都提出了部署，农业农村部从全国100个县试点开始，由点到面逐渐摸索新型职业农民培育工作，从政策上逐渐完善，各地方政府在工作中也大胆创新，出台了一系列文件，为我国新型职业农民培育工作提供了保障。

第一节　国家政策支撑

一、党中央国务院有关新型职业农民政策

自2012年以来，中央一号文件对新型职业农民培育工作提出了明确要求。2012年中央一号文件提出“大力培育新型职业农民”[5]。2013年中央一号文件提出“大力培育新型农民和农村实用人才，着力加强农业职业教育和职业培训”[6]。2014年中央一号文件提出“加大对新型职业农民和新型农业经营主体领办人的教育培训力度。”[7] 2015年中央一号文件提出“积极发展农业职业教育，大力培养新型职业农民。”[8]

2016年中央一号文件提出“加快培育新型职业农民。将职业农民培育纳入国家教育培训发展规划，基本形成职业农民教育培训体系，把职业农民培养成建设现代农业的主导力量。办好农业职业教育，将全日制农业中等职业教育纳入国家资助政策范围。依托高等教育、中等职业教育资源，鼓励农民通过‘半农半读’等方式就地就近接受职业教育。开展新型农业经营主体带头人培育行动，通过5年努力使他们基本得到培训。加强涉农专业全日制学历教育，支持农业院校办好涉农专业，健全农业广播电视学校体系，定向培养职业农民。引导有志投身

现代农业建设的农村青年、返乡农民工、农技推广人员、农村大中专毕业生和退役军人等加入职业农民队伍。优化财政支农资金使用，把一部分资金用于培养职业农民。总结各地经验，建立健全职业农民扶持制度，相关政策向符合条件的职业农民倾斜。鼓励有条件的地方探索职业农民养老保险办法。”[9]

2017 年中央一号文件指出“开发农村人力资源。重点围绕新型职业农民培育、农民工职业技能提升，整合各渠道培训资金资源，建立政府主导、部门协作、统筹安排、产业带动的培训机制。探索政府购买服务等办法，发挥企业培训主体作用，提高农民工技能培训针对性和实效性。优化农业从业者结构，深入推进现代青年农场主、林场主培养计划和新型农业经营主体带头人轮训计划，探索培育农业职业经理人，培养适应现代农业发展需要的新农民。鼓励高等学校、职业院校开设乡村规划建设、乡村住宅设计等相关专业和课程，培养一批专业人才，扶持一批乡村工匠。”[10]

2018 年中央一号文件提出“大力培育新型职业农民。全面建立职业农民制度，完善配套政策体系。实施新型职业农民培育工程。支持新型职业农民通过弹性学制参加中高等农业职业教育。创新培训机制，支持农民专业合作社、专业技术协会、龙头企业等主体承担培训。引导符合条件的新型职业农民参加城镇职工养老、医疗等社会保障制度。鼓励各地开展职业农民职称评定试点。”[11]

2019 年中央一号文件指出“实施新型职业农民培育工程。大力发展面向乡村需求的职业教育，加强高等学校涉农专业建设。抓紧出台培养懂农业、爱农村、爱农民‘三农’工作队伍的政策意见。”[12]

2020 年中央一号文件提出“培养更多知农爱农、扎根乡村的人才，推动更多科技成果应用到田间地头。畅通各类人才下乡渠道，支持大学生、退役军人、企业家等到农村干事创业。整合利用农业广播学校、农业科研院所、涉农院校、农业龙头企业等各类资源，加快构建高素质农民教育培训体系。”[13]

《国务院关于印发全国现代农业发展规划（2011—2015 年）的通知》（国发〔2012〕4 号）指出“以实施现代农业人才支撑计划为抓手，大力培养农业科研领军人才、农业技术推广骨干人才、农村实用人才带头人和农村生产型、经营型、技能服务型人才。”[14]

《国务院办公厅转发教育部等部门关于实施教育扶贫工程意见的通知》（国办发〔2013〕86号）指出："提高职业教育促进脱贫致富的能力到2015年，初、高中毕业后新成长劳动力都能接受适应就业需求的职业教育和职业培训，力争使有培训需求的劳动者都能得到职业技能培训。到2020年，职业教育体系更加完善，教育培训就业衔接更加紧密，培养一大批新型农民和在二、三产业就业的技术技能人才。"[15]

《国务院关于激发重点群体活力带动城乡居民增收的实施意见》（国发〔2016〕56号）指出："党的十八届五中全会提出，在提高发展平衡性、包容性、可持续性的基础上，到2020年国内生产总值和城乡居民人均收入比2010年翻一番。"[16]

《国务院办公厅关于完善支持政策促进农民持续增收的若干意见》（国办发〔2016〕87号）指出："健全新型农业经营主体支持政策。完善财税、信贷、保险、用地、项目支持等政策，培育发展家庭农场、专业大户、农民合作社、农业产业化龙头企业等新型农业经营主体。"[17]

根据国务院《"十三五"促进就业规划》，中国将开展"城乡居民增收行动"。其中，技能人才、新型职业农民、科研人员、小微创业者、企业经营管理人员、基层干部队伍以及有劳动能力的困难群体，是此次增收行动的政策倾斜对象。《国务院关于印发"十三五"促进就业规划的通知》（国发〔2017〕10号）在"城乡居民增收行动"专栏中提出"将培育新型职业农民纳入国家教育培训发展规划，提高职业农民增收能力，创造更多就业空间，拓展增收渠道。"在"新型职业农民培育工程"专栏中指出"① 健全培育机制。加快建立农业行政主管部门负责，农业广播电视学校、涉农院校、农民合作社、农业产业化龙头企业、农业技术推广机构以及其他各类市场主体多方参与、适度竞争的多元培育机制，强化新型职业农民培育示范，到2020年，实现新型职业农民培育工程覆盖全国所有农业县（市、区）。② 创新培育模式。促进教学内容与生产实际、教学安排与农时农事、理论教学与实践实习紧密结合，允许分阶段完成培训。采取送教下乡、半农半读、弹性学制等形式，鼓励农民接受中高等职业教育，培养高层次新型职业农民。建设新型职业农民培育信息化平台，为新型职业农民提供在线学习、跟踪指导等服务。③ 加大支持力度。创新新型职业农民培训财政支持方式，加强财政资金使用监管，着力增强培训效果。采取融资担保等措施，加大对新型职业农民的政策扶持力度。推动有条件的新型职业农民按规定参加养老、医疗等社会保险。④ 壮大新型职业农民队伍。实施现代青年农场主培养计划和农村青年创业致富“领头雁”培养计划，吸引年轻人务农创业。实施新型农业经营主体带头人轮训计划，“十三五”时期将新型农业经营主体带头人轮训一遍。强化管理服务和政策扶持，培养一批有文化、懂技术、善经营、会管理的新型职业农民。”[18]

中共中央、国务院印发《关于加快推进农业科技创新持续增强农产品供给保障能力的若干意见》中“同步推进工业化、城镇化和农业现代化，围绕强科技保发展、强生产保供给、强民生保稳定，进一步加大强农惠农富农政策力度，奋力夺取农业好收成，合力促进农民较快增收，努力维护农村社会和谐稳定。”为实现“农业技术集成化、劳动过程机械化、生产经营信息化”的目标，在依然强调“振兴发展农业教育、加快培养农业科技人才、大力培训农村实用人才”的同时，在大力培训农村实用人才中特别首次提出：“大力培育新型职业农民，对未升学的农村高初中毕业生免费提供农业技能培训，对符合条件的农村青年务农创业和农民工返乡创业项目给予补助和贷款支持。”[5]

二、相关部委政策支撑

2012 年 8 月农业部办公厅印发了《新型职业农民培育试点工作方案》（农科办〔2012〕56 号），从新型职业农民培育工作的意义，总体思路、原则和目标，视点任务，试点规模和条件，时间安排及试点要求等方面做了详细的规划，以此拉开了我国新型职业农民培育的序幕。方案提出了“政府主导、稳步推进、坚持自愿”的原则，主要目标是在全国选择 100 个试点县，每个试点县选择 2~3 个主导产业，培育新型职业农民 500~1 000 人。主要任务是利用 3 年时间“探索新型职业农民教育培养模式、探索制定新型职业农民认定管理办法、探索建立新型职业农民支持政策体系”。每个省市确定 2~4 个试点县不等。[19]

2013 年 5 月农业部办公厅印发了《关于新型职业农民培育试点工作的指导

意见》（农办科〔2013〕36 号）对新型职业农民培育工作提出了具体的指导意见。意见进一步强调了培育新型职业农民的重要性和紧迫性，提出“把培育新型职业农民放在‘三农’工作突出位置加以落实”，对新型职业农民定义分类进一步明确，把新型职业农民分为生产经营型、专业技能型和社会服务型三大类，并把“让更多的农民成长为新型职业农民”为目标。从建立农民教育培训制度、构建新型职业农民教育培训体系、新型职业农民认证管理、建立新型职业农民扶持政策等方面提出了具体要求。[20]

2013 年 7 月《农业部关于加强农业广播电视学校建设　加快构建新型职业农民教育培训体系的意见》（农科教法〔2013〕7 号）要求“加快构建以农业广播电视学校为基础依托的新型职业农民教育培训体系”，从“培育新型职业农民意义重大、教育培训面临长期繁重任务、加强体系建设要求十分迫切、加强农民教育培训主体建设、保持和稳定系统办学特色、构建一主多元体系、建立完善多元参与机制、加强办学队伍建设、切实改善设施条件”[21] 等 14 个方面提出具体意见和要求。

2014 年 8 月《农业部办公厅财政部办公厅关于做好 2014 年农民培训工作的通知》（农办财〔2014〕66 号）提出 2014 年新型职业农民培育主要有三项任务：“一是探索建立培训制度；二是开展示范培训；三是建立健全培训体系”。2014 年全国遴选 2 个示范省、14 个示范市、300 个示范县。对培育对象的年龄要求原则上不超 55 岁，对项目县的培训机构数量提出了具体的要求，不得超过 5 个，同时对资金分配提出了具体的要求。通知从创新培育机制、模式、内容和手段等方面强调了培育机制创新。14 个示范市分别是：河北省承德市、江苏省常州市、浙江省湖州市、安徽省宿州市、福建省龙岩市、江西省上饶市、山东省临沂市、河南省三门峡市、湖北省襄阳市、湖南省常德市、四川省成都市、贵州省六盘水市、云南省保山市、青海省海东市。[22]

2015 年 3 月农业部科技教育司《关于做好 2015 年新型职业农民培育工作的通知》（农科（教育）〔2015〕第 68 号）将 2015 年的新型职业农民培育示范规模进一步扩大，由 2014 年的 2 个省扩大到 4 个省，由 2014 年的 14 个市扩大到 21 个市，由 2014 年的 300 个示范县扩大到 487 个示范县。提出 2015 年要进一步加强新型职业农民培育基础建设，包括师资库、教材、培训基地、平台建设等。2015 年 21 个示范市有：河北省承德市，吉林省长春市，黑龙江省绥化市，浙江省湖州市，安徽省宿州市、马鞍山市，福建省龙岩市，江西省上饶市，山东省临沂市，河南省漯河市、三门峡市，湖北省荆门市，广西壮族自治区柳州市，四川省成都市、绵阳市，贵州省六盘水市，云南省保山市，甘肃省武威市，青海省海东市，宁夏回族自治区固原市，新疆维吾尔自治区博州。[23]

2016 年 5 月《农业部办公厅　财政部办公厅关于做好 2016 年新型职业农民培育工作的通知》（农办财〔2016〕38 号），进一步强调了新型职业农民培育的工作思路，提出了“坚持政府主导、尊重农民意愿、立足产业培育、突出培育重点”的基本原则。明确了目标任务，以需求为导向，创新管理机制，强化精准培育，以专业大户、家庭农场、农民合作社、农业企业、返乡涉农创业者等新型农业经营主体带头人为培育对象。[24]

2017 年 1 月农业部印发了《“十三五”全国新型职业农民培育发展规划》（农科教发〔2017〕2 号），提出到 2020 年全国新型职业农民总量超过 2 000 万人的培育目标，其中高中及以上文化程度占比≥35%。重点实施“新型职业农民培育工程、学历提升工程、信息化建设工程”，实施新型农业经营主体带头人轮训计划、现代青年农场主培养计划和农村实用人才带头人培训计划。规划明确了加强新型职业农民培育和发展的五大任务：“按照新型农业经营主体和农业社会化服务主体的发展情况和农业产业发展需要，遴选重点培育对象。并科学设置培训内容，分类分层开展培训。”“创新培育机制，统筹利用农广校等各类公益性培训资源，发挥市场机制作用，探索一点两线、全程分段培育模式。”“规范认定、科学管理，加强新型职业农民培育的规范性。”“加强跟踪指导，加大政策扶持力度，支持新型职业农民享受新型农业经营主体、创新创业的扶持政策，支持新型职业农民对接城镇社保政策，鼓励新型职业农民参加交流与合作。”“加强师资队伍建设，改善培育基础条件，优化教学培训资源，提升新型职业农民培育的保障能力。”[25]

2018 年 6 月《农业农村部办公厅关于做好 2018 年新型职业农民培育工作的通知》（农科办〔2018〕17 号）明确 2018 年重点抓好五方面的工作，首次提出精准遴选培育对象，科学确定培育机构，统筹利用好农广校、农业学校及科研机构、农技推广机构、农民合作社、农业龙头企业等各种资源，推进分类培训。将新型职业农民培育纳入乡村振兴计划，创新新型职业农民培育制度、新型职业农民保障制度，进一步做好新型职业农民示范培育，提出由第三方对新型职业农民进行示范考核，并建立了新型职业农民培育绩效考核指标体系，制订分行业新型职业农民万名示范培育方案。[26]

第二节　地方政府政策支撑

党中央国务院高度重视新型职业农民培育工作，自 2012 年起每年都把新型职业农民培训内容写到中央一号文件中，农业部高度重视，积极落实党中央国务院的精神，连续制定出台相关政策将中央精神落到实处，地方政府在深刻领会中央精神，参考农业农村部有关文件精神，积极谋划当地的新型职业农民培训工作，纷纷出台文件，将上级文件精神细化，确保工作落到实处。

一、省级政策支撑

（一）山西省政府新型职业农民培育政策

2015 年 5 月山西省人民政府印发了《山西省新型职业农民培育规划纲要（2015—2020 年）》（晋政发〔2015〕6 号），山西省政府把每年新型职业农民培训工作纳入省政府目标责任制考核范围，计划每年培训 10 万新型职业农民，到 2020 年培训 60 万人。培育新型职业农民从农民现实需要、现代农业发展需要、增加农民收入需要及新农村建设需要出发，坚持“政府主导农民自愿、部门协作协调推进、精细培训精准培育、持续培训严格认定、动态管理跟进扶持”的基本原则，从精准遴选培育对象、科学安排培训内容、采取灵活多样的培训形式、严格考核和认定管理等方面提出了明确要求。在培训内容上除了培训专业技能和经营管理知识，还将农业安全生产、公共知识以及法制道德等作为新型职业农民的培训内容，达到全方位多角度的培训，多方面的提高新型职业农民的能力和素养，采用“分段式、参与式、菜单式”培育形式，具体为“农学结合”分段培训、“就地就近”实践培训、“田间学校”指导培训、“移动互联”在线培训。计划认定300个实训基地，实行挂牌管理。通过认证和考核，加强对新型职业农民管理，做到可进可出，能上能下动态管理。从生产经营、技术服务、产业发展、基础设施、金融保险等方面加大政策扶持力度，加大财政投入，改善培训条件，提升培训能力。[27]

（二）安徽省新型职业农民培育政策

2014年安徽省人民政府办公厅印发了《关于加快推进新型职业农民培育工作的意见》（皖政办〔2014〕42号），到2020年培育新型职业农民20万人。把长期从事农业生产、有一定产业规模、文化素质较高的专业大户、家庭农场主、农民合作社骨干等作为重点培育对象，构建多部门合作的新型职业农民教育培训体系，创建专兼职相结合的教师队伍，加强培训基地和培训教材建设。按分产业、分工种、分专业设置培训内容，实行“分阶段、重实训、参与式”培训模式。确定重点将家庭农场主、农民合作社领办人、专业大户等纳入新型职业农民认定范围，对新型职业农民实行动态管理，实行考核评价机制，连续两年考核不合格的，取消其新型职业农民资格。从政策上对新型职业农民进行扶持，从农村土地流转、农业基础设施建设等方面培养新型职业农民，从金融、保险、税收、社保等方面进行扶持。[28]

（三）湖南省新型职业农民培育政策

2014年6月湖南省人民政府办公厅印发了《关于加快新型职业农民培育的意见》（湘政办发〔2014〕46号），确定到2017年培育新型职业农民10万人，到2020年全省新型职业农民人数达到30万。把遴选培育对象、组织培训内容、开展帮扶指导、认证管理、建立长效机制等作为新型职业农民培育工作的重点，以保证农业后继有人为目标，把返乡创业大学毕业生、初高中毕业生、青壮年农民工以及退役军人作为培养的重点。科学制定认证标准和条件。采用规模种植补贴、基础设施投入、扶持社会化投入等方式对新型职业农民进行支持，从减免税收、用地支持、优惠用水用电、信贷支持、农业保险方面出台了一系列优惠政策。[29]

（四）云南省新型职业农民培育政策

2014年12月中共云南省委办公厅、云南省人民政府办公厅印发了《云南省加强培育新型职业农民的实施意见》（云厅字〔2014〕24号），确定了“政府主导、农民自愿、产业导向、分类指导”的培育原则，目标是按每年培训5万人的进度，到2020年培训30万新型职业农民。从建立健全培训体系、合理确定培训对象、科学确定培训内容、改进培训方式等方面提出了具体的要求，对培训的学时数进行了明确规定，要求理论课不超过50%，实训和见习不少于30%，研讨考试考核占20%左右。对新型职业农民认定管理工作提出了具体的要求，制定认证管理办法，确定认定条件、实行动态管理、建立信息管理系统。对工作进行了分工，不同的工作确定了不同的牵头部门和协办部门，共设定了19个方面的工作，由省农业厅负责完成新型职业农民培训、建立健全培训体系、确定培训内容、改进培训方式、土地流转等社会保障等方面的工作，省农委办负责新型职业农民教育培训、认定管理等长效机制建立，由省地税局负责制定税收减免优惠政策，由教育厅负责将新型职业农民纳入职业培训计划，由财政厅负责经费投入等。

（五）陕西省新型职业农民培育政策

2013年12月陕西省人民政府转发陕西农业厅《关于加快新型职业农民培育工作的意见》（陕政办发〔2013〕85号），计划到2017年培训新型职业农民10万人，其中生产经营型、专业技能型、社会服务型分别为6万人、2万人和2万人。计划到2020年全省新型职业农民20万人，3种类型的新型职业农民分别为10万人、5万人和5万人。确定了新型职业农民培训的主要任务及具体的保障措施。[30]

（六）江苏省新型职业农民培育政策

2015年江苏省人民政府办公厅印发了《关于加快培育新型职业农民的意见》（苏政办发〔2015〕83号），目标是到2020年培育新型职业农民20万人，科学遴选培育对象，根据新型职业农民从事的产业和新型职业农民类型不同进行分类培育，依托涉农院校等对新型职业农民开展学历教育，按照本人申报、逐级推荐、县级审定的程序重点认定生产经营型新型职业农民，兼顾专业技能型和社会服务型，加强对新型职业农民认证和考核，动态管理，建立新型职业农民档案。市县两级政府安排财政经费支持新型职业农民，实行新型职业农民抵押贷款试点工作，降低贷款利率。加大对返乡农民工和大学生创业服务。鼓励家庭农场主、农民合作社带头人等人员通过参加培训，成为新型职业农民，提高新型职业农民的养老和医疗保险。[31]

（七）四川省新型职业农民培育政策

2015 年 8 月四川省人民政府办公厅印发了《关于加快新型职业农民培育工作的意见》（川办发〔2015〕77 号），确定到 2020 年培育新型职业农民 30 万人，其中生产经营型、专业技能型、社会服务型新型职业农民分别为 18 万、6 万、6 万人，确定了 3 项重点工作，分别是建立健全培训制度、加强有序规范管理、构建扶持政策体系。[32]

（八）河南省新型职业农民培育政策

2016 年 11 月河南省政府办公厅下发了《关于加快推进新型职业农民培育工作的意见》（豫政办〔2016〕178 号），提出每年培育新型职业农民 20 万人，到 2020 年新型职业农民人数达到 100 万人以上。意见指出农业部门、人社部门、扶贫部门和教育部门分别依托不同的项目共同培育新型职业农民，建立一主多元、适度竞争教育培训体系，满足新型职业农民不同需求，本着公开、公正、公平的原则，择优遴选教育培训机构及实训基地，推进固定课堂、流动课堂、田间课堂、网络课堂一体化发展。科学制定新型职业农民认定管理办法，要综合考虑产业特点、区域特色、生产力发展水平的不同，按照属地的原则，实行新型职业农民进退机制。加强对新型职业农民的政策支持，要积极落实各项优惠政策，加强对新型职业农民金融保险支持，加大贷款力度，降低贷款利率，充分依托农业科研院所、农业学校对新型职业农民的技术支持，对返乡农民工、退役军人和大中专毕业生返乡创业的给予政策上的支持。[33]

二、市县级新型职业农民培育政策

（一）龙岩市政府新型职业农民培育政策

2014 年 6 月福建省龙岩市人民政府印发了《新型职业农民培育整市推进实施方案》（龙政综〔2014〕155 号），提出每年认定新型职业农民 1 000 人以上，目标是到 2020 年培育新型职业农民 1 万人以上。确定了具体的工作内容，做好认证管理办法、教育培训制度、扶持政策 3 项制度建设，做好摸底排查工作。每个县（市、区）建立 1 个新型职业农民培训中心和 3 个以上实训基地，做好跟踪服务和技术指导工作。2014—2020 年每年安排 300 万元以上新型职业农民培育专项资金，支持大中专毕业生返乡创业，年终考评合格的，给予每人每年补助 3 000 元，每县每年选择 30 名新型职业农民作为示范户给予扶持，给予每人每年补助 3 000 元。要求各县每年至少认定 150 名以上新型职业农民，对完成任务的县（市、区），补助认定管理费 10 万元。

（二）宜都市政府新型职业农民培育政策

2013 年 9 月湖北省宜都市人民政府印发了《宜都市新型职业农民认定管理办法（实行）》（都政规〔2013〕6 号），从从事农业工作年限、年龄、文化程度、生产经营规模等方面详细规定了新型职业农民认定标准，规定了新型职业农民享有的权利和义务以及认定的程序，并明确了新型职业农民登记管理办法。

（三）石家庄市新型职业农民培育政策

2016 年 8 月石家庄市农业局、石家庄市财政局下发了《石家庄市新型职业农民培育工程项目实施方案》（石农计〔2016〕88 号），总体思路：按照“科教兴农、人才强农、新型职业农民固农”的战略部署，以造就高素质新型农业经营主体为目标，以服务现代农业产业发展和促进农业从业者职业化为导向，以加快建立教育培训、规范管理和政策扶持相互衔接配套的新型职业农民培育制度体系为重点，着力培养一支有文化、懂技术、善经营、会管理的新型职业农民队伍，为“转方式、调结构”和现代农业发展提供强有力的人力保障和智力支撑。继续坚持“政府导向、尊重农民意愿、立足产业、突出重点”原则，明确了重点培育对象，认定了 45 个培训基地和 24 个实训基地，实行“一点两线、全程分段”培训的模式，规范了认证管理和认证程序，实行动态管理机制。

（四）招远市新型职业农民培育政策

2013 年 5 月山东省招远市人民政府办公室印发了《招远市新型职业农民支持扶持政策（暂行）》（招政办发〔2013〕56 号），对确定为新型职业农民的给予补贴，初级、中级和高级每年分别补贴 300 元、400 元和 500 元，连续补贴 2 年。对建成连片 100 亩的矮化砧红富士栽培基地的，奖励 10 万元，建成 50 亩“金都红”新品种推广和繁育基地的，奖励 10 万元。简化了新型职业农民办理营业执照的审批程序，同时对新型职业农民创办企业的所得税、增值税、营业税、土地使用税、农村金融有关税费等进行减免，同时对于符合贷款补贴政策的给予补贴，符合条件的可以申请低利率贷款。

（五）赤城县新型职业农民培育政策

2014 年 10 月河北省赤城县人民政府印发了《赤城县新型职业农民培育认定管理办法》和《赤城县新型职业农民扶持奖励办法》（赤政知〔2014〕73 号），新型职业农民认定的基本条件：从年龄上讲，男性 18～55 周岁，女性 18～50 周岁；从文化程度上讲，要有初中及以上文化程度；从收入上讲，主要来源于农业，且高于当地人均水平的 2 倍等。同时对生产经营型初级、中级和高级新型职业农民应具备的条件从种植面积或养殖数量以及带动示范等方面进一步的细化。详细规定了认证程序，确定新型职业农民资格证书的有效期为 5 年。

三、地方政府新型职业农民培育政策实例

【实例一】隆化县新型职业农民培育工作实施方案

根据河北省农业厅（河北省委省政府农村工作办公室）、河北省财政厅《关于印发〈2016 年河北省新型职业农民培育工程项目实施方案〉的通知》（冀农业财发〔2016〕36 号）和河北省农业厅、河北省委省政府农村工作办公室《关于转发〈新型农业经营主体带头人指导性培训方案〉的通知》（冀农业科发〔2016〕21 号）的具体要求，结合我县实际情况，特制订本实施方案。

（一）总体思路和基本原则

1. 总体思路

深入贯彻落实党中央国务院以及河北省有关新型职业农民培育工作精神，以壮大新型职业农民队伍和提高新型职业农民素质为目标，不断完善新型职业农民培育工作各项制度，做到精准培育，提升新型职业农民培育的效果和质量，为乡村振兴提供人才支撑。

2. 基本原则

一是坚持以政府为主导。政府新是新型职业农民培育的主体，坚持以政府为主导，统筹各方面的力量和资源，不断加大资金和政策上扶持力度，逐步改善新

型职业农民培育的条件，加大新型职业农民培育工作的宣传力度，营造良好的新型职业农民培育氛围。

二是充分尊重农民意愿。农民是新型职业农民培育的对象，坚持其主体地位，尊重农民的意愿，培育过程中充分了解农民的所想所需和所求，通过政策宣传激发农民参加培训的积极性和主动性，提高其学习的自觉性。

三是立足县域产业。立足我县农业产业特色，根据产业实际情况和发展水平，在充分了解培育对象特点的基础上，分产业分层次分批次开展新型职业农民培育，确保培育的针对性，提高培育的效果。

（二）培育目标

按照中央财政专项用于新型职业农民培育工程补助标准、资金使用要求及承德市新型职业农民培育工程培训任务分配情况，2016 年隆化县拟培训农业专业大户、家庭农场主、农业专业合作社带头人、农业公司企业负责人、返乡涉农创业者等生产经营型新型职业农民 323 人，认定 259 人以上。

通过规范实施、有效管理和创新机制，培养一批适应现代农业发展需要，具备新型职业农民综合素养，具有较高生产经营水平、较强产业发展能力和较大示范带动作用，掌握农业生产、经营、管理、服务的先进理念、知识和技能的新型农业经营主体带头人。

（三）主要任务

通过教育培训逐步提高农民的综合素质和生产经营水平，通过认证管理引导农民走上职业化发展道路，通过不断完善扶持和激励政策提高新型职业农民的生产经历能力。

1. 教育培训

（1）锁定培育对象。加强调研，统筹考虑产业发展和人才需求，立足我县主导产业，将年龄在 18～60 周岁，具有初中以上学历和一定的产业规模，生产经营效益较好，且示范作用强的种养植大户、家庭农场主、农民专业合作社骨干、农业公司企业负责人、返乡涉农创业者等新型农业经营主体带头人作为重点培育对象，根据其需求进行培训。

（2）确定培训基地。根据省农业厅（省农工办）《关于公布 2016 年河北省新型职业农民培育工程培训基地和实训教学基地名单的通知》（冀农业发〔2016〕15号），经审核、公示，中央农业广播电视学校隆化县分校为2016年隆化县新型职业农民培育工程培训基地。根据项目任务，按照“务实管用、就地就近”的原则确立“承德北戎生态农业有限公司、晨新蔬果种植专业合作社、承德峰丰种养殖专业合作社和汤头沟山前农场”等分别作为养牛、蔬菜、中草药专业的实训基地，在产业链上培训。

（3）优化培训内容。培训课程分为综合课程、专题课程和专修课程。综合课程包括农民素养与现代生活、现代农业生产经营（≥15学时）；专题课程包括家庭农场、农民合作社、电子商务等（≥35学时）；专修课程以一门自身产业为主课程（≥40学时）、跟踪服务（≥30学时）。采用分段培训的方式，每个产业培训学时数不少于120，理论教学与实践教学相结合，适当增加实践教学的学时数，最高实践教学学时数可达到理论教学学时数的2倍，最低为理论教学和实践教学学时数平均分配。

（4）遴选优秀师资。除与省、市、县三级新型职业农民培育师资体系资源共享以外，积极聘请大专院校科技前沿专家、教授作为新型职业农民培育的导师；将理论基础深厚、实践经验丰富的部门专家、中高级专业技术人才以及农村技术能手作为培训讲师和技术指导员，一并纳入师资库。分行业组建专家服务团，确保数量充足、结构合理、素质优良的培育教师队伍。同时，向社会公布专家联系电话，专家与职业农民互相对接，对职业农民进行教学指导和跟踪服务，提高针对性、实践性和操作性。

（5）精选培训教材。一是选定中央、省、市农广校编印的新型职业农民培育专用教材作为新型职业农民培育的主导教材。二是组织本县农牧业专家编写针对性强的地方特色教材，把最新的科研成果、应用技术、关键节点多形式传授给培育对象，让他们学习有新意、发展有目标，创业有成就。三是充分利用省、市师资、课件、教材信息服务平台，实现信息共享。

（6）创新培训模式。不断创新培训模式，采用根据农时分段培训、实地参观考察、实训实习和生产实践结合等培训方式，时间比例掌握在5∶3∶2左右，对不少于一个农业产业周期进行全程培训。一是在一个农业生产周期内，根据不同的农时季节，分段安排培训课程，确保培训和农时相对应，增强培训效果。二是采取“案例教学+模拟训练”“学校授课+基地实习”“田间培训+生产指导”等培训方式和方法。三是通过送教下乡等培训模式，开展全产业链培训和后续跟踪服务，切实提高培训的针对性和实用性。四是充分利用现代化信息手段，加强线上培训。

（7）创新培训管理。采取县城分批集中办班与基地分散实训相结合，实名制管理。按照农业部确定的培训规范、培育目标和内容，落实好每一个教学环节，建立正规化、标准化培训制度。一是完善培训的各项信息及各种文档的归档及数据的录入等工作。二是建立开班审批制度，开班前将培训的各项新型上报县农牧局生产科教办公室批准后开班。三是实行“双班主任”制度，做好学员管理，配合授课教师对教学活动进行管理，并做好开班、培训、评价、结业等各环节的安排部署。四是建立“技术指导员”制度，做好实践教学和跟踪服务。五是通过为学员提供函授中专和专、本科学历教育的学习机会，组织职业技能鉴定等，提升培训效果，拓展上升空间。

（8）考核评价与结业颁证

一是采用多种形式的考核评价办法，可以在模块化课程学习过程中，对培训的内容进行模块化考核，每学一部分考核一部分，学完考完，全部考核通过为合格；还可以采用将过程性考核与最终考核相结合，在学习过程中对学员的日常表现以一定的考核标准进行考核量化计分，待全部课程学完以后集中考核，过程性考核得分和集中考核分之和为学员最后成绩；也可以分为实践技能操作考核与理论知识考核相结合，实践技能重点考核学员的动手操作能力，理论知识重点考核专业理论。此外还可以采用笔试与口试相结合的方式、教师评价与学生自评和互评相结合的方式等。二是颁发结业证书。完成全部学习内容，经考核合格学员由政府颁发新型职业农民培训证书，作为认定新型职业农民依据。

2. 规范管理

（1）明确管理主体。新型职业农民认定管理工作由县人民政府负责，制定认定管理办法，具体工作由县级农业行政主管部门牵头组织实施，具体培训工作由县农业广播电视学校（农民科技教育培训中心）承办。

（2）规范标准程序。在充分调研论证的基础上，根据当地产业发展水平和生产要求，由县政府制定出台认定管理办法，明确新型职业农民认定条件、标准、程序和管理服务等内容。以职业素养、文化程度、教育培训情况、知识技能水平、生产经营规模、辐射带动能力和生产经营效益等为参考要素，分产业研究制定认定条件和标准。对符合条件者，由县政府统一颁发新型职业农民证书。建立职业农民初、中、高“三级贯通”的资格证书晋级制度。认定的新型职业农民名单，向社会公布，接受群众监督。

（3）实行动态管理。建立新型职业农民信息管理系统和职业农民档案，对经过认定的职业农民建立从报名到资格认定全过程、永久性的完整档案资料，并对认定后的跟踪情况进行详细记录。建立新型职业农民退出机制，对已认定的新型职业农民定期复核，对有违法行为、出现农产品安全责任事故、不再从事农业生产经营、不按时参加后续教育培训等情况，按规定程序予以退出，并不再享受相关扶持政策。

3. 政策扶持

政府要整合资源，加大对新型职业农民的扶持力度，扶持现代农业发展的资金要在同等条件下优先向新型职业农民倾斜，支持新型职业农民创业发展。既有和新增的强农惠农富农政策，要优先精准落实到经过认定的新型职业农民身上。不断增强其综合发展实力与自主成长能力。在土地流转、农业基础设施建设、产业项目申请、三品一标认证、技术推广、教育培训、金融信贷、农业补贴、农业保险、社会保障等方面，优先支持新型职业农民加快发展。

（四）严格资金使用与管理

根据《河北省2016年新型职业农民培育工程项目实施方案》的要求，安排隆化县中央补贴资金85万元，培训生产经营型职业农民323人，人均 2 500元。

补助资金支出范围涵盖新型职业农民培育工程项目教育培训、认定管理、信息化手段和后续跟踪服务等全过程培育。包括以下方面。

（1）教育培训支出。招生宣传费；必要的教学设备购置费；教材费、资料印刷费；班主任费；培训教室占场费、实验实习场地租赁费、工具租赁费、实训耗材费、实训器材物品费；冬季取暖材料和设备购置费；参观考察交通费、食宿费、场地租赁费；教师讲课费、差旅费、食宿费、师资培训费；教材编写费、课件制作费；学员住宿费、餐费、学习用品费、保险费；与新型职业农民相关的会议费、差旅费、交通费；技能鉴定费。

（2）认定管理支出。实地考察核实差旅费、交通费、误餐费；档案管理费，办公材料费；管理部门工作调研费、督导检查费；专家论证评审费；印制证书工本费、标牌制作费。

（3）信息化手段支出。网站建设费、网站运营管理费、网站维护费；通信费、信息化手段、云平台建设费。

（4）后续跟踪服务支出。技术指导费、跟踪服务费、资料费、差旅费、交通费、误餐费；后续教育费用（包括教育培训各项支出）由县财政、县农业主管部门切实加强资金监管，及时拨付项目资金。按照“谁使用谁负责”的原则，建立资金监管机制，强化事前、事中、事后全程监管。项目资金实行报账制，县农广校建立专账和资金管理制度，确保专款专用，科学测算培育成本，做好资金预算。

（五）工作进度

第一阶段：筹备实施（2016 年 8 月底前）。安排部署项目工作。一是开展全面摸底。深入农户，摸清底数，分产业建卡立档汇总上报。二是培训基地（中央农业广播电视学校隆化县分校）根据承德市下达的培训任务指标制订实施方案，遴选培育对象，优选培训师资，编发培训教材，制订培训计划，健全教学过程管理制度。

第二阶段：全面推开（2016 年 9 月至 11 月）。根据产业生产周期和农时季节分段开展培训实训，实行全产业链培养，组织考试考核，落实好每一个培训环节。强化项目监管，开展督导调研，提升培训效果。

第三阶段：评价认定（2016 年 12 月 20 日前）。根据县政府新型职业农民培育认定管理办法，进行资格认定，实行动态管理，落实各项扶持政策。

第四阶段：绩效考核（2016 年 12 月底前）。进行年度工作总结，组织实施绩效考核，广泛开展宣传推介。

（六）保障措施

（1）加强组织领导。为进一步强化政府主导和统一协调，成立以县长为组长，农牧、财政、人社、科技等相关单位为成员的项目工作领导小组，明确职责分工。全面协调和指导新型职业农民培育工作，研究落实相关扶持政策和措施。领导小组下设办公室，办公室设在县农牧局，主任由农牧局局长兼任。

（2）规范资金使用。新型职业农民培育工程项目资金主要用于教育培训、认定管理、信息化手段和跟踪服务等全过程培育，按照“谁使用、谁负责”的原则，建立监管机制，加强资金使用监管，细化支出范围。项目资金实行农业主管部门审核报账制，按照不低于50%的比例进行预拨，尽快启动培训工作。

（3）落实监管制度。按照属地管理原则，切实履行好监管职责，认真抓好第一堂课、公示、信息报送、台账登记和检查验收等监管制度的落实。要充分利用新型职业农民信息管理系统以及电话、实地调查等方式，强化实时监管。

（4）注重总结宣传。一是建立培训效果评估机制，利用问卷调查、学员座谈、实地查验等形式，围绕培训内容、培训方法、培训教师、培训时间、培训教材、跟踪服务、组织管理等内容，进行学员满意度测评。做好培训总结和宣传，按时上报总结等相关材料，并配合做好督导检查和验收工作。二是充分利用互联网及县广播、电视等媒体，加强政策和先进典型宣传，让广大农民了解相关政策，树立以农为业、务农光荣意识，引导其参与新型职业农民培育。及时总结新型职业农民培育工作中的好做法好经验，积极向中国新型职业农民网进行推介，营造有利于新型职业农民发展的良好舆论氛围。

附：隆化县新型职业农民培育工程领导小组成员名单

隆化县新型职业农民培育工程领导小组成员名单

组长：县政府县长

副组长：县政府副县长、县政协副主席、财政局局长

成员：县发展改革局局长、县农牧局局长、县人力资源和社会保障局局长、县科学技术与地震局局长、县教育体育局局长、县文化广播电影电视局局长、县

林业局局长、县水务局局长、县扶贫办主任、县国土资源局局长、县国税局局长、县地税局局长、县财政局副局长、县人行行长、县农业银行行长、县农业发展银行行长、县中国银行隆化分行行长、中国邮政储蓄银行隆化县分行行长、县信用联社理事长、县人保财产保险公司经理、县妇女联合会主席、县残疾人联合会理事长、县农广校常务副校长（注：原文件中有具体的人名，文中已省略）。

领导小组下设办公室，办公室设在农牧局。

主要成员单位职责分工。

领导小组：主要负责综合协调、督导检查、《隆化县新型职业农民培育认定管理办法》和《隆化县新型职业农民培育扶持奖励办法》的制修订、新型职业农民的认定、扶持政策的落实等工作。

领导小组办公室：具体负责新型职业农民培育工程组织实施、《隆化县新型职业农民培育工程实施方案》的制定、职业农民信息库建立、考核制度建设，组织资格认定、项目检查验收等工作。

县财政局：重点监督上级新型职业农民培育资金的使用，并保障开展此项工作必要的经费，列入年度经费预算，负责投入经费的使用监督、考核检查，加大对新型职业农民产业发展扶持力度。

县教体局、科技局：负责农民中等职业教育相关助学政策的落实，对教学过程进行指导，对教学质量进行监督。

县人力资源和社会保障局：负责研究制定新型职业农民评价、激励等方面的政策性措施，落实新型职业农民养老、医疗等社会权益保障。重点开展新型职业农民技术职称评定，对符合条件的职业农民，分层次开展初、中、高级农民技术职称评定。

县发展改革局：负责新型职业农民教育培训条件建设计划的制订与实施，研究制定加强种养产业生产基础条件建设项目向新型职业农民倾斜的政策措施。

县扶贫办、林业局、水务局、国土局：负责研究制订新型职业农民扶贫计划，扶贫培训“雨露计划”要与新型职业农民培育相结合；林业部门负责林果产业新型职业农民选拔，实施好“百千万”人才工程，协助培训基地做好培训工作；水务、国土部门要在农田水利配套等项目上向新型职业农民倾斜。

县人行、农行、农发行、中行、信用联社、邮储银行：负责研究制定新型职业农民农业生产贷款支持政策，并承担小额贷款借贷和协调任务。

县国税局、地税局负责新型职业农民农业产业发展税收优惠、减免政策的落实。

县文化广播电影电视局：负责新型职业农民培育工作宣传报道工作，特别是对培育过程中的典型经验和事迹进行全面报道和宣传。

县人财保险公司：负责新型职业农民农业产业保险业的落实。

县妇联：重点开展以争创“巾帼女杰”“三八红旗手”为主题的农村青年妇女创业就业培训。

县残疾人联合会：负责新兴职业农民中残疾人优惠政策的落实，支持和鼓励残疾人争当新型职业农民。

各乡镇政府：负责新型职业农民遴选，协助相关部门搞好调研、方案制订、培训组织和政策落实等。

【实例二】隆化县新型职业农民培育扶持奖励办法

为加快推进隆化县新型职业农民培育工作，调动农民参与新型职业农民培育工作的积极性，建设一支素质优良、有文化、懂技术、会经营、善管理的新型职业农民队伍，根据有关政策法规，结合我县实际情况，特制定本办法。

第一条 本办法适用于认定获得《隆化县新型职业农民资格证书》的新型职业农民，有关政策由相关部门负责落实。

第二条 对生产经营的职业农民优先保证涉农优惠扶持政策、优先申报安排项目扶持、优先提供金融信贷支持、优先享受科技推广各项配套服务。

第三条 加强资源要素整合。鼓励和支持职业农民在依法、自愿、有偿的原则下，采取转让、转包、租赁、互换、入股、联营、托管等方式流转农村土地（包括耕地、林地、荒地和养殖水面），发展适度规模经营。积极开展林权、农村房产、果园、养殖基地、机械设备确权赋能，推动各种资源要素进入市场，促进生产要素向职业农民流转。

第四条 加大涉农项目扶持。对农村土地整理、基本农田建设、田间工程建设、旱作节水、农业综合开发、小型农田水利建设、优势农产品基地、林果重点工程建设、标准化圈舍建设、农村道路、农网改造、新能源建设等涉农项目，以乡镇为单位从项目编制、申报向职业农民倾斜，优先给予水、电、路、渠、舍配套支持。逐步探索新增惠农补贴重点向职业农民倾斜。

第五条　加大县财政资金补贴力度。对两年内确定的新型职业农民，根据其种养殖规模，每年县财政在农业产业发展资金及贴息贷款上给予一定的扶持。

第六条　扶持品牌建设。支持和帮助职业农民开展无公害、绿色食品认证、商标注册，打造特色品牌。县财政对年度内新增种植、养殖农产品注册商标，对新认证的无公害农产品、绿色食品，对新取得河北省或者国家级著名商标的农产品加工企业（合作社）给予一定的扶持奖励。

第七条　强化金融信贷支持。同等条件下，涉农金融机构对职业农民信用等级评定简化手续，提高相应授信额度，简化审批程序，优先满足创业融资需要。大力推行职业农民以农村土地承包经营权、林权、农村房产、农用机械、果园、养殖基地、加工设备等进行抵押融资。鼓励有条件的农民专业合作社成立资金互助社，通过与金融机构合作，为职业农民创业和扩大生产融资提供担保。

第八条　落实税费优惠减免政策。针对职业农民从事农、林、牧、渔业生产经营收入按国家税收政策减征或免征所得税、营业税，自产自销农产品免征增值税。开展的各类生产设施建设属县区管理的行政性收费项目一律免收，事业性收费一律从低收取，代国家、省、市收的行政性收费一律从低限收取。

第九条　拓展农业保险范围。逐步提高对职业农民参加农业保险的补贴额度和补贴范围。保险机构应积极开发保险品种，在加强粮食保险的同时，积极扩大肉牛、蔬菜、中药材产业的保险范围。

第十条　培育农业合作组织。支持建设农业园区、龙头企业、强村大社、产业联盟；大力培育扶持农业专业合作组织成长成熟，提高整体发展和服务能力；充分发挥农民专业合作社、行业协会、农业龙头企业在职业农民培育、开展技术管理服务的优势，联合协作、扶弱帮困、提供服务、率先领跑。

第十一条　优先提供科技服务。新兴职业农民培育实施主体要积极主动与科研院所、涉农院校联系，组建专家团队，设立首席专家，发挥高端规划、研发、引领、指导作用。对从事农业生产经营的职业农民实行“一对一”对口帮扶，各涉农单位优先选派专业对口的科技人员进村入户、联户结对开展技术指导服务，帮扶成效作为农业专业技术人员年终考评和职称晋升的主要依据。

第十二条 推行免费培训。整合阳光工程、农技推广补助等项目，对职业农民实际职业技能免费培训。定期选拔优秀职业农民进入大中院校研修学习，并补贴学习费用，促进其提高专业技能水平。

第十三条 本办法自公布之日起实施，到2014年12月终止，经县政府修订后再重新发布。

第四章　新型职业农民现状及需求研究

自 2012 年国家提出大力培育新型职业农民以来，每年的中央一号文件都对新型职业农民培育工作提出了新的要求。通过试点，新型职业农民培育制度框架基本确立，教育培训体系初步构建，一批新型职业农民在各地蓬勃涌现。目前新型职业农民现状如何？有什么需求？本章从这些方面展开研究。

第一节　新型职业农民现状及需求调查研究方法

为做好新型职业农民培育工作，对新型职业农民现状及需求进行深入细致的了解具有重要的意义。笔者采用问卷调查的方法，选取河北省的新型职业农民作为调查问卷，进行问卷调查，以期通过对河北省新型职业农民的研究，来真实的反映当前我国新型职业农民的现状及需求。

一、问卷设计

通过走访调查及查阅资料等，对新型职业农民的现状调查设计出以下问题：新型职业农民的年龄结构、学历层次、年收入情况、收入的满意度以及新型职业农民从事农业的背景、年限及具体的职业、新型职业农民当前遇到的具体困难等；有关新型职业农民的培训方面、需求方面设计以下问题：新型职业农民愿意接受的培训形式、最想学习的学习内容、最能接受的培训时间、最能接受的培训地点、当前培训中存在的问题等。

二、调查研究方法及样本抽取

（一）调查研究方法

研究以河北省新型职业农民为研究对象。2018—2019 年，从河北省 11 个地市每个地市随机抽取100名新型职业农民进行问卷调查。采取面对面调查方式，即各地市在进行新型职业农民培训时，调查者分别到每个地市进行调查，从参训的新型职业农民中将随机抽选出100人，并将抽选出来的调查对象集中到一起，隔位就座，防止调查对象在填写调查问卷时互相干扰，确保调查对象独立完成问卷的填写。调查人员现场发放调查问卷，确保调查对象每人手中只有一份问卷。被调查人员填写调查问卷之前由调查人详细地向调查对象说明有关新型职业农民的概念及各类新型职业农民的认定，介绍了调查的目的是为了科学研究，为政府决策提供参考依据，为新型职业农民培育提供支撑，强调了如实填写调查问卷的重要性。调查人员详细地介绍了调查问卷填写方式，重点强调填写过程必须注意的问题，对容易产生异议的问题逐一说明。整个问卷的填写由抽取的新型职业农民现场独立完成，在新型职业农民填写调查问卷过程中，调查人员来回巡视，随时解答新型职业农民提出的问题，并将填好的调查问卷收回，检查是否有漏答的问题，发现有漏答或者没有按要求回答的当场返回被调查人员重新补充，确保收回的调查问卷有效率，计划问卷回答时间为20分钟，在20分钟内有90%的调查者完成了问卷的填写，25分钟内全部完成问卷的填写。

（二）抽取的样本分布情况

在河北省11个地市每个地市发放调查问卷100分，总计发放调查问卷1 100份，实际收回调查问卷 1 100份，通过检验性问题检验后发现有44份调查问卷回答的无效，进行剔除处理，剩余有效调查问卷 1 056份，有效率为96. 0%。在 1 056份有效调查人员中，生产经营型新型职业农民有374人，占总人数的35. 4%；专业技能型新型职业农民220人，占总人数的20. 8%；社会服务型新型职业农民176人，占调查总人数的16. 7%；同时兼具有生产经营型、专业技能型和社会服务型3种类型中的2种或3种特质的新型职业农民286人，占调查总人数的27. 1%。从性别比例上看，男性新型职业农民825人，占调查总人数的78. 1%；女性新型职业农民231人，占调查总人数的21. 9%（表4-1）。

表 4-1　新型职业农民基本情况

调查项目		人数（人）	百分比（%）
性别	男	825	78.1
	女	231	21.9
新型职业农民类型	生产经营型	374	35.4
	专业技能型	220	20.8
	社会服务型	176	16.7
	其他	286	27.1

第二节　新型职业农民现状分析

一、新型职业农民年龄结构调查

（一）总体情况

调查分析结果表明，年龄在 24 岁以下的 22 人，占调查总人数的 2.1%，年龄在 25~34 岁的 198 人，占调查总人数的 18.8%；年龄在 35~44 岁的 308 人，占调查人总数的 29.2%；年龄在 45~54 岁的 418 人，占调查总人数的 39.6%；年龄在 55 岁以上的 110 人，占调查总人数的 10.4%。从总体上来说，新型职业农民集中在 45~54 岁，年龄都偏老。

（二）不同类型新型职业农民年龄结构比较分析

从不同类型新型职业农民年龄比较分析来看，社会服务型新职业农民的年龄相对要小些，而生产经营型和专业技能型新型职业农民年龄相对要大些，社会服务型的新型职业农民年龄在 25~34 岁的占 25%，分别比生产经营型和专业技能型高 13.2 和 15 个百分点，相反生产经营型和专业技能型 45 岁以上的人员明显多于社会服务型新型职业农民，45 岁以上的生产经营型新型职业农民占 67.7%，45 岁以上的专业技能型新型职业农民占 65%，而 45 岁以上的社会服务型新型职业农民占 43.8%，所占比例比生产经营型低 23.9 个百分点，比专业技能型低 21.2 个百分点，其他类型的新型职业农民有 80.8%的人员年龄在 45 岁以下。可见，新型职业农民年龄普遍偏高，主要集中在生产经营型和专业技能型两类人员中，究其原因是生产经营型新型职业农民多数是农业种植和养殖大户，通过政府有关部门的培训和认定，而成为新型职业农民，符合当前从事农业的人口老龄化的现状，而专业技能型基本上都是农业技术员和在农业战线上退下来的老同志，年龄合适普遍偏高。但社会服务型新型职业农民有的是从事农资服务的人员，有的是从事技术服务的人员，他们一般不是从事农业生产的一线人员，多数是从其他行通过转行而成为新型职业农民，年龄相对都比较年轻（表 4-2）。

表 4-2　不同类型新型职业农民年龄比较

职业农民类型		年龄					合计
		≤24 岁	25~34 岁	35~44 岁	45~54 岁	≥55 岁	
生产经营型	人数（人）	0	44	77	176	77	374
	比例（%）	0	11.8	20.6	47.1	20.6	100
专业技能型	人数（人）	11	22	44	121	22	220
	比例（%）	5.0	10.0	20.0	55.0	10.0	100
社会服务型	人数（人）	0	44	55	66	11	176
	比例（%）	0	25.0	31.3	37.5	6.3	100
其他类型	人数（人）	11	88	132	55	0	286
	比例（%）	3.8	30.8	46.2	19.2	0	100
合计	人数（人）	22	198	308	418	110	1 056
	比例（%）	2.1	18.8	29.2	39.6	10.4	100

二、新型职业农民学历层次调查

（一）总体情况

调查结果表明：小学及以下文化程度共有 33 人，占调查总人数的 3.1%；具有初中高中（中专）文凭的 583 人，占调查总人数的 55.2%；具有大专文凭的 198 人，占调查总人数的 18.8%；具有本科及以上文凭的 242 人，占调查总人数的 22.9%。可见新型职业农民的学历层次普遍偏低，多数集中在初中、高中和中专水平。

（二）不同类型新型职业农民学历层次比较分析

从不同类型的新型职业农民的学历层次上比较分析来看，生产经营型新型职业农民学历层次最低，其中小学及以下的33人，占8.8%，初中、高中、中专学历的297人，占79.4%，大专及以上学历的只有44人，占11.8%。专业技能型的新型职业农民学历层次有所提高，没有小学及以下学历的，初中、高中、中专的165人，占75%，低于生产经营型的4.4个百分点，大专及以上的要显著高于生产经营型的。而社会服务型新型职业农民的学历层次明显高于生产经营型和专业技能型，大专及以上学历占56.3%。其他类型新型职业农民学历层次更高（表4-3）。

表4-3　不同类型新型职业农民学历层次比较

职业农民类型		学历层次				合计
		小学及以下	初中高中（中专）	大专	本科及以上	
生产经营型	人数（人）	33	297	44	0	374
	比例（%）	8.8	79.4	11.8	0	100
专业技能型	人数（人）	0	165	22	33	220
	比例（%）	0	75.0	10.0	15.0	100
社会服务型	人数（人）	0	77	55	44	176
	比例（%）	0	43.8	31.3	25.0	100
其他类型	人数（人）	0	44	77	165	286
	比例（%）	0	15.4	26.9	57.7	100
合计	人数（人）	33	583	198	242	1 056
	比例（%）	3.1	55.2	18.8	22.9	100

三、新型职业农民年收入调查

（一）总体情况

调查结果表明，新型职业农民的年收入5万~10万元的居多，共有451人，占调查总数的42.7%，其次是1万~5万元和10万~20万元，分别有253人和

242 人，占调查总数的 24%和 22.9%，年收入在 1 万元以下及 20 万~50 万元、大于 50 万元的人数都比较少。综合可知新型职业农民的年收入在 1 万~20 万元，处于 5 万~10 万元的居多。

（二）不同类型新型职业农民年收入情况比较

不同类型新型职业农民的年收入有较大差别。生产经营型新型职业农民年收入在 1 万~20 万元的较多，占 97.1%，在 1 万~5 万元、5 万~10 万元、10 万~20 万元 3 个区间呈现递减的趋势，分别占 38.2%、35.3%和 23.5%，说明生产经营型新型职业农民的收入都集中在 1 万~20 万元。而专业技能新型职业农民的年收入集中在 5 万~10 万元，占 60%，收入在 1 万~5 万元和 10 万~20 万元的各占 15%，收入在 1 万元以下和 20 万~50 万元的各占 5%，呈现明显的正态分布。社会服务型新型职业农民的年收入在 10 万~20 万元的较多，占 31.3%，其他人员分布在小于 1 万元到大于 50 万元各个区间，可见社会服务型新型职业农民的收入差异性非常大，可能和服务的质量、服务的范围以及服务的规模等多种因素相关。综合分析 3 种类型新型职业农民的年收入，社会服务型新型职业农民年收入最高，其次是专业技能型新型职业农民，而生产经营型新型职业农民年收入最低。从同一类型人员来看，生产经营型新型职业农民年收入 1 万~10 万元所占比例较大，达到 73.5%，专业技能型新型职业农民的年收入集中在 5 万~10 万元，占 60%，社会服务型新型职业农民年收入在 10 万~20 万元的较多，占 31.3%（表 4-4）。

表 4-4　不同类型新型职业农民年收入比较

职业农民类型		年收入						合计
		≤1 万元	1~5 万元	5~10 万元	10~20 万元	20~50 万元	>50 万元	
生产经营型	人数（人）	11	143	132	88	0	0	374
	比例（%）	2.9	38.2	35.3	23.5	0	0	100
专业技能型	人数（人）	11	33	132	33	11	0	220
	比例（%）	5.0	15.0	60.0	15.0	5.0	0	100
社会服务型	人数（人）	11	33	44	55	22	11	176
	比例（%）	6.3	18.8	25.0	31.3	12.5	6.3	100

（续表）

职业农民类型		年收入						合计
		≤1万元	1~5万元	5~10万元	10~20万元	20~50万元	>50万元	
其他类型	人数（人）	11	44	143	66	0	22	286
	比例（%）	3.8	15.4	50.0	23.1	0	7.7	100
合计	人数（人）	44	253	451	242	33	33	1 056
	比例（%）	4.2	24.0	42.7	22.9	3.1	3.1	100

四、新型职业农民收入满意度调查

（一）总体情况

调查问卷对新型职业农民收入满意度设计成5个等级，分别是非常满意、满意、基本满意、不满意和非常不满意。调查结果表明：44人选择非常满意，占调查总人数的4.2%，231人选择满意，占调查人数的21.9%，462人选择基本满意，占调查人数的43.8%，275人选择不满意，占调查人数的26.0%，44人选择非常不满意，占调查人数的4.2%。满意和非常满意的总人数为275人，占调查总人数的26.1%，有近一半的人表示基本满意，还有1/3的人表示不满意和非常不满意，可见新型职业农民对收入的满意度不高。

（二）不同类型新型职业农民满意度比较

通过不同类型新型职业农民收入满意度统计分析，发现生产经营型新型职业农民对收入的不满意和非常不满意所占的比例最大为44.1%，其次是专业技能型新型职业农民为40%，社会服务型新型职业农民的不满意和非常不满意所在的比例最低为18.8%。从满意和非常满意度上来看，3种类型新型职业农民的满意度相差不多，生产经营型占26.4%，专业技能型占20%，社会服务型占31.3%（表4-5）。可见3种类型的新型职业农民生产经营型的不满意度最高，其次是专业技能型，最低的社会服务型。这和他们从事的专业和学历水平有很大关系，生产经营型的新型职业农民从事一线生产，是最基层的工作，和目前我国农业生产高投入、低产出的现状相符，受技术、市场和气候多种因素的影响。而专业技能型新型职业农民靠的是技术服务，受市场、环境条件影响的较少。社会服务型大多是从事农资、机械等技术服务，每年服务的对象相对稳定，很少受到外界环境的影响，且随着社会分工越来越细，农民需要服务的领域越来越多，导致社会服务型新型职业农民的收入越来越高。

表 4-5　不同类型新型职业农民收入满意度比较

职业农民类型		收入满意度					合计
		非常满意	满意	基本满意	不满意	非常不满意	
生产经营型	人数（人）	11	88	110	165	0	374
	比例（%）	2.9	23.5	29.4	44.1	0	100
专业技能型	人数（人）	11	33	88	77	11	220
	比例（%）	5.0	15.0	40.0	35.0	5.0	100
社会服务型	人数（人）	11	44	88	22	11	176
	比例（%）	6.3	25.0	50.0	12.5	6.3	100
其他类型	人数（人）	11	66	176	11	22	286
	比例（%）	3.8	23.1	61.5	3.8	7.7	100
合计	人数（人）	44	231	462	275	44	1 056
	比例（%）	4.2	21.9	43.8	26.0	4.2	100

五、新型职业农民从事农业背景调查

（一）调查总体情况

调查结果表明：有 484 名新型职业农民长期务农，占调查总人数的 45.8%；有 22 人为在职村干部，占调查总人数的 2.1%；有 44 人为转业军人，占调查人数的 4.2%；有 33 人为打工返乡人员，占调查人数的 3.1%，有 165 人为大中专毕业生，占调查总人数的 15.6%；有 308 人为其他人员，占调查总人数的 29.2%（表 4-6）。总体来看，当前我国有近半的新型职业农民是由传统的农民经过培训和认证而成，而转业军人和打工返乡人员比较少，这也为我们今后进一步培育新型职业农民提供了新的思路，转业军人和打工返乡人员在部队和城里接触到许多新鲜事物，他们比较年轻，学历层次较传统的农民要高，富有朝气，创新能力强，接受新知识能力强，没有从事过农业，没有传统的种植和养殖经验，如果成为新型职业农民会很快掌握新技术，所以这两类人员是今后新型职业农民的主要来源。大中专毕业生接受过中等及高等教育，如果加入新型职业农民队伍，具有非常大的潜力，国家应该大力倡导，采取有效措施激励大中专毕业生成为新型职业农民。

（二）不同类型新型职业农民从事农业背景比较

从不同类型新型职业农民从业背景比较来看，生产经营型新型职业农民有76.5%的人员长期以来一直在农村务农，而专业技能型新型职业农民中长期务农的占65.0%，社会服务型新型职业农民中长期从事农业的人员比例最低，只占12.5%。1 056名被调查人员中有22名在职村干部，没有一个人是生产经营型新型职业农民，11人为专业技能型，11人为社会服务型，分别占5.0%和6.3%。而转业军人、打工返乡人员成为生产经营型、专业技能型和社会服务型新型职业农民的比例差异不大，但大中专毕业生成为社会服务新型职业农民所占比例最高，达31.3%（表4-6）。这为我们进一步培育新型职业农民提供了思路，针对不同的人员有针对性的培养。

表4-6　不同新型职业农民从事农业背景比较

职业农民类型		从事农业背景						合计
		长期务农	在职村干部	转业军人	打工返乡	大中专毕业生	其他	
生产经营型	人数（人）	286	0	22	11	22	33	374
	比例（%）	76.5	0	5.9	2.9	5.9	8.8	100
专业技能型	人数（人）	143	11	11	11	11	33	220
	比例（%）	65.0	5.0	5.0	5.0	5.0	15.0	100
社会服务型	人数（人）	22	11	11	11	55	66	176
	比例（%）	12.5	6.3	6.3	6.3	31.3	37.5	100
其他类型	人数（人）	33	0	0	0	77	176	286
	比例（%）	11.5	0	0	0	26.9	61.5	100
合计	人数（人）	484	22	44	33	165	308	1 056
	比例（%）	45.8	2.1	4.2	3.1	15.6	29.2	100

六、新型职业农民从事农业时间调查

（一）总体情况

从事农业年限在 2 年及以下的 66 人，占调查总人数的 6.3%；从事农业年限 3~5 年的 143 人，占调查总人数的 13.5%；从事农业年限 6~10 年的 198 人，占调查总人数的 18.8%；从事农民年限 11~20 年的 330 人，占调查总人数的 31.3%；从事农业年限 20 年以上的 319 人，占调查总人数的 30.2%。61.5%以上的新型职业农民从事农业时间在 11 年以上，可见我国新型职业农民从事农业的时间较长，和多数新型职业农民是由传统的农民转化而来密切相关。从事农业年限在 5 年以下的只占 19.8%，也就是说自 2012 年我国提出大力培育新型职业农民以来，通过试点到逐步推广，有许多以前没有从事农业的人员加入农业队伍中，成了新型职业农民，通过进一步调查发现从事农业时间在 5 年以下的新型职业农民主要来源于返乡创业的农民工、部队转业军人、大中专毕业生以及未从事农业的企业家转型而来，这些为我们今后进一步培育新型职业农民提供了思路。

（二）不同类型新型职业农民从事农业时间比较分析

不同类型新型职业农民从事农业的时间不同，生产经营型新型职业农民从事农业的时间最长，从事农业时间 11~20 年的占 32.4%，从事农业时间在 20 年以上的占 47.1%；专业技能型新型职业农民总体上从事农业的时间比生产经营型新型职业农民时间短，其中从事农业时间在 11~20 年的占 40%，从事农业时间超过 20 年的占 35%。社会服务型新型职业农民从事农业时间最短，从事农业时间在 11~20 年的占 37.5%，超过 20 年的只占 18.8%（表 4-7）。结果和前边的调查结果形成了相互印证。最近 2 年从事农业的人员没有成为生产经营型职业农民的，11 人成为专业技能型职业农民，11 人成为社会服务型职业农民，这也是将来新型职业农民的发展趋势，生产经营型职业农民向老龄化方向发展，专业技能型和社会服务型新型职业农民向年轻化发展，这为国家提出了新的挑战，随着老龄的生产经营型新型职业农民逐渐退出历史的舞台，将来有哪些人来替代他们，从目前来看，是摆在我们面前的一个非常严峻的问题，中国是一个农业大国，农业人口众多，如何激发更多的年轻人从事农业生产，我想国家必须从农业现代化方面着手，改善农业的从业环境，增加农业的从业待遇，可能是将来的一个发展方向（表4-7）。

表4-7 不同类型新型职业农民从事农业时间比较

职业农民类型		从事农业时间					合计
		2年及以下	3~5年	6~10年	11~20年	>20年	
生产经营型	人数（人）	0	22	55	121	176	374
	比例（%）	0	5.9	14.7	32.4	47.1	100
专业技能型	人数（人）	11	11	33	88	77	220
	比例（%）	5.0	5.0	15.0	40.0	35.0	100
社会服务型	人数（人）	11	11	55	66	33	176
	比例（%）	6.3	6.3	31.3	37.5	18.8	100
其他类型	人数（人）	44	99	55	55	33	286
	比例（%）	15.4	34.6	19.2	19.2	11.5	100
合计	人数（人）	66	143	198	330	319	1 056
	比例（%）	6.3	13.5	18.8	31.3	30.2	100

七、新型职业农民从事职业调查

（一）调查的总体情况

被调查的1 056名新型职业农民中有22人从事养殖，占调查总人数的2.1%；有264人从事种植业，占调查总人数的25.0%；有165人是农民专业合作社的带头人，占调查总人数的15.6%；有110人是家庭农场主，占调查总人数的10.0%，有308人是农技服务人员。占调查总人数的29.2%；其他人员187人，占调查总人数的17.7%。

（二）不同类型新型职业农民从事职业比较分析

调查结果表明，生产经营型新型职业农民中种植户最多，占55.9%，其次是合作社带头人，占23.5%，但是本次调查中养殖户为0，和实际有些不符，可能和调查取样有关，但通过实际走访调查结果表明，事实上以养殖为主的新型职业农民数量较少，这和养殖业需要成本多、风险大、需要技术含量高有很大关系，而种植业需要成本低、风险小，需要技术含量相对较低有关。专业技能型新型职业农民从事农技服务的占40%，其次是家庭农场主和种植户，各占20%，合作社带头人占15%，也就是说有部分合作社带头人同时从事着专业技术服务，这和我国成立农民专业合作社的宗旨一致。社会服务型新型职业农民中有50%的人员来自农技服务员，25%来自农民专业合作社（表4-8）。充分发挥农民专业合作社在新型职业农民培育中所得重要作用，通过对农民专业合作社带头人的培养，使其成为社会服务型或专业技能型新型职业农民，带动周边农民，将会产生重要的示范和引领作用。

表4-8　不同新型职业农民的具体身份或从事的职业比较

职业农民类型		身份或从事的职业						合计
		养殖户	种植户	合作社带头人	家庭农场主	农技服务员	其他	
生产经营型	人数（人）	0	209	88	66	11	0	374
	比例（%）	0	55.9	23.5	17.6	2.9	0	100
专业技能型	人数（人）	11	44	33	44	88	0	220
	比例（%）	5.0	20.0	15.0	20.0	40.0	0	100
社会服务型	人数（人）	0	11	44	0	88	33	176
	比例（%）	0	6.3	25.0	0	50.0	18.8	100
其他类型	人数（人）	11	0	0	0	121	154	286
	比例（%）	3.8	0	0	0	42.3	53.8	100
合计	人数（人）	22	264	165	110	308	187	1 056
	比例（%）	2.1	25.0	15.6	10	29.2	17.7	100

第三节　新型职业农民需求研究

对农民进行培训是新型职业农民培育过程中的一个非常重要环节，通过培训提高农民的素质和从业技能。自2012年以来，国家从100个县进行示范到300个县示范，从局部到整体推进新型职业农民培育工作，做得最多的事情是培训，采取的形式多种多样，但培训的效果并不尽如人意，关键在于培训者并没有了解新型职业农民的需求，本节对新型职业农民的培训需求等进行了全面的分析。

一、新型职业农民培训时间调查

（一）培训时间调查总体情况

调查设计了“如果您参加培训，您最能接受的培训时间：① 0.5 天；② 1 天；③ 2 天；④ 3 天；⑤ 4~7 天；⑥ 8~14 天；⑦ 15~30 天；⑧ 31 天以上”问题，让被调查者回答，结果如下：在 1 056 名被调查者中有 22 人接受的培训时间是半天，占被调查总数的 2.1%，接受培训 1 天的有 55 人，占被调查总数的 5.2%，接受培训 2 天的 121 人，占调查总数的 11.5%，接受培训 3 天的 352 人，占调查总人数的 33.3%，接受培训 4~7 天的 341 人，占调查总人数的 32.3%，接受培训 8~14 天的 66 人，占被调查总人数的 6.3%，接受培训时间为 15~30 天的 77 人，占被调查总人数的 7.3%，接受调查时间在 30 天以上的只有 22 人，占调查总人数的 2.1%。可见，比较被新型职业农民接受的培训时间在 3~7 天，培训时间太短，接受培训者会感觉收获不大，培训时间超过 7 天，可能与新型职业农民的生产发生冲突，不便于安排农业生产。

（二）不同类型新型职业农民接受的培训时间比较分析

生产经营型新型职业农民接受培训时间为 3 天的占 41.2%，接受培训时间为 4~7 天的占 38.2%，可见生产经营型新型职业农民更接受时间稍微短的培训，一般认为 3 天比较合适，或者增加 2 天，最多不超过 5 天。而专业技能型新型职业农民对技术的需求比生产经营型新型职业农民更大，因此其能够接受的培训时间和生产经营型新型职业农民相比要长些，接受培训 4~7 天的占 55.0%，而认为接受培训时间为 3 天的只占 20.0%，可见专业技能型新型职业农民较为合适的培训时间为 4~7 天。社会服务型新型职业农民由于人员比较复杂，接受 3 天和 4~7 天培训的比例均为 31.3%，也就是说 3~7 天适合这类人员培训。由于培训组织者在组织培训的时候，往往不能针对不同类型的新型职业农民培训，在安排培训时间的时候，要重点考察参加培训的对象中 3 种类型的新型职业农民哪种类型的人员较多，如果生产经营型的新型职业农民较多，安排培训时间最好不要超过 5

天，如果其他两种类型的新型职业农民较多，培训时间可以稍微增加 2 天，不超过 7 天。如果培训时间较长，反而会影响培训效果（表 4-9）。

表 4-9　不同类型新型职业农民接受的培训时间比较

职业农民类型		培训时间								合计
		0.5 天	1 天	2 天	3 天	4~7 天	8~14 天	15~30 天	>30 天	
生产经营型	人数（人）	0	11	11	154	143	33	11	11	374
	比例（%）	0.0	2.9	2.9	41.2	38.2	8.8	2.9	2.9	100
专业技能型	人数（人）	11	0	11	44	121	11	22	0	220
	比例（%）	5.0	0	5.0	20.0	55.0	5.0	10.0	0	100
社会服务型	人数（人）	11	11	33	55	55	11	0	0	176
	比例（%）	6.3	6.3	18.8	31.3	31.3	6.3	0	0	100
其他类型	人数（人）	0	33	66	99	22	11	44	11	286
	比例（%）	0	11.5	23.1	34.6	7.7	3.8	15.4	3.8	100
合计	人数（人）	22	55	121	352	341	66	77	22	1 056
	比例（%）	2.1	5.2	11.5	33.3	32.3	6.3	7.3	2.1	100

二、新型职业农民培训地点调查

（一）调查总体情况

调查设计了如果您参加培训，您能接受的培训地点：① 本村；② 本乡镇；③ 本县；④ 本省外县；⑤ 省外问题，被调查者可以多选。统计结果表明：143 人选择了接受的培训地点为本村，占调查总人数的 13.5%；88 人选择本乡镇，占调查总人数的 8.3%；528 人选择了本县，占被调查总人数的 50.0%；187 人选择了本省外县，占调查总人数的 17.7%；308 人选择了省外，占被调查总人数的 29.2%。可见有一半的新型职业农民愿意在本县参加培训，其次是到省外。

（二）不同类型新型职业农民培训地点比较分析

生产经营型新型职业农民培训接受培训地点最多的本县占 50.0%，其次是本村和省外。在本村培训可能更方便学习，不耽误农业生产，因此培训机构在培训生产经营型新型职业农民是采用送教下乡，办好田间学校，是一个不错的教学模式，会起到较好的培训效果。专业技能型新型职业农民有65%的人选择可本县，其他培训地方也有选择，但不是主流。社会服务型新型职业农民选择培训地点的时候有两个非常明显的地方，一个是本县，一个是省外，各占43.8%。每个省都有每个省特点和优势，各类型的新型职业农民都选择了省外，都想到省外技术比较先进的地方学习，来开阔自己的视野，但是大规模的到省外组组织培训无论是从经费上、时间上还是管理上都有一定的难度，因此培训者在培训的时候可以有针对性地选择省外的比较典型的地方组织新型职业农民进行参观考察，以开拓新型职业农民的视野，提高培训的效果（表4-10）。

表4-10　不同类型新型职业农民培训地点比较

职业农民类型		培训地点					合计
		本村	本乡镇	本县	本省外县	省外	
生产经营型	人数（人）	88	22	187	66	99	374
	比例（%）	23.5	5.9	50.0	17.6	26.5	100
专业技能型	人数（人）	22	11	143	33	33	220
	比例（%）	10.0	5.0	65.0	15.0	15.0	100
社会服务型	人数（人）	22	22	77	33	77	176
	比例（%）	12.5	12.5	43.8	18.8	43.8	100
其他类型	人数（人）	11	33	121	55	99	286
	比例（%）	3.8	11.5	42.3	19.2	34.6	100
合计	人数（人）	143	88	528	187	308	1 056
	比例（%）	13.5	8.3	50.0	17.7	29.2	100

三、新型职业农民培训内容需求调查

（一）培训内容需求总体情况

从统计分析结果来看，新型职业农民对先进的生产技术、先进的生产理念、先进的产品营销策略、先进的信息化技术需求较多，分别占调查总人数的

80.2%、67.7%、66.7%和58.3%，对成功的创业案例和国家政策法律法规需求较少，分别占调查总人数的37.5%和36.5%。因此对于先进的生产技术、先进的生产理念、先进的产品营销策略和先进的信息化技术是培训机构在组织培训的时候应该着重考虑的内容，应该集中优势的师资力量加强对这些内容的培训。随着我国法治建设的不断完善，知法、懂法、守法、用法律的武器维护我们的合法权益，是我们每个公民的应具备的基本素质，因此，在对新型职业农民培训时，适当的增加法律知识的教育是必不可少的。

（二）不同类型新型职业农民培训内容需求比较

不同类型新型职业农民培训内容需求差异不大，都将先进的生产技术作为首要需求，生产经营型新型职业农民选择先进的生产技术的占79.4%，专业技能型的占75.0%，社会服务型的占87.5%。排在第二位的有所不同，生产经营型新型职业农民选择先进的生产理念的较多，占73.5%，而专业技能型新型职业农民除选择先进的生产理念外，还选择了先进的信息化技术，各占65.0%。社会服务型新型职业农民不同于生产经营型和专业技能型，排在第二位的是先进的营销策略，占75.0%，这和现实是完全符合的，社会服务型新型职业农民要做好服务，首先要有先进的技术，如何将先进的技术和优质的产品传播出去，先进的营销策略尤为重要（表4-11）。

表4-11　不同类型新型职业农民培训内容需求比较

职业农民类型		培训内容						合计
		先进的生产技术	先进的生产理念	先进的产品营销策略	先进的信息化技术	成功的创业案例	国家的政策法律法规	
生产经营型	人数（人）	297	275	242	165	110	165	374
	比例（%）	79.4	73.5	64.7	44.1	29.4	44.1	100
专业技能型	人数（人）	165	143	132	143	55	44	220
	比例（%）	75.0	65.0	60.0	65.0	25.0	20.0	100
社会服务型	人数（人）	154	121	132	110	99	44	176
	比例（%）	87.5	68.8	75.0	62.5	56.3	25.0	100

（续表）

职业农民类型		培训内容						合计
		先进的生产技术	先进的生产理念	先进的产品营销策略	先进的信息化技术	成功的创业案例	国家的政策法律法规	
其他类型	人数（人）	231	176	198	198	132	132	286
	比例（%）	80.8	61.5	69.2	69.2	46.2	46.2	100
合计	人数（人）	847	715	704	616	396	385	1 056
	比例（%）	80.2	67.7	66.7	58.3	37.5	36.5	100

四、新型职业农民接受的培训形式调查

（一）调查的总体情况

调查结果表明新型职业农民愿意接受的培训形式主要有经验交流、实践教学和基地参观，其中选择实践教学的人数最多，共 781 人，占调查总人数的 74.0%，其次是经验交流，共 770 人，占调查总人数的 72.9%，排在第三位的是基地参观，共 682 人，占调查总人数的 64.6%。最不能让新型职业农民接受的是函授学习，其实当前远程教育发展非常迅速，发展远程的线上教育也是一项非常好的培训形式，由于在问卷中没有设计出来，对于新型职业农民对于远程的线上教育接受程度目前还不清楚，这是本次调研问卷设计的缺陷，但也能充分的说明，传统的课堂讲授的培训方式是不被新型职业农民所接受的，因此培训部门在开展新型职业农民培训的时候，应该综合考虑新型职业农民对培训内容的接受情况，科学合理的编制培训方案和设置培训内容，针对学员的实际情况做到课堂讲授和实践相结合，减少课堂讲授的学时，增加经验交流、实践教学和基地参观等多种教学形式，激发学员的学习兴趣，达到较好的培训效果。

（二）不同类型新型职业农民愿意接受的培训形式比较

不同类型的新型职业农民愿意接受的培训形式差异不大。生产经营型新型职业农民选择经验交流的人数最多 297 人，占 79.4%，其次选择实践教学的 286 人，占 76.5%，第三选择基地参观的 242 人，占 64.7%。专业技能型新型职业农

民选择实践教学的人数最多 176 人，占 80.0%，排在第二位的是经验交流，共 154 人，占 70.0%；排在第三位的是基地参观，共 132 人，占 60%；社会服务型新型职业农民选择经验交流和实践教学的人数比较多，分别占 68.8%和 62.5%。总体来说各类型新型职业农民对愿意接受的培训形式区别不大（表 4-12）。

表 4-12　不同类型新型职业农民接受的培训形式比较

职业农民类型		培训形式					合计
		课堂讲授	经验交流	实践教学	基地参观	函授学习	
生产经营型	人数（人）	187	297	286	242	99	374
	比例（%）	50.0	79.4	76.5	64.7	26.5	100
专业技能型	人数（人）	110	154	176	132	55	220
	比例（%）	50.0	70.0	80.0	60.0	25.0	100
社会服务型	人数（人）	66	121	110	99	33	176
	比例（%）	37.5	68.8	62.5	56.3	18.8	100
其他类型	人数（人）	110	198	209	209	44	286
	比例（%）	38.5	69.2	73.1	73.1	15.4	100
合计	人数（人）	473	770	781	682	231	1 056
	比例（%）	44.8	72.9	74.0	64.6	21.9	100

五、新型职业农民培训存在问题调查

（一）调查的总体情况

在设计问卷的时候，针对新型职业农民培训过程中可能存在的问题，共设计了 7 个问题，分别是：培训目标与新型职业农民的需求脱节（培训目标）、培训方式与新型职业农民的要求不适应（培训方式）、培训内容不能满足新型职业农民的需要（培训内容）、培训结束后缺乏后续的服务（后续服务）、培训时间安排不合理（培训时间）、培训教师缺乏实践技能（培训教师）、重复性培训太多（重复培训）。调查结果表明主要存在的问题是：培训结束后缺乏后续的服务、培训内容不能满足新型职业农民的需要、培训目标与新型职业农民的需求脱节、培训方式与新型职业农民的要求不适应 4 个方面，其中首要问题是培训结束后缺乏后续的服务，1 056 名被调查对象有 550 人选择了这一项，占调查人数的 52.1%，其次表现在培训上不能满足新型职业农民的需求，占调查总人数的 49.0%，再有就是培训方式新型职业农民的要求不适应，占调查人数的 40.6%。可见在新型职业农民培训过程中还有许多问题需要解决，只有这些存在的问题得到了有效的解决，新型职业农民的培训才能得到满意的效果。

（二）不同类型新型职业农民对当前培训存在问题的看法

不同类型的新型职业农民对培训存在的问题看法有一定的区别，这可能与不同类型的新型职业农民对培训的需求和感受不同。生产经营型新型职业农民认为问题最严重的是培训结束后缺乏后续的服务，其次是培训方式与新型职业农民的要求不适应、培训内容不能满足新型职业农民的需要，排在第三位的是培训目标与新型职业农民的需求脱节；专业技能型新型职业农民认为问题最严重的是培训内容不能满足新型职业农民的需要，其次是培训结束后缺乏后续的服务，排在第三位的是培训教师缺乏实践技能，这可能与专业技能型新型职业农民对技术的要求比其他类型新型职业农民要求的更高有关。社会服务型新型职业农民认为培训存在的最严重的问题也是培训内容不能满足新型职业农民的需要，其次是培训结束后缺乏后续的服务，排在第三位的是培训目标与新型职业农民的需求脱节、培训方式与新型职业农民的要求不适应、培训教师缺乏实践技能。总之通过调研发现在当前新型职业农民培训过程中有许多问题，且不同类型职业农民的认知不同，与他们关注点有关，生产经营型更看重的是培训后的跟踪服务，专业技能型和社会服务型新型职业农民更关心的是培训内容。因此，在培训过程中，针对不同类型的新型职业农民有针对性地开展培训意义非常重大（表 4-13）。

表 4-13　不同类型新型职业农民培训存在问题比较

职业农民类型		培训存在的问题							合计
		培训目标	培训方式	培训内容	重复培训	后续服务	培训时间	培训教师	
生产经营型	人数（人）	154	165	165	44	187	44	55	374
	比例（%）	41.2	44.1	44.1	11.8	50.0	11.8	14.7	100

（续表）

职业农民类型		培训存在的问题							合计
		培训目标	培训方式	培训内容	重复培训	后续服务	培训时间	培训教师	
专业技能型	人数（人）	77	55	132	66	110	11	88	220
	比例（%）	35.0	25.0	60.0	30.0	50.0	5.0	40.0	100
社会服务型	人数（人）	66	66	88	22	77	0	66	176
	比例（%）	37.5	37.5	50.0	12.5	43.8	0	37.5	100
其他类型	人数（人）	165	143	132	77	176	44	88	286
	比例（%）	57.7	50.0	46.2	26.9	61.5	15.4	30.8	100
合计	人数（人）	462	429	517	209	550	99	297	1 056
	比例（%）	43.8	40.6	49.0	19.8	52.1	9.4	28.1	100

六、新型职业农民生产经营遇到的困难调查

（一）调查的总体情况

针对新型职业农民在生产中遇到的困难调查结果表明，有 198 人认为土地资源匮乏，占调查总人数的 18.8%；有 517 人认为资金短缺，占调查总人数的 49.0%；有 594 人认为技术落后，占调查总人数的 56.3%；有 484 人认为信息不畅，占调查总人数的 45.8%；有 638 人认为销售中间环节过多，占调查总人数的 60.4%；有 242 人认为受到自然灾害的危害，占调查人数的 22.9%；另外还有 121 人选择了其他方面的问题。总体上，新型职业农民认为在生产经营上遇到的首要困难是销售环节过多，第二是技术落后，第三是资金短缺，第四是信息不畅。农产品销售环节过多是当前存在的非常重大的问题，一般农产品收获后被当地经销部门或者收购站收购后，经过经销商销运到远处的批发市场，批发给零售商后，由零售商再面向消费者销售，中间有的还要经过二级批发商，过多的中间环节，层层加码，导致农产品销售到消费者手上价格飙升，影响了消费者购买的积极性，但是生产者并没有挣到钱，利润都被经销商拿去了。我国是农业大国，但不是农民强国，农业技术和西方发达国家相比较为落后，这是事实，虽然近些年加大了对农业的技术研发的投入，但仍和西方发达

国家有很大的差距，实现农业现代化还需很长的时间，农业技术的提高需要经过各行各业的不懈努力。

（二）不同类型新型职业农民生产经营中遇到的困难比较分析

不同类型新型职业农民认为生产经营中遇到的困难有所不同。生产经营型职业农民认为遇到的首要困难是技术落后，其次是信息不畅和销售中间环节过多，排在第三位的是资金缺乏。专业技能型新型职业农民认为生产经营中遇到的首要困难是销售中间环节过多，其次是技术落后，第三是信息不畅。社会服务型新型职业农民认为存在的问题主要是资金缺乏、技术落后和销售中间环节过多（表4-14）。

表 4-14　不同类型新型职业农民生产经营中遇到的困难比较

职业农民类型		生产经营中遇到的困难							合计
		土地资源匮乏	资金短缺	技术落后	信息不畅	销售中间环节过多	自然灾害	其他	
生产经营型	人数（人）	99	154	187	165	165	77	44	374
	比例（%）	26.5	41.2	50.0	44.1	44.1	20.6	11.8	100
专业技能型	人数（人）	22	77	110	88	143	55	33	220
	比例（%）	10.0	35.0	50.0	40.0	65.0	25.0	1.0	100
社会服务型	人数（人）	33	110	110	55	110	22	11	176
	比例（%）	18.8	62.5	62.5	31.3	62.5	12.5	6.3	100
其他类型	人数（人）	44	176	187	176	220	88	33	286
	比例（%）	15.4	61.5	65.4	61.5	76.9	30.8	11.5	100
合计	人数（人）	198	517	594	484	638	242	121	1 056
	比例（%）	18.8	49.0	56.3	45.8	60.4	22.9	11.5	100

七、做好新型职业农民培训对策调查

（一）调查总体情况

通过对如何能够做好新型职业农民培训对策调查，结果表明：451 名新型职业农民选择了政府应该加强宣传和引导，占调查总人数的 42.7%；561 人选择了应进一步健全农民培训政策，占调查总人数的53.1%；506人选择了政府应该增加农民培训补贴，占调查总人数的47.9%；528人选择了应该加强对优质的新型职业农民培育机构进行培育，占调查总数的50.0%；506人选择了应加强对培训师资的培训，占调查总人数的47.9%；660人选择了应精选示范基地，加强实践培训，占调查总人数的62.5%。总体上看见，认为应从宣传、政策、补贴、机构、师资和基地等方面进一步完善和加强，促进新型职业农民培训工作再上一个新台阶。

（二）不同类型新型职业农民对做好新型职业农民培训的意见

不同类型新型职业农民对如何做好新型职业农民培训的意见不同，生产经营型新型职业农民认为首先应该做好优质培育机构的遴选和培训，专业服务型新型职业农民认为应该精选示范基地加强实践培训，社会服务型新型职业农民认为应该增加农民培训的补贴。新型职业农民培育效果的好坏受多方面因素的影响，不同类型职业农民的认知不同，导致他们的意见上的区分，实际上，问卷中设计出的几个问题包括政府加强宣传引导、健全农民培训政策、增加农民培训补贴、培育优质的培育机、加强对培训师资培训、精选示范基地等肯定是影响新型职业农民培育效果的因素，但影响培育效果的因素不只是这些，应该还有许多因素，只不过是在问卷中没有设计出来（表4-15）。

表4-15　不同类型新型职业农民对做好培训对策比较

职业农民类型		培训对策						合计
		政府加强宣传引导	健全农民培训政策	增加农民培训补贴	培育优质的培育机构	加强对培训师资培训	精选示范基地	
生产经营型	人数（人）	132	187	187	231	132	187	374
	比例（%）	35.3	50.0	50.0	61.8	35.3	50.0	100
专业技能型	人数（人）	66	121	99	88	121	165	220
	比例（%）	30.0	55.0	45.0	40.0	55.0	75.0	100
社会服务型	人数（人）	77	66	77	99	99	110	176
	比例（%）	43.8	37.5	73.8	56.3	56.3	62.5	100

（续表）

职业农民类型		培训对策						合计
		政府加强宣传引导	健全农民培训政策	增加农民培训补贴	培育优质的培育机构	加强对培训师资培训	精选示范基地	
其他类型	人数（人）	176	187	143	110	154	198	286
	比例（%）	61.5	65.4	50.0	38.5	53.8	69.2	100
合计	人数（人）	451	561	506	528	506	660	1 056
	比例（%）	42.7	53.1	47.9	50.0	47.9	62.5	100

八、新型职业农民来源调查

（一）调查总体情况

当前新型职业农民年龄老化是一个不争的事实，未来中国农业的发展需要由更高素质的年轻的劳动者来承担，究竟哪些人是未来中国农业的生产者的优秀接班人，课题组对新型职业农民来来源做了调查，共拟定了 4 类人员，分别是农学相关专业毕业生、部队转业人员、进城务工返乡创业人员、农业技术人员分流人员。以 1 056 名新型职业农民为调查对象，调查结果如下：539 人占选择了农业技术人员分流人员，占调查总数的 51.0%；506 人选择了农学相关专业毕业生，占调查总人数的 47.9%；352 人选择了返乡创业的农民工，占调查总数的 33.3%；选择部队转业人员只占 6.3%，8.3%的人员选择了其他。可见未来新型职业农民的来源主要有 3 方面，一是农业技术分流人员，二是返乡创业的农民工，三是农科专业毕业生。为此国家应根据这三类人员的不同性质，加大新型职业农民培育力度。对于农业专业毕业生应该重点向社会服务型和专业技术型方面培训，学校加大教学改革，使其毕业后更能适应农村的工作。对于返乡创业人员重点向生产经营型职业农民培育，政府加大资金和政策的支持力度，吸引新生代农民工返乡创业，发挥他们年轻有创新精神及对家乡熟悉的优势从事农业生产经营活动。对于农业专业技术人员，国家可以出台政策，保留他们公职，享受正常的退休待遇，让他们提前成为专业技术型新型职业农民，发挥他们的技术优势。

(二) 新型职业农民来源比较

不同类型新型职业农民对未来新型职业农民来源意见区别不大，普遍认为分流的农业技术员将是未来新型职业农民的主要来源，这可能他们在平时生产工作中和这些农业技术员交流的比较多，对农业技术员了解的也比较多，知道其所思、所想、所忧。事实上，当前部分农业技术员虽然不能叫作新型职业农民，但直接或间接的充当着专业技术型和社会服务型职业农民的角色，有的人利用业余时间进行技术有偿服务，有的人经营者农资销售店等，如果国家给予其优惠的政策，相信一部分农业技术人员会很快地分流成为新型职业农民。此外农业专业毕业生是新型职业农民的主要来源，随着国家乡村振兴战略大深入实施，城乡差别逐渐缩小，农村将成为涉农专业学生的主战场。当前农民工返乡创业人员大有人在，只要政策支持到位，将来肯定有越来越多的农民工从城市回到自己的家乡，成为一名优秀的新型职业农民（表 4-16）。

表 4-16　不同类型新型职业农民对未来职业农民来源的意见

职业农民类型		新型职业农民来源					合计
		农科专业毕业生	部队转业人员	返乡创业农民工	分流的农业技术员	其他	
生产经营型	人数（人）	143	0	121	209	44	374
	比例（%）	38.2	0	32.4	55.9	11.8	100
专业技能型	人数（人）	99	11	55	99	22	220
	比例（%）	45.0	5.0	25.0	45.0	10.0	100
社会服务型	人数（人）	55	22	44	77	11	176
	比例（%）	31.3	12.5	25.0	43.8	6.3	100
其他类型	人数（人）	209	33	132	154	11	286
	比例（%）	73.1	11.5	46.2	53.8	3.8	100
合计	人数（人）	506	66	352	539	88	1 056
	比例（%）	47.9	6.3	33.3	51.0	8.3	100

九、农产品销售渠道调查

（一）调查的总体情况

调查结果表明，新型职业农民产品销售渠道主要有两个，一个是直接销售，另一个是多层中间商销售，以多层中间商销售所占的比例最大，1 056 名被调查者中 418 人承认自己的农产品通过多层中间商销售渠道销出去，占调查总人数的 39.6%。有 275 人选择了直接销售，占调查人数的 26.0%。采用加工+销售模式的比较少，只占 9.4%，毕竟加工需要一定的技术和设备作为支撑，对于新型职业农民个体来讲不适合这种模式，这种模式一般多见与农业专业合作社或农业公司，他们一边自己进行农业生产，同时将合作社社员的农产品收购过来经过加工以半成品或成品的形式销售出去。比如蔬菜合作社，制定生产标准，要求社员按标准生产，合作社负责收购，同时将收购来的产品进行初加工，如清洗、分级、包装等程序销售到大的超市等，这属于初加工。还有的进行深加工，比如河北省望都和鸡泽有些辣椒企业，自己有基地生产辣椒，同时还收购农民的辣椒，最终经过深加工成辣椒酱、辣椒油等产品，销往国内外。除前边提到的 3 种销售模式外，还有 19.8%的人选择了其他销售渠道，事实上其他销售渠道也非常多，比如农业采摘园采用现场采摘的销售渠道，还有网络销售渠道、高端产品定制销售渠道等。

（二）不同类型新型职业农民农产品销售渠道比较

不同类型新型职业农民产品销售渠道差异不大。生产经营型新型职业农民采用多层中间商销售渠道最多，占的比例最多，为 55.9%，这和他们的工作性质相关，农业生产本来就是费工费时的事情，尤其是保护地生产，需要人工量更大，再有我国农业还没有实现工厂化生产，农业受外界环境的影响非常大，即使是保护地也是如此，农民需要把大量的人力投入到生产中，生产出来的农产品只能中间商销售。一些已经创出地方品牌的农产品销售相对方便些，品牌农产品生产基地已经形成了销售市场，经销商到基地市场去购买销后往远处销售。生产经营型新型职业农民还有 32.4%的人的农产品通过直接销售渠道销售出去，分两种情况，一是自己的产品虽然不是地方品牌，但自己已经打造出了自己的品牌，直接供应大的超市销售，二是一些农民将自己的产品直接运到农贸批发市场进行批发销售，这样减少一些中间环节，能适当地增加产品的收入。加工+销售的销售模式，专业技能型和社会服务型新型职业农民比生产经营型职业农民所占比例要大（表 4-17）。

表 4-17　不同类型新型职业农民农产品销售渠道比较

职业农民类型		销售渠道					合计
		直接销售	多层中间商销售	加工+销售	没有销售	其他	
生产经营型	人数（人）	121	209	22	11	11	374
	比例（%）	32.4	55.9	5.9	2.9	2.9	100
专业技能型	人数（人）	55	99	22	0	44	220
	比例（%）	25.0	45.0	10.0	0	20.0	100
社会服务型	人数（人）	22	77	22	0	55	176
	比例（%）	12.5	43.8	12.5	0	31.3	100
其他类型	人数（人）	77	33	33	44	99	286
	比例（%）	26.9	11.5	11.5	15.4	34.6	100
合计	人数（人）	275	418	99	55	209	1 056
	比例（%）	26.0	39.6	9.4	5.2	19.8	100

（三）优化农产品销售渠道调查

调查结果表明，选择引进新品种，发展特色农业的有 715 人，占调查总人数的 67.7%，选择开展网络营销渠道拓宽销售渠道的有 737 人，占调查总人数的 69.8%；选择缩短营销渠道，走“超市化”和“企业化”道路的有 649 人，占调查总人数的 61.5%；选择打造旅游、观光、采摘新型销售模式的有 528 人，占调查总人数的 50.0%。总之，发展特色农业、拓展网络营销渠道、缩短营销渠道、旅游观光采摘营销 4 种销售渠道都是非常好的销售渠道。生产经营型新型职业农民除旅游观光采摘销售渠道外，选择其他 3 种的比例都在 70%左右，而专业服务型新型职业农民选择网络营销渠道的更多些，社会服务型新型职业农民选择发展特色农业的更多，占 93.8%（表 4-18）。

表 4-18 不同类型新型职业农民农产品销售渠道调查

职业农民类型		农产品销售渠道优化				合计
		发展特色农业	拓展网络营销渠道	缩短营销渠道	旅游观光采摘营销	
生产经营型	人数（人）	264	264	253	165	374
	比例（%）	70.6	70.6	67.6	44.1	100
专业技能型	人数（人）	121	154	99	121	220
	比例（%）	55.0	70.0	45.0	55.0	100
社会服务型	人数（人）	165	110	88	99	176
	比例（%）	93.8	62.5	50.0	56.3	100
其他类型	人数（人）	165	209	209	143	286
	比例（%）	57.7	70.1	70.1	50.0	100
合计	人数（人）	715	737	649	528	1 056
	比例（%）	67.7	69.8	61.5	50.0	100

第五章　新型职业农民素质研究

素质是指一个人应具备的基本特质和修养，是以遗传为基础，经过后天学习，在生活的环境、接受的教育、走过的人生经历等外界因素的影响下形成的相对稳定的身体和心理外在体现，表现出人的能力、结构及其质量水平，是人在社会化过程中形成稳定的涵养和特性。包括思想道德素质、科学文化素质、身体心理素质等。

第一节　素质概述

一、思想道德素质

思想道德素质包含思想素质和道德素质两个方面，是一个人在思想上和在道德上的外在体现，是一个人思想和道德综合表现，将一个人思想素养和道德素养有机融合，相互统一，相互影响，是人的行为规范和行为标准。思想素养与道德素养是相互制约、相互影响的，共同构成人的思想灵魂。与传统农民相比，新型职业农民应该具备更高的思想道德素养。在新型职业农民的各种素质中，思想道德素质居于核心地位，是其他素质的基础，具有方向性和科学文化素质、身体心理素质一起构成了新型职业农民的最基本素质。思想道德素质作为新型职业农民素质的一个非常的重要方面，其状况决定了新型职业农民的社会经济行为。当前一些农民的法律意识有所提升，但价值判断标准模糊，自我道德约束力有所下降；市场经济意识有所增强，但诚信意识不强；农民的科技文化水平有所提高，但封建迷信思想有所滋长；农民的政治意识有所提高，但理想信念和集体主义观念淡化。

（一）思想素质

一是要求新型职业农民要树立正确的人生观、世界观和价值观。正确的人生观、世界观和价值观统领其人生的发展。树立正确的人生观就是建立正确的人生态度。要求新型职业农民能够从农村的客观情况及当前的国内国际形势的实际出发，用正确的方法，科学的实事求是的看待当前的机遇和挑战，正确看待个人致富及带动村民及周边农民共同致富的关系，正确处理用自己的双手通过辛勤劳动致富与在生活过程中注意勤俭节约的关系，做到勤劳勇敢，反对奢靡浪费，自觉抵制农村的封建思想及不正之风，抵御享乐主义。自觉养成热爱农业、乐于农业、热爱农村的优良品质。树立正确的幸福观，对人生抱有积极乐观的态度。要正确对待金钱、权力、地位，正确处理理想与现实的关系。

二是要有较强的集体主义精神。集体主义是推动我国社会前进的巨大力量，是社会主义精神文明建设的重要组成部分。新型职业农民应该清楚地认识到社会主义制度的优越性，认识到我国目前仍处于社会主义初级阶段，并且这一阶段在一定的时期内将长期存在。新型职业农民要爱祖国、爱人民、爱新农村，才能在建设新农村精神的感召力下感受社会主义制度的优越性。

三是有较好的民主法制观。具有较强的民主法制观念，是新型职业农民的重要特征之一，是社会主义新农村建设必不可少的重要工作。新型职业农民应是具有较好民主法制观念的农民，要积极参与农村基层民主法制建设，学法、知法、懂法、守法、普法，学会用法律武器保护自己的权益。

四是新型职业农民要有较强的市场竞争观。市场经济已经逐渐深入我们的生活，农业活动也不例外。市场经济是竞争经济，竞争就必须按优胜劣汰的规律行事。新型职业农民要适时打破与当前市场经济不相适应的传统小农经济，提升竞争能力和应变能力。

五是新型职业农民要有敏锐的信息观。在信息化时代，信息更新速度前所未有，各种信息不断冲击着人们的思想，人们的思想观念也不断地更新，以适应社会的飞速发展，一个人的观念决定着其发展思路，一个人的思路决定着其发展出路，一个人的出路决定其能否在市场经济中致富。新型职业农民应当关心国家大事，了解党中央关于农村经济建设和发展方面的各项政策，为社会主义新农村建设贡献力量。

（二）道德素质

一是新型职业农民要有主体责任意识。农村是一个广阔的天地，农业是国民经济的基础。毛泽东同志认为“农业关系国计民生极大”。我国广大农民长期生活在农村，从事农业生产劳动，依靠自己勤劳的双手，发展生产、扩大经营、战胜灾害、克服困难，为国家提供了大量的粮食和农副产品，为工业的发展提供原料、劳动和资金积累，奉献社会，奉献人民，为国家和社会的发展做出了突出的贡献。因此，新型职业农民应该喜欢农村生活，热爱农村，了解中国农业的现状，并能认识到扎根农业、从事农业、干好农业，要乐农、爱农。

二是要诚实守信。诚实就是不说假话，守信就是守信用。中华民族有悠久的历史，诚实守信一直是中华民族的传统美德，是备受人们关注的美德，是每个人应该具有的优秀品质，新型职业农民也不例外。当今市场经济高速发展，人们的分工越来越细，人与人之间需要更多的分工与合作，诚实守信是建立良好合作关系的基础，诚实守信在人与人的交往中显得更加重要。诚实守信、恪守职业道德是市场经济条件下新型职业农民必须具备的道德素质。应把新型职业农民的诚信教育摆在突出位置，使诚信文化渗透农民工作、学习、生活的方方面面，增强全体农民的信用意识，自觉依法维护农业市场经济的正常运行秩序。

三是要有环境保护意识。环境保护的问题已经成为衡量一个人道德水平高低的重要尺度。伴随农业经济发展，在乡村振兴背景下加快社会主义新农村建设的步伐，树立环保意识、保护农村生态环境尤为重要。农业生产要依靠农业科学技术而非扩大种植面积的方式来增加产量，严禁大面积的森林砍伐；严禁过度放牧而导致草地被毁，丧失保持水土的功能；合理控制使用农药化肥，保持土地质量。要树立良好的农村生活习惯，不将生活垃圾直接扔到河边、村头、庄稼周围，保护农村水质与空气质量，禁止将污染型企业引人农村，造成农村环境严重恶化。新型职业农民应当具有生态意识和绿色环保意识，要认识到保护自然环境、维护生态平衡是每个社会成员包括新型职业农民应尽的社会责任和道德义务。

四是要以科学思想为指导。社会主义新农村建设的一个重要目标就是乡风文明，表现在村民的思想道德观念、精神风貌、移风易俗、民主选举以及农民自身修养等各个方面。新型职业农民应该是新农村建设的生力军，要用新时代的思想、科学发展观来指导其行为，在农村发挥表率和带头人的作用。因此，要加强社会主义新农村建设，营造文明风尚，破除封建迷信思想，让健康、文明、科学的生活方式自觉融入家庭和农村社区。摒弃墨守成规、循规蹈矩的生产生活方式，脱离对土地的严重依赖心理，树立创造新生活的愿望和勇气，重视农业科技创新，推进高产、高质、高效的农村农业经济模式。

二、科学文化素质

科学文化知识是人类对客观世界的正确认识和成功经验的总结，是人类征服物质世界发现真理的过程。人们通过对科学文化知识的习得，不断内化为自身素质。科学文化知识能够帮助人们形成新的思想道德和精神品格，促进人的全面发展。科学文化素质越来越影响人类的发展，是人类改造世界的力量和源泉。要实现四个现代化，必须实现农业现代化，农业现代化的实现，离不开高素质的劳动者，要求劳动者先进的科学文化知识，新型职业农民是农业劳动者中先进的代表，更要有科学文化知识，只有不断提高新型职业农民科学素养，才能做到科学种田、科学养殖，农业劳动生产率才有可能得到大幅度的提升。实践证明，新型职业农民的科学文化素养不仅影响到农业的高质量发展，最重要的是还影响着社会主义新农村能否快速建设完成。要实现农业的现代化，实现农村经济的快速稳定发展，必须大力提高新型职业农民的科学文化素养，打造一支“有文化、懂技术、会经营”的新型职业农民队伍。科学文化素质包括科学素质和文化素质两个方面。

（一）科学素质

科学素质是新型职业农民应具备的素质，是指新型职业农民具备的科学知识以及应用科学知识解决生产上问题的能力。新型职业农民具有基本的科学素养，可以提高观察事物、全面思考、自我认知、分析问题、解决问题等能力。新型职业农民科学素质的高低主要表现在是否懂得专业知识以及懂得的广度和深度、是否具有科技兴农意识以及具有科技兴农意识的强弱、是否具有对科技知识的需求欲望以及对科技知识需求欲望的大小。目前我国农业科学技术发展迅速，智慧农业、数字农业、精准农业、高效农业等方面的技术研究取得丰硕成果，部分成果已经得到了广泛的应用。农村是农业科技成果转化的主要市场，用户主要是农民，这就对新型职业农民的科技素质提出了更高的要求。邓小平同志指出：科学技术是第一生产力。崇尚科学，就是要让农民自觉讲科学、学科学、信科学、用科学。在农业生产中，要尊重客观规律，积极学习科学文化知识，努力运用科学技术提高农业生产水平，促进农业的产业结构优化升级，从而提高生产效益；在日常生活中，要积极学习科普常识，不断增加生活的科技含量，树立科学信仰，相信科学的力量。世界正处于科技时代、信息时代，对于知识相技术的要求越来越高，科学素养成为公民进行正常生活、生产的基本素质。传统农民没有也不需要掌握太多的科学文化知识，不谋求更多的收益和更高的利润。而对于新型职业农民来说，对其科学素质的基本要求是：掌握科学技术知识、掌握科学研究方法；认识科学技术、科学方法的重要作用，能够运用科学的思维方式来处理日常生活中的困难和问题；掌握相应的基础农业科学，通过在生产活动中对是科技成果的应用，最终将科技成果转化为劳动力。

（二）文化素质

文化素质是指人们在文化方面所具有的较为稳定的内在的基本品质，表明一个人的文化知识水平、思想观念、文艺素质等人文素质。一个人的文化素养高低一般由其文化基础的高低决定。文化基础一般由其受教育程度来衡量。相对来说，一个人的学历越高，其文化基础相应也越好。对于新型职业农民来说，“有文化”是最基本的素养要求，文化基础决定其接受和消化科学信息的能力，决定其不断发展和提升的能力。因此，对新型职业农民来说，设立最基本的文化基础要求是必需的。在新型职业农民培育课题的相关研究和实践中，人们普遍认为新型职业农民必须接受良好的中等或高等教育。对于大多数未来劳动力来说，接受良好的中等或高等教育（至少是中等教育），具备与所从事职业相适应的文化知识水平。通过发展农村教育，来提高农民受教育的程度和范围，从而提高农民的科学素养。首先要加大对农村教育的财政投入，促进教育基础设施建设，高质量普及九年义务教育，使绝大多数农村居民完成正规的义务教育。在此基础上，有较多人完成高中段教育，为未来农民储备了必需的科学文化基础。在经济欠发达地区，要重视和发展中等职业教育，使更多的农村居民接受职业技术和职业能力教育。大力开展农民文化培训，积极调动社会资源，开展丰富多彩的科技活动，提高农村劳动者的科学素养，提升农民学习科学知识的积极性，形成农民热爱科学的良好氛围。新型职业农民应当喜欢学习、善于学习，懂得学习的方法、养成良好的学习习惯，通过不断吸收新的知识，获得新的发展动力。对于新型职业农民来说，就是要把人文素养的基本要素内化为自身素养，从而成为具有丰富的人文情怀、高品质的人格修养、高尚的情操和崇高的道德责任感的新型农民。农民的文化素质直接影响着农业和农村经济的发展。新型职业农民要多渠道地接受政府对于农业科学文化教育，充分利用好各种媒体学习先进的科学文化知识和专业技能，不断转变自身的思想观念，积极摒弃传统的小农思想，要锐意进取，积极创新。通过政府对于农村、农业发展多渠道的信息网络，积极学习市场供求趋势、农产品价格变动、农业新技术、新品种等方面的信息。只有不断接受教育，树立科学意识，爱科学、学科学、用科学，才能跟上社会发展的步伐。

第二节　新型职业农民素质构建

一、国家对新型职业农民素质的要求

“职业农民”概念首次出现在2005年，农业部的《关于实施农村实用人才培养“百万中专生计划”的意见》指出“农村劳动力中具有初中（或相当于初中）及以上文化程度，从事农业生产、经营、服务以及农村经济社会发展等领域的职业农民”。意见对职业农民的学历提出要求，必须具有初中及以上文化程度，同时对职业农民的范围进行了认定。从意见可以看出，职业农民将不同于传统的农民，对职业农民的要求比传统意义的农民有更高的要求，提示人们要成为一个职业农民，则必须具有一定的文化基础，这是成为职业农民的必备条件。

2007年中央一号文件《关于促进农民增加收入若干政策意见》提出了新型职业农民的概念，提出新型职业农民要“有文化、懂技术、会经营”。同时还提

出了“必须发挥农村的人力资源优势，全面提高农村劳动者素质，为推进新农村建设提供强大的人才智力支持。”

新型职业农民的概念首次出现在2012年的中央一号文件《关于加快推进农业科技创新持续增强农产品供给保障能力的若干意见》中，意见指出：要“大力培育新型职业农民”。至此传统的农民身份的特性被新型职业农民的职业特性所替代，新型职业农民更主要的是一种职业，国家将通过大力培育使其成为大家愿意从事的职业。与其他所有职业一样，新型职业农民也必须有一定的准入标准，符合一定的条件。

2013年中央一号文件《关于加快发展现代农业进一步增强农村发展活力的若干意见》要求，大力培育新型农民和农村实用人才。同年农业部《关于新型职业农民培育试点工作的指导意见》将新型职业农民分为3类，规定新型职业农民要“以农业为职业、接受过教育培训、具有一定的生产经营规模”，这实际对新型职业农民的素质进行了明确，表现在3个方面，一是从事的专业范围为农业，二是要求接受过教育培训，三是要有一定的规模。

2014年中央一号文件《关于全面深化农村改革加快推进农业现代化的若干意见》指出要“加大对新型职业农民和新型农业经营主体领办人的教育培训力度”。文件从市场意识、生态保护、环境保护等方面对新型职业农民提出了新的更高的要求。同年教育部办公厅、农业部办公厅印发了《中等职业学校新型职业农民培养方案（试行）》，对教育培训对象的年龄限定在50岁以下，同时要具有初中以上学历，要求“新型职业农民应具有良好科学文化素养和自我发展能力、高度社会责任感和职业道德、较强农业生产经营和社会化服务能力，适应现代农业发展和新农村建设”。到目前对新型职业农民的素质要求已经非常清楚，为今后新型职业农民培育工作奠定了基础。

2015年中央一号文件《关于加大改革创新力度加快农业现代化建设的若干意见》指出：要积极发展农业职业教育，大力培养新型职业农民，要求加强农村思想道德建设，深入开展中国特色社会主义和中国梦宣传教育，广泛开展形势政策宣传教育。这对新型职业农民的素质提出了更高的要求，不仅要有良好的科学文化素质，要有高度的社会责任感，还应该具有高尚的道德情操。

2016年中央一号文件《关于落实发展新理念加快农业现代化 实现全面小康目标的若干意见》指出："加快培育新型职业农民，依托高等教育、中等职业教育资源，鼓励农民通过'半农半读'等方式就地就近接受职业教育。"从文件可以看出，新型职业农民应逐步接受职业教育，通过接受正规的职业教育，不断提高新型职业农民的整体素质和从业能力，实现新型职业农民队伍整体素质的提高和快速发展壮大。

2017年中央一号文件《关于深入推进农业供给侧结构性改革加快培育农业农村发展新动能的若干意见》指出："重点围绕新型职业农民培育、农民工职业技能提升""培养适应现代农业发展需要的新农民""培养一批专业人才，扶持一批乡村工匠"。这对新型职业农民的素质提出了更高的要求，首先是要满足农业发展的需要，达到专业水平及工匠水平，要求新型职业农民要有先进的技术和管理水平。

2018年中央一号文件《中共中央国务院关于实施乡村振兴战略的意见》提出"实施新型职业农民培育工程。支持新型职业农民通过弹性学制参加中高等农业职业教育。鼓励各地开展职业农民职称评定试点。"对新型职业农民的教育层次进一步提高，从2016年的"半工半读"的职业教育提升到中高等职业教育，这不是简单的教育层次的提高，是在前期通过教育培训等以及新型职业农民素质提高的基础上才能进一步的提升教育层次。同时通过新型职业农民职称评定工作，科学地对其进行评价，促进其素质的大幅度提升。

2019年中央一号文件《中共中央国务院关于坚持农业农村优先发展做好"三农"工作的若干意见》指出："实施新型职业农民培育工程。大力发展面向乡村需求的职业教育，加强高等学校涉农专业建设。抓紧出台培养懂农业、爱农村、爱农民'三农'工作队伍的政策意见。"从文件可以看出对新型职业农民的要求是懂农业、爱农村、爱农民。从专业技术上讲，新型职业农民应该是专家型农民，要掌握先进的农业科学技术，能够科学的种植和养殖，同时还应该是周围农民的师傅，起到很好的带动和示范作用。从思想根源上看，新型职业农民应该是热爱农村，对农村的一草一木应该具有深厚的感情，应该是发自内心的，只有热爱农村，才有扎根农村，做一名优秀的新型职业农民。新型职业农民的工作、学习和生活在农村，打交道的人最多爱的是农民，因此热爱农民是其扎根农村的基础。

2020年中央一号文件《关于抓好“三农”领域重点工作确保如期实现全面小康的意见》指出：“培养更多知农爱农、扎根乡村的人才，推动更多科技成果应用到田间地头。”“加快构建高素质农民教育培训体系。”要求新型职业农民要具有高素质，涵盖面越来越广，要求越来越高。

以上这些中央一号文件，都反映了人们对新型职业农民素质要求的认识日益深刻与完善，这为新型职业农民素质模型的构建创造了条件。

二、新型职业农民素质模型构建

根据国家相关文件及当前新型职业农民的实际情况，通过调研及参考国内一些专家学者的研究成果，将新型职业农民素质分成基本素质、能力素质和情感素质3个方面，每个方面又都包含若干项内容。

（一）基本素质

基本素质是指新型职业农民先天具备的基础素质以及在后天的教育、生活和生产劳动中通过社会化过程逐渐获得的与其职业要求相符的知识、技能及能力等素质。基本素质反映的是新型职业农民的素质基础以及从事现代农业生产所具备的基本知识等。

专业知识主要是反映职业农民系统接受专业教育，掌握理论知识的程度，其中，现代科技知识是衡量职业农民掌握专业知识以外的科技知识的情况，反映的是职业农民科技知识的宽度。专业技术等级是指农民经过职业教育培训后获得专业技术等级及职业资格证书的情况，主要反映职业农民掌握从事现代农业生产经营的专业知识和操作技术水平。

道德素养主要是指新型职业农民应该具备的职业道德以及社会公德和家庭美德，是一个人的基本素质，是一个人的内在表现，是从道德层面对新型职业农民提出的素质要求。

生态素养是新型职业农民基础素养中的一个重要内容，也是其区别于传统农民的重要标志。它是指职业农民在经营现代农业的过程中所必须具备的生态环保意识和行为。要求新型职业农民对不仅对生态知识、环保知识等有所了解，而且要求新型职业农民在农业生产过程中，自觉的保护环境，科学的使用化肥、农药等农用物资，减少化肥农药的使用量，使用秸秆还田配施生物菌剂等科学技术不断提高土壤肥力。

法律知识是职业农民对基本的法律知识，尤其是与农业生产、经营、管理相关的法律和行政法规的熟悉、掌握的程度。这主要是考察新型职业农民懂法、守法以及维权的意识。

信息素养是反映新型职业农民是否具有信息意识，对信息重要性认知程度以及自觉运用这些信息从事现代农业生产、经营以及管理知识的程度。其中，能否通过网络进行信息获取和制订生产计划、开展营销是衡量新型职业农民是否具有良好信息素养的重要尺度。

政策素养是农民开展现代农业生产经营与决策的重要依据。善于灵活、充分运用国家政策从事农业生产是现代农民的重要特征。

（二）能力素质

能力素质是新型职业农民从事现代农业生产、技术服务、市场经营等所需要的能力，这是新型职业农民素质关键。主要包括：生产经营能力、管理能力、市场营销能力、风险承担能力、示范辐射能力、创业能力和学习能力。

生产经营能力是指职业农民从事现代农业生产并获取收益所需的专业技术和经营能力。一般来说，作为职业农民，其经营规模、经营种类、农业资源占有量能够体现生产经营能力，而农业年产值或者经济效益则是新型职业农民生产经营能力最直接的反映。

管理能力既是反映现代职业农民对具有相当规模的农业生产的管理能力，也表明在现代农业企业或者家庭农场等新的经营主体条件下，对雇用农民的管理与协调能力。管理能力是衡量涉农企业主、家庭农场主、现代机械作业负责人等个体是否具有管理企业、家庭农场、延伸农业产业链条所需基本能力的指标。

市场营销能力主要是考量作为一个现代农民获取、筛选信息以及利用有效市场信息进行现代农业生产决策和获取最大收益的能力。

风险承受能力主要是考察农民个体利用新技术、新品种提高农业生产效益，同时，能够对市场风险具有前瞻性估计以及当受到市场冲击时承受风险打击的能力。风险与效益同在。新型职业农民较之于传统农民的一个重要区别是风险承担能力不一样。

示范辐射能力是对新型职业农民榜样作用和收益外溢效应的要求。新型职业农民不只是能够个人发家致富，而且能够在新技术、新品种的应用方面起示范带头作用，能够对一定范围内的周边农户接受和应用新技术等产生从众效应，从而产生农业科学技术应用的外溢效应。

创业能力是新型职业农民现代性的核心标志。新型职业农民应该具有积极开拓和创新创业的能力。具有创业能力的农民一般具有前瞻性的思维，对国家政策比较敏感并善于应用，对市场需求具有较强的把控能力。

学习能力就是要求新型职业农民具有一定的文化与专业技能基础，能够根据事业发展需要，通过各种途径进行学习，从而提升自己的生产经营与管理能力，真正做到在经营现代农业生产过程中与时俱进。

（三）情感素质

情感素质是反映新型职业农民对农民职业的认识，将其作为一项事业长期从事的意志，并在从业过程中享受到事业奋斗的成就感、快乐感。包括职业认同、职业精神和职业期望。

职业认同是指发自内心地认为从事农民职业具有重要的价值，并在从业过程中产生从业的志趣。是不是认同农民职业，直接影响着人们的职业选择性。对新生代农民而言，具有职业认同性意义尤其重大。

职业精神主要是反映个体长期从事农民职业，积极进行现代农业生产的坚强意志，并从中逐渐产生敬业、乐业的精神。

职业期望是指农民对于从事现代农业生产所寄予的物质的收益和精神的享受。

第三节　影响新型职业农民素质因素调查

有关新型职业农民素质，笔者通过对河北省 11 个地市进行抽样调查，采用灰色关联分析方法，确定了影响新型职业农民素质的因素。

一、调查问卷设计

李毅等[34] 构建了乡村振兴背景下新型职业农民素质的模型，提出了5个一级指标和18个二级指标，主要包括特质、知识、技能、素质、经营5个方面。马建富等[35] 将新型职业农民素质分为3个一级指标、17个二级指标、47个三级指标，3个一级素质分别是基本素质、能力素质和情感素质，基本素质包括道德素养、生态素养、法律素养、信息素养、政策素养，能力素质包括生产经营能力、管理能力、营销能力、风险承受能力、示范辐射能力、创业能力、继续学习能力，情感素质包括职业认同、职业精神、职业期望等。陈春霞等[36] 通过对35位生产经营型新型职业农民进行访谈，提炼出新型职业农民素质包括“专业基础知识与技能、从农动机、学习的热情与能力、个性品质、职业承诺、团队建设与领导力、市场信息搜集与获取、以客户服务为导向、质量监督与精准管理、成本收益评估能力、模式创新力、关系资本积累能力、情势综合研判能力、风险意识与承受能力、农业安全绿色环保意识、现代企业家精神、农人新思维”等。苏敬肖等[37] 对河北省石家庄、保定等地的新型职业农民进行实地调查，通过因子分析构建了新型职业农民的素质模型，共有5个一级指标，即农业素质、基本能力、品质特征、经营管理素质、行业素养，每个一级指标包含了若干个二级指标。范力军利用中国知网期刊数据库，对2007—2016年的“核心期刊”及“CSSCI”论文进行检索，通过聚类分析，构建了6个一级指标、18个二级指标的新型职业农民能力素质模型，包含个人特征、农业专业化水平、经营管理能力、创新创业能力、法律及政策分析能力、学习能力等。通过对专家学者文献进行研究，并对不同学者的研究成果进行了归纳和总结，经与新型职业农民进行座谈，并向有关专家进行咨询和征求意见，最终确定26项影响新型职业农民素质的因素，分别是专业知识、交际能力、管理能力、操作能力、领导能力、政府支持、创新能力、冒险精神、学习能力、合作精神、决策能力、抗挫能力、沟通能力、市场意识、吃苦耐劳、动手能力、思维灵活、学历要求、经济条件、勤奋好学、健康状态、信息意识、竞争意识、品牌意识、质量意识、发展眼光[38]。对影响新型职业农民素质的26种因素重要性分别以非常重要、比较重要、重要、不重要、非常不重要 5 个等级设计成调查问卷。

二、调查方法及样本分布

（一）调查方法

研究以河北省新型职业农民为研究对象。2018—2019 年，从河北省 11 个地市每个地市随机抽取 100 名新型职业农民进行问卷调查。采取面对面调查方式，即各地市在进行新型职业农民培训时，调查者分别到每个地市进行调查，从参训的新型职业农民中将随机抽选出 100 人，并将抽选出来的调查对象集中到一起，隔位就座，防止调查对象在填写调查问卷时互相干扰，确保调查对象独立完成问卷的填写。调查人员现场发放调查问卷，确保调查对象每人手中只有一份问卷。被调查人员填写调查问卷之前由调查人详细地向调查对象说明有关新型职业农民的概念及各类新型职业农民的认定，介绍了调查的目的是科学研究，为政府决策提供参考依据，为新型职业农民培育提供支撑，强调了如实填写调查问卷的重要性。调查人员详细地介绍了调查问卷填写方式及填写过程注意的问题。整个问卷的填写由被调查人员现场完成，调查对象填好问卷后由调查者当场随时收回问卷，并对调查问卷回答情况进行检查，发现有漏答或者没有按要求回答的被调查人员当场返回重新补充，确保收回的调查问卷有效率，计划问卷回答时间为 20 分钟，在 20 分钟内有 90%的调查者完成了问卷的填写，25 分钟内全部完成问卷的填写。

（二）样本分布

在河北省 11 个地市每个地市发放调查问卷 100 份，总计发放调查问卷 1 100 份，实际收回调查问卷 1 100 份，通过检验性问题检验有 44 份调查问卷为无效问卷，作为统计分析数据的基础，剩余有效调查问卷 1 056 份，调查问卷的有效率为 96. 0%。在 1 056 份有效调查人员中，生产经营型新型职业农民有 374 人，占总人数的 35. 4%；专业技能型新型职业农民 220 人，占总人数的 20. 8%；社会服务型新型职业农民 176 人，占调查总人数的 16. 7%；其他类型（同时兼具有生产经营型、专业技能型和社会服务型 3 种类型中的 2 种或 3 种特质）的新型职业农民 286 人，占调查总人数的 27. 1%。从性别比例上看，男性新型职业农民 825 人，占调查总人数的 78. 1%；女性新型职业农民 231 人，占调查总人数的

21.9%。从年龄结构上看，年龄在24岁以下的22人，占调查总人数的2.1%，年龄在25~34岁的198人，占调查总人数的18.8%；年龄在35~44岁的308人，占调查人总数的29.2%；年龄在45~54岁的418人，占调查总人数的39.6%；年龄在55岁以上的110人，占调查总人数的10.4%。小学及以下学历的33人，占调查总数的3.1%；具有初中高中（中专）学历的583人，占调查总人数的55.2%；具有大专学历的198人，占调查总人数的18.8%；具有本科及以上学历的242人，占调查总人数的22.9%。具有2年以下从事农业经历66人，占调查总人数的6.3%；具有3~5年从事农业经历的143人，占调查总人数的13.5%；具有6~10年从事农业经历的198人，占调查总人数的18.8%；具有11~20年从事农业经历的330人，占调查总人数的31.3%；具有20年以上从事农业经历的319人，占调查总人数的30.2%，从表5-1可见调查样本具有很好的代表性。

表5-1　新型职业农民基本情况

调查项目		人数（人）	百分比（%）
性别	男	825	78.1
	女	231	21.9
年龄	≤24岁	22	2.1
	25~34岁	198	18.8
	35~44岁	308	29.2
	45~54岁	418	39.6
	≥55岁	110	10.4
文化程度	小学及以下	33	3.1
	初中高中（中专）	583	55.2
	大专	198	18.8
	本科及以上	242	22.9
从事农业经历	2年及以下	66	6.3
	3~5年	143	13.5
	6~10年	198	18.8
	11~20年	330	31.3
	>20年	319	30.2

（续表）

调查项目		人数（人）	百分比（%）
职业农民类型	生产经营型	374	35.4
	专业技能型	220	20.8
	社会服务型	176	16.7
	其他	286	27.1

三、数据处理与分析方法

（一）数据处理方法

对影响新型职业农民素质的26个因素进行数据整理，采用里克特五点量表计分法进行统计，把调查对象认为影响新型职业农民素质的26个因素中的每个因素中的非常重要、比较重要、重要、不重要、非常不重要5个等级分别赋值，分别为5分、4分、3分、2分、1分，同时按生产经营型、专业技能型、社会服务型和其他4种类型，按照影响因素五个等级赋值后，分别计算出每种影响因素的加权平均数。[38]

（二）灰色关联分析方法

参照邓聚龙[39]、刘思峰等[40]、贺字典等[41]、高玉峰等[42-44] 有关灰色关联分析方法文献介绍的具体计算步骤进行灰色关联方法分析。① 确定反映系统行为特征的参考数列和影响系统行为的比较数列。其中以非常重要计分5分为参考序列，以生产经营型、专业技能型、社会服务型和其他4种类型新型职业农民素质影响因素加权平均数为比较序列。② 对比较数列和参考数列进行无量纲化处理后，求参考数列与比较数列的灰色关联系数 ξ。③ 求关联度 r_i。④ 确定4种类型新型职业农民素质的重要影响因素，分析关联度 r_i 大于0.6的影响因素，值越高，说明该因素越影响新型职业农民的素质。[38]

四、结果与分析

（一）影响新型职业农民素质重要因素分析

按非常重要、比较重要、重要、不重要、非常不重要五个等级不同赋值，按照里克特五点量表计分法计算出影响新型职业农民素质的26个因素加权平均数（表5-2）。其中Y_1表示生产经营型新型职业农民；Y_2表示专业技能型新职业农民；Y_3表示社会服务型新型职业农民；Y_4表示其他类型新型职业农民。

生产经营型新型职业农民质量意识选项得分最高，加权平均分值是5，说明374名生产经营型新型职业农民一致认为质量意识非常重要，得分排在第二位的是管理能力，加权平均分值是4.853，得分排在第三位的是决策能力、发展眼光和市场意识，加权平均分值均为4.824。以下依次是信息意识、品牌意识、创新能力、学习能力、勤奋好学、专业知识、竞争意识、操作能力、合作精神、思维灵活、健康状态、政府支持、沟通能力、吃苦耐劳、领导能力、抗挫能力、动手能力、经济条件、交际能力、冒险精神、学历要求。

专业技能型新职业农民认为专业知识最重要，加权平均分值为4.950；认为第二重要的是质量意识，加权平均分值为4.900；认为第三重要的是学习能力、品牌意识和操作能力，加权平均分值为4.700；排在第四位的是政府支持，加权平均分值为4.650；以下依次是管理能力、发展眼光、创新能力、勤奋好学、市场意识、沟通能力、信息意识、合作精神、健康状态、决策能力、思维灵活、动手能力、吃苦耐劳、领导能力、抗挫能力、竞争意识、交际能力、经济条件、冒险精神、学历要求。

社会服务型新型职业农民则认为政府支持和学习能力为影响新型职业农民素质的最重要因素，加权平均分值均为4.875；认为第二重要的是专业知识、吃苦耐劳和动手能力，加权平均分值均为4.750；认为第三重要影响因素是勤奋好学，加权平均分值为4.688；排在第四位的是质量意识、操作能力、创新能力和市场意识，加权平均分值为4.625；以下依次是品牌意识、管理能力、发展眼光、信息意识、沟通能力、合作精神、决策能力、健康状态、思维灵活、抗挫能力、交际能力、经济条件、领导能力、竞争意识、学历要求、冒险精神。

其他类型新型职业农民认为专业知识是影响新型职业农民素质的最重要因素，加权平均分值为4.846；第二重要影响因素是质量意识，加权平均分值为4.808；第三位重要影响因素是学习能力、市场意识、品牌意识，加权平均分值均为4.731；排在第四位的是发展眼光和信息意识，加权平均分值为4.692；以下依次为合作精神、健康状态、竞争意识、政府支持、勤奋好学、操作能力、吃苦耐劳、创新能力、管理能力、思维灵活、动手能力、抗挫能力、决策能力、沟通能力、交际能力、领导能力、经济条件、冒险精神、学历要求。

表 5-2　4 种类型新型职业农民素质主要影响因素

素质因素	Y_1	Y_2	Y_3	Y_4
专业知识	4.735	4.950	4.750	4.846
交际能力	4.147	4.000	4.125	3.808
管理能力	4.853	4.600	4.500	4.423
操作能力	4.618	4.700	4.625	4.538
领导能力	4.471	4.300	4.063	3.769
政府支持	4.559	4.650	4.875	4.538
创新能力	4.765	4.600	4.625	4.423
冒险精神	3.500	3.300	3.250	3.654
学习能力	4.765	4.700	4.875	4.731
合作精神	4.618	4.500	4.438	4.615
决策能力	4.824	4.400	4.438	4.269
抗挫能力	4.382	4.250	4.375	4.346
沟通能力	4.559	4.550	4.438	4.231
市场意识	4.824	4.550	4.625	4.731
吃苦耐劳	4.559	4.300	4.750	4.500
动手能力	4.382	4.350	4.750	4.346
思维灵活	4.618	4.400	4.375	4.423
学历要求	3.500	3.050	3.750	3.385
经济条件	4.206	3.350	4.125	3.654
勤奋好学	4.765	4.600	4.688	4.538
健康状态	4.618	4.450	4.375	4.615
信息意识	4.794	4.500	4.500	4.692
竞争意识	4.706	4.200	4.000	4.577
品牌意识	4.794	4.700	4.563	4.731
质量意识	5.000	4.900	4.625	4.808
发展眼光	4.824	4.600	4.500	4.692

（二）新型职业农民素质影响因素灰色关联分析

依据参考数列，将4种类型新型职业农民素质影响因素的比较数列进行无量纲化处理（表5-3）、求参考数列与比较数列的灰色关联系数 ξ（表5-4）和灰色关联度 r_i（表5-5）。通过灰色关联分析，从表5-5可以看出，26种新型职业农民素质影响因素灰色关联度大于0.8的因素有3种，分别是质量意识、专业知识、学习能力，灰色关联度分别为0.866 1、0.849 3、0.810 1；灰色关联度大于0.7小于0.8的因素有9种，分别是品牌意识关联度为0.766 1，市场意识关联度为0.759 2，政府支持关联度为0.747 4，发展眼光关联度为0.744 2，勤奋好学关联度为0.737 7，信息意识关联度为0.727 0，操作能力关联度为0.721 0，管理能力关联度为0.716 8，创新能力关联度为0.716 3。灰色关联度大于0.6小于0.7的因素有8种，分别是合作精神关联度为0.682 6，吃苦耐劳关联度为0.681 9，健康状态关联度为0.671 0，决策能力关联度为0.667 9，动手能力关联度为0.651 7，思维灵活关联度为0.643 7，沟通能力关联度为0.641 5，竞争意识关联度为0.627 2。灰色关联度小于0.6的影响因素有6个，分别为抗挫能力、领导能力、交际能力、经济条件、学历要求和冒险精神，关联度分别为0.596 3、0.545 5、0.501 0、0.467 4、0.385 5和0.384 1。[38]

依据灰色关联分析理论，关联度越接近1，说明关联程度越大，也就是说其越重要。当 $\gamma=0.5$ 时，两因素的关联程度大于0.6，便认为其关联性显著，也就是说关联度大于0.6的因素是非常重要的因素。分析结果表明灰色关联度大于0.6的因素共有20个，因此大于0.6的20个因素是影响新型职业农民素质的重要因素，这20个重要因素依次分别为质量意识、专业知识、学习能力、品牌意识、市场意识、政府支持、发展眼光、勤奋好学、信息意识、操作能力、管理能力、创新能力、合作精神、吃苦耐劳、身体健康、决策能力、动手能力、思维灵活、沟通能力和竞争意识。[38]

表 5-3　无量纲化表

素质因素	Y_1	Y_2	Y_3	Y_4
专业知识	0. 947	0. 990	0. 950	0. 969
交际能力	0. 829	0. 800	0. 825	0. 762
管理能力	0. 971	0. 920	0. 900	0. 885
操作能力	0. 924	0. 940	0. 925	0. 908
领导能力	0. 894	0. 860	0. 813	0. 754
政府支持	0. 912	0. 930	0. 975	0. 908
创新能力	0. 953	0. 920	0. 925	0. 885
冒险精神	0. 700	0. 660	0. 650	0. 731
学习能力	0. 953	0. 940	0. 975	0. 946
合作精神	0. 924	0. 900	0. 888	0. 923
决策能力	0. 965	0. 880	0. 888	0. 854
抗挫能力	0. 876	0. 850	0. 875	0. 869
沟通能力	0. 912	0. 910	0. 888	0. 846
市场意识	0. 965	0. 910	0. 925	0. 946
吃苦耐劳	0. 912	0. 860	0. 950	0. 900
动手能力	0. 876	0. 870	0. 950	0. 869
思维灵活	0. 924	0. 880	0. 875	0. 885
学历要求	0. 700	0. 610	0. 750	0. 677
经济条件	0. 841	0. 670	0. 825	0. 731
勤奋好学	0. 953	0. 920	0. 938	0. 908
健康状态	0. 924	0. 890	0. 875	0. 923
信息意识	0. 959	0. 900	0. 900	0. 938
竞争意识	0. 941	0. 840	0. 800	0. 915
品牌意识	0. 959	0. 940	0. 913	0. 946
质量意识	1. 000	0. 980	0. 925	0. 962
发展眼光	0. 965	0. 920	0. 900	0. 938

表 5-4　素质因素的灰色关联系数

素质因素	Y_1	Y_2	Y_3	Y_4
专业知识	0.786 5	0.951 2	0.795 9	0.863 7
交际能力	0.533 4	0.493 7	0.527 0	0.449 9
管理能力	0.868 9	0.709 1	0.661 0	0.628 3
操作能力	0.718 3	0.764 7	0.722 2	0.678 7
领导能力	0.648 1	0.582 1	0.509 8	0.442 0
政府支持	0.688 5	0.735 8	0.886 4	0.678 7
创新能力	0.805 6	0.709 1	0.722 2	0.628 3
冒险精神	0.393 9	0.364 5	0.357 8	0.420 0
学习能力	0.805 6	0.764 7	0.886 4	0.783 6
合作精神	0.718 3	0.661 0	0.634 1	0.717 1
决策能力	0.846 7	0.619 0	0.634 1	0.571 6
抗挫能力	0.612 2	0.565 2	0.609 4	0.598 6
沟通能力	0.688 5	0.684 2	0.634 1	0.559 0
市场意识	0.846 7	0.684 2	0.722 2	0.783 6
吃苦耐劳	0.688 5	0.582 1	0.795 9	0.661 0
动手能力	0.612 2	0.600 0	0.795 9	0.598 6
思维灵活	0.718 3	0.619 0	0.609 4	0.628 3
学历要求	0.393 9	0.333 3	0.438 2	0.376 4
经济条件	0.551 1	0.371 4	0.527 0	0.420 0
勤奋好学	0.805 6	0.709 1	0.757 3	0.678 7
健康状态	0.718 3	0.639 3	0.609 4	0.717 1
信息意识	0.825 7	0.661 0	0.661 0	0.760 1
竞争意识	0.768 3	0.549 3	0.493 7	0.697 4
品牌意识	0.825 7	0.764 7	0.690 3	0.783 6
质量意识	1.000 0	0.907 0	0.722 2	0.835 3
发展眼光	0.846 7	0.709 1	0.661 0	0.760 1

表 5-5　素质因素灰色关联度及排序

素质因素	灰色关联度	排序
质量意识	0. 866 1	1
专业知识	0. 849 3	2
学习能力	0. 810 1	3
品牌意识	0. 766 1	4
市场意识	0. 759 2	5
政府支持	0. 747 4	6
发展眼光	0. 744 2	7
勤奋好学	0. 737 7	8
信息意识	0. 727 0	9
操作能力	0. 721 0	10
管理能力	0. 716 8	11
创新能力	0. 716 3	12
合作精神	0. 682 6	13
吃苦耐劳	0. 681 9	14
健康状态	0. 671 0	15
决策能力	0. 667 9	16
动手能力	0. 651 7	17
思维灵活	0. 643 7	18
沟通能力	0. 641 5	19
竞争意识	0. 627 2	20
抗挫能力	0. 596 3	21
领导能力	0. 545 5	22
交际能力	0. 501 0	23
经济条件	0. 467 4	24
学历要求	0. 385 5	25
冒险精神	0. 384 1	26

五、结论与讨论

高玉峰等[38]分析结果表明：通过灰色关联分析，在新型职业农民素质的26种影响因素中，质量意识、专业知识和学习能力最为重要。这3种因素与新型职业农民素质关联度分别为0.866 1、0.849 3、0.810 1。质量意识是农业长远发展的生命线，新型职业农民的道德信仰和信念似乎比经济价值应该考虑更为广泛[45]。专业知识的掌握情况不仅决定了生产经营型、专业技能型等类型新型职业农民种植水平和产品质量，也决定了服务型新型职业农民提供农业上下游产品和服务质量。因此除了自己主动学习专业知识和专业技能以外，政府在培训时应加大专业技能、市场信息、网络传播、广告等相关技能培训[46]。学习能力是新型职业农民不断进步的动力包括学习农业知识、市场需求、电子商务等方面的知识，在培育时激发农民内生动力，通过深入开展宣传工作，创建良好培育氛围，发挥农民主体作用，促进农民自主学习，增强农民培育意识，提高农民自身素质[47]。这3个因素主要在于新型职业农民的内在因素，政府政策支持、培育方式、培训内容与形式、合作社间相互关系、外部产业环境以及合作社与当地龙头企业之间良好的合作关系等外在因素也同样是影响新型职业农民素质的重要因素[48-51]。

高玉峰等[38]通过灰色关联分析，得出灰色关联度大于0.6的因素共有20个，可将影响新型职业农民素质的20个因素分为6类，一是外界因素：主要是政府的支持，政府重视新型职业农民素质的提高，制定相应的政策，并从资金上给予大力支持，对提高新型职业农民的素质具有十分重要的作用。二是身体素质：新型职业农民具有健康的身体，是其做好农业栽培管理及技术服务的前提。三是能力素质：包括学习能力、操作能力、管理能力、创新能力、沟通能力、动手能力、决策能力等，这些能力是从事农业生产及技术服务应具有的基本能力。四是专业素质：新型职业农民是一个新的职业，要做好这项工作，具有一定的专业基础非常重要，尤其是当前绿色农业、现代农业、智慧农业的快速发展，更需要具有扎实的专业基础的新型职业农民队伍来实现。五是经营素质：包括质量意识、品牌意识、市场意识、信息意识、竞争意识、发展眼光等，新型职业农民不仅需要具有专业知识，更需要具有一定的经营头脑。六是个人特质：包括合作精神、吃苦耐劳、勤奋好学、思维灵活等，虽然个人特质是与生俱来的，但是作为新型职业农民，也应该具备这些特质，这些特质是做好一切工作的基础。政府在培育新型职业农民时应针对新型职业农民应具备的素质有针对性地开展，逐渐提高新型职业农民的素质。

第六章　涉农专业大学生成为新型职业农民研究

目前新型职业农民培育制度框架基本确立，教育培训体系初步构建，一批新型职业农民在各地蓬勃涌现。从发展来看，国家已经把农村的种植大户培育成为新型职业农民，但他们的年龄普遍偏高，文化程度普遍偏低，具有传统的种植经验，如何培育一批年轻、高文化层次的新型职业农民，对于我们涉农院校来说责无旁贷。本研究立足我校涉农专业学生，通过对新型职业农民应具备的素质以及涉农专业大学生成为新型职业农民的愿景进行调查研究，探讨高校如何从创新创业教育、培养方案的设计等方面入手，培育新型职业农民。

第一节　涉农专业大学生成为新型职业农民调查

为研究涉农专业大学生成为新型职业农民的愿景及对策，笔者采用问卷调查的方法，把河北省农业院校的涉农专业大学生作为研究对象，进行问卷调查，以期通过对河北省涉农专业学生成为新型职业农民愿景和及对策研究，来真实地反映当前我国涉农专业学生成为新型职业农民的愿景，根据存在的问题提出对策。

一、问卷设计

问卷共设计了 27 个问题，涵盖了大学生的基本情况、对新型职业农民政策的关注及了解情况、成为新型职业农民的愿景情况以及不愿意成为新型职业农民的原因、大学生有关涉农方面的实践锻炼情况、对新型职业农民应具备的素质的认知情况、毕业薪酬期望、学校和政府鼓励大学生成为新型职业农民的方法。其中把专业知识、交际能力、管理能力、动手能力、领导能力、信息意识、创新能力、冒险精神、学习能力、合作精神、决策能力、抗挫能力、沟通能力、市场意识、吃苦耐劳、健康状态、思维灵活、学历条件、经济基础等作为大学生成为新型职业农民应具备的素质。

二、调查方法及样本分布

（一）调查方法

2018—2019 年，在河北省 4 个涉农高等院校（河北农业大学、河北工程大学、河北科技师范学院、河北北方学院）每所学校的一至四年级涉农专业学生中随机抽取 250 人左右，将随机抽选出来的学生集中在 2~3 个教室里，单人隔位就座，以免被调查者在填答问卷时互相干扰，保证调查对象独立完成问卷的填写。由调查人员现场为每位被调查者发放一份调查问卷。在被调查人员填写调查问卷之前由调查人详细地向调查对象说明调查的目的，重点强调真是的回答调查问卷对开展研究工作的重要意义，请求调查对象一定要如实的回答调查问卷，通过对数据的统计分析能够反应调查对象的真实想法，详细介绍调查问卷填写方式以及针对问卷在填写过程可能出现的异议做重点介绍。在调查对象填写问卷过程中，调查者在教室来回走动巡视，随时解答调查对象提出的问题，整个问卷的填写由被调查人员现场完成，调查对象填好问卷后由调查者当场随时收回问卷，并对调查问卷回答情况进行检查，发现有漏答或者没有按要求回答的当场返回被调查人员重新补充，确保收回的调查问卷有效率，要求学生在 20 分钟内完成问卷填写，采用不记名的方式。

（二）样本分布

调查发出问卷 950 份，收回有效问卷 904 份，有效率为 95. 2%。其中男性占 43. 4%，女性占 56. 6%；一年级学生占 26. 5%，二年级学生占 24. 8%，三年级学生占 25. 7%，四级年级学生占 23. 0%；城镇学生占 20. 4%，农村学生占 79. 6%；独生子女占 22. 1%，非独生子女占 77. 9%；学生干部占 59. 3%，非学生干部占 40. 7%；政治面貌为群众的占 8. 0%，党员占 6. 2%，团员占 85. 8%。样本分布情况见表 6-1，从表 6-1 可以看出样本具有一定的代表性。

表 6-1　调查学生基本情况

调查项目		人数（人）	百分比（%）
性别	男	392	43.4
	女	512	56.6
年级	一年级	240	26.5
	二年级	224	24.8
	三年级	232	25.7
	四年级	208	23.0
户籍	城镇	184	20.4
	农村	720	79.6
是否独生子女	是	200	22.1
	否	704	77.9
是否学生干部	是	536	59.3
	否	368	40.7
政治面貌	群众	72	8.0
	团员	784	85.8
	党员	56	6.2

三、调查结果与分析

（一）涉农专业大学生成为新型职业农民意愿调查

1. 调查总体情况

通过对 904 名学生调查数据统计分析，毕业后愿意从事农业生产经营或技术服务的有 256 人，占调查调查对象的 28.3%，不愿意的有 232 人，占调查对象的 25.7%，选择没想好的 416 人，占 46.0%，可见涉农专业大学生成为新型职业农民的意愿度不高，有近一半的大学生还处于徘徊阶段，这些学生将是今后通过教育争取的对象。见表 6-2。

表 6-2　大学生成为新型职业农民意愿

选项	人数（人）	百分比（%）
愿意	256	28.3

（续表）

选项	人数（人）	百分比（%）
不愿意	232	25.7
没想好	416	46.0

2. 不同类型学生成为新型职业农民意愿对比分析

不同性别、不同年级、不同户籍、不同政治面貌以及是否独生子女、是否学生干部学生成为新型职业农民意愿不同。在被调查的对象中男生比女生更愿意成为新型职业农民，而女生更多的是没有想好，占女生人数的50.0%；从不同年级学生比较来看，一年级学生愿意做新型职业农民的比例明显高于其他三个年级学生，相差20多个百分点，虽然四年级学生愿意成为新型职业农民的比例比二三年级有所提高，但相差不大；城镇户籍比农村户籍学生不愿意做新型职业农民的比例高16.9个百分点，但农村户籍学生有近一半的人直到调查还没有想好，处于待定状态；政治面貌为党员的学生成为新型职业农民的愿望明显高于其他学生，比团员高30.3个百分点，比群众高34.9个百分点；独生子女与非独生子女差异不大；学生干部愿意成为新型职业农民的高于普通同学。详见表6-3。

表6-3　不同类型学生成为新型职业农民意愿

选项			不愿意	愿意	没想好
性别	男	计数（人）	104	128	160
		占男性比例（%）	26.5	32.7	40.8
	女	计数（人）	128	128	496
		占女性比例（%）	25.0	25.0	50.0
年级	一年级	计数（人）	48	104	88
		占一年级比例（%）	20.0	43.3	36.7
	二年级	计数（人）	72	48	104
		占二年级比例（%）	32.1	21.4	46.4
	三年级	计数（人）	72	48	112
		占三年级比例（%）	31.0	20.7	48.
	四年级	计数（人）	40	56	112
		占四年级比例（%）	19.2	26.9	53.8

（续表）

选项			不愿意	愿意	没想好
户籍	城镇	计数（人）	72	48	48
		占城镇比例（%）	39.1	26.1	34.8
	农村	计数（人）	160	208	352
		占农村比例（%）	22.2	28.9	48.9
是否独生子女	是	计数（人）	56	64	80
		占独生子女比例（%）	28.0	32.0	40.0
	否	计数（人）	176	192	336
		占非独生子女比例（%）	25.0	27.3	47.7
政治面貌	群众	计数（人）	48	16	8
		占群众比例（%）	66.7	22.2	11.1
	团员	计数（人）	168	208	400
		占团员比例（%）	21.6	26.8	51.5
	党员	计数（人）	16	32	8
		占党员比例（%）	28.6	57.1	14.3
是否学生干部	是	计数（人）	160	136	240
		占学生干部比例（%）	29.9	25.4	44.8
	否	计数（人）	72	120	176
		占非学生干部比例（%）	19.6	32.6	47.8
总计		计数（人）	232	256	416
		比例（%）	25.7	28.3	46.0

（二）涉农专业大学生成为新型职业农民影响因素分析

1. 家庭收入对大学生成为新型职业农民的影响

从表6-4可以看出，随着家庭人均收入的增加，大学生成为新型职业农民的意愿呈下降趋势，家庭人均收入为1万元以下的学生，37.5%的人愿意做新型职业农民，相反家庭人均收入为10万元以上的学生中只有12.5%的人愿意成为新型职业农民，相差25个百分点。家庭人均收入在10万元以上的有50.0%的学生不愿意成为新型职业农民，而家庭人均收入在1万元以下的学生只有30%的人不愿意成为新型职业农民，相差 20 个百分点。

表 6-4　家庭收入对大学成为新型职业农民意愿影响

家庭人均收入		不愿意	愿意	没想好
1 万元以下	计数（人）	96	120	104
	比例（%）	30.0	37.5	32.5
1 万~2 万元	计数（人）	56	96	152
	比例（%）	17.4	31.6	50.0
2 万~5 万元	计数（人）	24	8	104
	比例（%）	17.6	5.9	76.5
5 万~10 万元	计数（人）	24	24	32
	比例（%）	30.0	30.0	40.0
10 万元以上	计数（人）	32	8	24
	比例（%）	50.0	12.5	37.5

2. 父母的职业对大学生成为新型职业农民的影响

调查设计“您的父母是否从事和农业相关的工作”问题，统计分析表明，父母是否从事农业相关的工作，对子女是否愿意成为新型职业农民有一定的影响，父母从事和农业相关的工作比无关的愿意成为新型职业农民高 10.1 个百分点。这可能是受父母的职业的影响，学生从小就对农业有一定的了解或者对农业产生深厚的感情，这和我们平时看到的现象有一定的一致性，某个家庭从事某项工作，这个家庭里边可能有很多人都从事类似的工作（表 6-5）。

表 6-5　父母职业对大学生成为新型职业农民意愿调查

父母职业		不愿意	愿意	没想好
从事农业有关工作	计数（人）	152	200	288
	比例（%）	23.8	31.3	45.0
从事和农业无关的工作	计数（人）	80	56	128
	比例（%）	30.3	21.2	48.5

3. 大学生是否参加过农业生产经营活动对其成为新型职业农民的影响

大学生是否参加过农业生产经营活动对其是否愿意成为新型职业农民有较大影响，参加过生产经营活动的有 176 人愿意成为新型职业农民，占 31.0%，而没参加过生产经营活动的只有 80 人愿意成为新型职业农民，占 23.8%，比参加过生产经营活动的低 7.2 个百分点。相反，没参加过生产经营活动的不愿意做新型职业农民的比参加过生产经营活动的高 12.2 个百分点，参加过生产经营活动的有 21.1%的人不愿意成为新型职业农民，而没参加过生产经营活动的有 33.3%的人不愿意成为新型职业农民（表 6-6）。这可能是和参加过农业生产经营活动的学生在活动中对农业有了初步的了解，同时在活动中能够充分地享受到其中的乐趣，充分感受到了美好的田园风光，体会到了世外桃源的美好，从中陶冶了自己的情操、开阔了自己的视野、锻炼了自己的意志、感受到了劳动的快乐和收获的喜悦。

表 6-6　是否参加过农业生产经营活动对大学生成为新型职业农民影响

是否参加过农业上产经营活动		不愿意	愿意	没想好
是	计数（人）	120	176	272
	比例（%）	21.1	31.0	47.9
否	计数（人）	112	80	144
	比例（%）	33.3	23.8	42.9

4. 农村实践经历对大学生成为新型职业农民的影响

与大学生是否参加过农业生产经营活动相同，大学生是否有农村实习实践经历对其是否愿意成为新型职业农民影响较大，有过农村实习实践经历的比没有的学生更愿意做新型职业农民，高 11.3 个百分点，有过农村实习实践经历的大学生愿意成为新型职业农民的占 31.3%，而没有过农村实习实践经历的大学生愿意成为新型职业农民的只占 20.0%。与是否参加过生产经营活动不同的是有过农村实习实践经历的大学生不愿意成为新型职业农民的比例也高于没有过农村实习实践经历的学生，这可能是目前我国农村和城市相比在各方面还相对落后，人的思想观念、经济发展、农村的软硬件建设等都不如城市，尽管我国加大了社会新农村建设，当前农村整体上和以前有了较大的改善，但要达到城镇化的水平，路还很长，需要国家和全体人民经过不懈的努力，这也是导致了解农村的学生比不了解农村的学生不愿意成为新型职业农民的一个原因（表6-7）。

表6-7　农村实践经历对大学生成为新型职业农民影响

是否有农村实习实践经历		不愿意	愿意	没想好
是	计数（人）	167	208	280
	比例（%）	26.5	31.3	42.2
否	计数（人）	56	48	136
	比例（%）	23.3	20.0	56.7

5. 对新型职业农民政策的了解程度及对大学生成为新型职业农民的影响

调查结果表明，随着对新型职业农民政策了解的深入，大学生成为新型职业农民的意愿呈现上升的趋势。对新型职业农民政策比较了解和非常了解的大学生愿意成为新型职业农民的比例较大，分别占45.0%和33.3%。同时对新型职业农民政策比较了解和非常了解的大学生不愿意成为新型职业农民的比例也比完全不了解和不了政策的大学生不愿意成为新型职业农民的比例高，分别为35.0%和33.3%。相反越是对新型职业农民政策不了的学生越是处于没想好的状态（表6-8）。可见，想办法让在校大学生了解新型职业农民政策，有助于大学生提前规划自己的职业，并做好就业前的准备。

表6-8　对新型职业农民政策的了解程度及对大学生成为新型职业农民意愿的影响

对新型职业农民政策的了解程度		不愿意	愿意	没想好
完全不了解	计数（人）	88	80	208
	比例（%）	23.4	21.3	55.3
基本了解	计数（人）	80	96	168
	比例（%）	23.3	27.9	48.8
比较了解	计数（人）	56	72	32
	比例（%）	35.0	45.0	20.0

（续表）

对新型职业农民政策的了解程度		不愿意	愿意	没想好
非常了解	计数（人）	8	8	8
	比例（%）	33.3	33.3	33.3

6. 农村工作环境对大学生成为新型职业农民的影响

农村工作环境对大学生成为新型职业农民意愿的影响十分明显，随着大学生对农村工作环境满意度的提高，愿意做新型职业农民的比例随之增大，而不愿意成为新型职业农民的比例随之减少，对农村工作环境非常不满意的学生中没有人愿意成为新型职业农民，对农村工作环境不太满意的大学生中有15.4%的人愿意成为新型职业农民，对农村工作环境基本满意的大学生中有36.5%的人愿意成为新型职业农民，对农村工作环境比较满意和非常满意的大学生中各有50.0%的人愿意成为新型职业农民。相反，随着对农村工作环境满意度的提高不愿意成为新型职业农民的比例呈现明显的下降趋势，所占比例分别为37.5%、35.9%、19.2%、16.7%和0（表6-9）。可见农村工作环境成为目前制约大学生成为新型职业农民的一个重要因素。乡村振兴需要高素质的农民作为载体，而年轻的高素质农民的补充和农村环境有直接关系，两者是矛盾的统一体，相互为条件，如何冲破这个壁垒，是当前乡村振兴战略下应该加速解决的问题。

表6-9　农村工作环境对大学生成为新型职业农民的影响

农村工作环境		不愿意	愿意	没想好
非常不满意	计数（人）	24	0	40
	比例（%）	37.5	0	62.5
不太满意	计数（人）	112	48	152
	比例（%）	35.9	15.4	48.7
基本满意	计数（人）	80	152	184
	比例（%）	19.2	36.5	44.2
比较满意	计数（人）	16	48	32
	比例（%）	16.7	50.0	33.3

（续表）

农村工作环境		不愿意	愿意	没想好
非常满意	计数（人）	0	8	8
	比例（%）	0	50.0	50.0

（三）涉农专业学生不愿意成为新型职业农民原因调查

从表6-10可以看出，影响涉农专业学生成为新型职业农民的因素很多，其中农村的生活环境条件、新型职业农民的社会地位、收入是主要因素，分别占不愿意做新型职业农民的50%以上。身边没有人愿意做新型职业农民、担心所学的知识做不了新型职业农民以及认为新型职业农民的风险大不敢冒险、资金缺乏等原因都影响着大学生成为新型职业农民的积极性，占不愿意做新型职业农民总数的20%~40%。此外选择“亲戚朋友不同意”的占20.7%，其他原因的占13.8%。涉农大学生不愿意成为新职业农民的原因是多种多样的，同一个人也是由于多种原因造成的。

表6-10　涉农专业学生不愿意成为新型职业农民原因调查

选项	人数（人）	百分比（%）
农村条件艰苦	136	58.6
新型职业农民社会地位低	128	55.2
新型职业农民收入低	120	51.7
身边的人没有愿意做新型职业农民	88	37.9
担心所学知识做不了新型职业农民	72	31.0
新型职业农民的风险大	64	27.6
不敢冒险	64	27.6
缺乏资金	56	24.1
亲戚朋友不同意	48	20.7
其他	32	13.8

第二节　涉农专业大学生成为新型职业农民应具备的素质及对策

调查分析结果表明，涉农专业学生将是未来新型职业农民的重要来源之一，把涉农专业学生培养成为优秀的新型职业农民，是在乡村振兴战略下实现农村城镇化和农业现代化的重要举措之一。如何将涉农专业学生培养成为新型职业农民，涉农院校责无旁贷，农业院校针对新型职业农民应具备的素质及现代农业、精准农业、智慧农业和数字农业的有关要求，加强教学方法和方式的改革势在必行。新型职业农民对涉农专业学生的应具备的素质提出了新的要求，本节通过调查，采用灰色关联分析方法对涉农专业学生成为新型职业农民的应具备的素质进行统计和分析，最终提出涉农专业学生成为新型职业农民应将具备的素质，为高校有针对性地进行教学改革提供参考。

一、数据处理与分析方法

（一）数据处理方法

参照高玉峰等[44]《灰色关联分析方法探析专业硕士研究生创新能力影响因素》文献介绍的具体方法对影响涉农专业学生成为新型职业农民应具备的 19 个因素进行数据整理，采用里克特五点量表计分法进行统计，把调查对象认为影响涉农专业学生成为新型职业农民的 19 个因素中每个因素选项很重要、比较重要、一般重要、不太重要、不重要 5 个等级分别赋值，分别为 5 分、4 分、3 分、2 分、1 分，同时按一年级、二年级、三年级、四年级，按照影响因素 5 个等级赋值后，分别计算出每种影响因素的加权平均数。

（二）灰色关联分析方法

参照高玉峰等[44]《灰色关联分析方法探析专业硕士研究生创新能力影响因素》文献介绍的具体计算步骤进行灰色关联方法分析。① 确定反映系统行为特征的参考数列和影响系统行为的比较数列。其中以非常重要计分 5 分为参考序列，以大学一年级、二年级、三年级、四年级涉农专业学生成为新型职业农民素质影响因素加权平均数为比较序列。② 对比较数列和参考数列进行无量纲化处理后，求参考数列与比较数列的灰色关联系数 ξ。③ 求关联度 r_i。④ 确定 4 个年级学生成为新型职业农民素质重要影响因素，分析关联度 r_i 大于 0.6 的影响因素，值越高，说明该因素越是涉农专业学生成为新型职业农民应具备的素质。

二、结果与分析

（一）影响涉农专业学生成为新型职业农民素质分析

把影响涉农专业学生成为新型职业农民素质的 19 个因素按照里克特五点量表计分法计算加权平均数得出表 6-11。

一年级学生认为专业能力最重要，加权平均分值为 4.702；其次是学习能力，加权平均分值为 4.681，排在第三位的是抗挫能力，加权平均分值为 4.617。以下依次是：信息意识、合作能力、思维能力、创新能力、市场意识、吃苦耐劳、决策能力、健康状态、动手能力、沟通能力、管理能力、领导能力、冒险精神、交际能力、经济基础、学历条件。

二年级学生认为吃苦耐劳最重要，平均分值为 4.813；其次是学习能力，平均分值为 4.771，排在第三位的是市场意识，平均分值为 4.729。以下依次是：动手能力、抗挫能力、合作能力、信息意识、创新能力、健康状态、管理能力、决策能力、专业能力、思维能力、冒险精神、沟通能力、领导能力、交际能力、学历条件、经济基础。

三年级学生认为吃苦耐劳最重要，平均分值为 4.618；其次是学习能力和抗挫能力，平均分值为 4.545，排在第三位的是专业能力，平均分值为 4.527。以下依次是：市场意识、健康状态、动手能力、思维能力、合作能力、创新能力、决策能力、沟通能力、管理能力、信息意识、领导能力、冒险精神、交际能力、经济基础、学历条件。

四年级学生认为吃苦耐劳最重要，平均分值为 4.769；其次是市场意识，平均分值为 4.744，排在第三位的是动手能力和健康状态，平均分值为 4.718。以下依次是：合作能力、管理能力、信息意识、抗挫能力、专业能力、创新能力、学习能力、沟通能力、思维能力、决策能力、领导能力、交际能力、冒险精神、学历条件、经济基础。

从四个年级大学生对涉农专业学生对成为新型职业农民素质影响因素的重要性来看，有所不一致，一年级学生更看重的是专业知识，二三四年级认为吃苦耐劳更重要，而学习能力除了四年级学生以外其他三个年级的学生都认为是第二重要的因素，四年级学生认为市场意识第二重要，这可能与在调查时部分四年级学生经过了毕业实习，实习接触到了同校园完全不同的环境，受新环境的影响而导致自己认知上的变化。

表 6-11　不同年级大学生成为新型职业农民素质主要影响因素

素质因素	一年级	二年级	三年级	四年级
专业能力	4. 702	4. 479	4. 527	4. 615
交际能力	4. 234	4. 313	4. 091	4. 308
管理能力	4. 340	4. 521	4. 364	4. 641
动手能力	4. 468	4. 708	4. 455	4. 718
领导能力	4. 340	4. 396	4. 236	4. 333
信息意识	4. 596	4. 583	4. 364	4. 641
创新能力	4. 574	4. 583	4. 418	4. 615
冒险精神	4. 340	4. 438	4. 109	4. 103
学习能力	4. 681	4. 771	4. 545	4. 538
合作能力	4. 596	4. 688	4. 436	4. 692
决策能力	4. 489	4. 521	4. 418	4. 385
抗挫能力	4. 617	4. 708	4. 545	4. 641
沟通能力	4. 426	4. 417	4. 382	4. 538
市场意识	4. 553	4. 729	4. 491	4. 744
吃苦耐劳	4. 553	4. 813	4. 618	4. 769
健康状态	4. 489	4. 563	4. 473	4. 718
思维能力	4. 596	4. 479	4. 455	4. 513
学历条件	3. 766	3. 938	3. 782	4. 026
经济基础	3. 957	3. 729	4. 036	4. 026

（二）涉农专业学生成为新型职业农民素质影响因素灰色关联分析

依据参考数列，将四个年级学生的涉农专业学生成为新型职业农民素质影响因素的比较数列进行无量纲化处理（表6-12）、求参考数列与比较数列的灰色关联系数ξ（表6-13）和灰色关联度 r_i（表6-14）。通过灰色关联分析，从19种涉农专业学生成为新型职业农民素质的影响因素中筛选出关联度大于0.8的因素有5种，分别是吃苦耐劳关联度为0.879 9，学习能力关联度为0.829 8，市场意识关联度为0.827 6，抗挫能力关联度为0.819 6，合作能力关联度为0.804 6。大于0.7小于0.8的因素有7种，分别是动手能力关联度为0.796 6，专业能力关联度为0.785 7，健康状态关联度为0.772 5，信息意识关联度为0.762 1，创新能力关联度为0.760 2，思维能力关联度为0.733 3，管理能力关联度为0.712 1。大于0.6小于0.7的因素有3种，分别是决策能力关联度为0.697 6，沟通能力关联度为0.690 5，领导能力关联度为0.629 9。小于0.6的影响因素有4种，分别是冒险精神关联度为0.599 6，交际能力关联度为0.590 5，经济基础关联度为0.487 0，学历条件关联度为0.470 0。

根据灰色关联理论，关联度越接近1，说明关联程度越大，也就是说其越重要。当γ=0.5时，两因素的关联程度大于0.6，便认为其关联性显著，也就是说关联度大于0.6的因素是非常重要的因素，是学生认为成为新型职业农民应具备的素质。研究结果表明，灰色关联度大于0.6因素的分别为：吃苦耐劳、学习能力、市场意识、抗挫能力、合作能力、动手能力、专业知识、健康状态、信息意识、创新能力、思维能力、管理能力、决策能力、沟通能力、领导能力，这15个因素就是涉农专业学生成为新型职业农民应具备的因素。

表6-12　无量纲化表

素质因素	一年级	二年级	三年级	四年级
专业能力	0.940	0.896	0.905	0.954
交际能力	0.847	0.863	0.818	0.949
管理能力	0.868	0.904	0.873	0.944
动手能力	0.894	0.942	0.891	0.944
领导能力	0.868	0.879	0.847	0.938

（续表）

素质因素	一年级	二年级	三年级	四年级
信息意识	0. 919	0. 917	0. 873	0. 928
创新能力	0. 915	0. 917	0. 884	0. 928
冒险精神	0. 868	0. 888	0. 822	0. 928
学习能力	0. 936	0. 954	0. 909	0. 923
合作能力	0. 919	0. 938	0. 887	0. 923
决策能力	0. 898	0. 904	0. 884	0. 908
抗挫能力	0. 923	0. 942	0. 909	0. 908
沟通能力	0. 885	0. 883	0. 876	0. 903
市场意识	0. 911	0. 946	0. 898	0. 877
吃苦耐劳	0. 911	0. 963	0. 924	0. 867
健康状态	0. 898	0. 913	0. 895	0. 862
思维能力	0. 919	0. 896	0. 891	0. 821
学历条件	0. 753	0. 788	0. 756	0. 805
经济基础	0. 791	0. 746	0. 807	0. 805

表 6-13　素质因素的灰色关联系数

素质因素	一年级	二年级	三年级	四年级
专业能力	0. 881 7	0. 711 7	0. 742 6	0. 806 8
交际能力	0. 587 2	0. 622 1	0. 532 8	0. 619 8
管理能力	0. 635 5	0. 738 3	0. 647 1	0. 827 6
动手能力	0. 705 0	0. 887 7	0. 696 9	0. 897 0
领导能力	0. 635 5	0. 663 9	0. 588 2	0. 632 0
信息意识	0. 791 5	0. 782 2	0. 647 1	0. 827 6
创新能力	0. 775 7	0. 782 2	0. 676 1	0. 806 8
冒险精神	0. 635 5	0. 687 0	0. 539 2	0. 536 9
学习能力	0. 862 1	0. 951 8	0. 755 0	0. 750 2
合作能力	0. 791 5	0. 868 1	0. 686 3	0. 872 6
决策能力	0. 718 1	0. 738 3	0. 676 1	0. 657 9

（续表）

素质因素	一年级	二年级	三年级	四年级
抗挫能力	0. 808 1	0. 887 7	0. 755 0	0. 827 6
沟通能力	0. 680 2	0. 675 2	0. 656 5	0. 750 2
市场意识	0. 760 4	0. 908 1	0. 719 0	0. 922 7
吃苦耐劳	0. 760 4	1. 000 0	0. 809 0	0. 950 1
健康状态	0. 718 1	0. 767 0	0. 707 8	0. 897 0
思维能力	0. 791 5	0. 711 7	0. 696 9	0. 733 1
学历条件	0. 440 2	0. 484 7	0. 444 0	0. 511 2
经济基础	0. 490 4	0. 431 7	0. 514 7	0. 511 2

表 6-14　灰色关联度及排序

素质因素	灰色关联度	排序
吃苦耐劳	0. 879 9	1
学习能力	0. 829 8	2
市场意识	0. 827 6	3
抗挫能力	0. 819 6	4
合作能力	0. 804 6	5
动手能力	0. 796 6	6
专业能力	0. 785 7	7
健康状态	0. 772 5	8
信息意识	0. 762 1	9
创新能力	0. 760 2	10
思维能力	0. 733 3	11
管理能力	0. 712 1	12
决策能力	0. 697 6	13
沟通能力	0. 690 5	14
领导能力	0. 629 9	15
冒险精神	0. 599 6	16
交际能力	0. 590 5	17
经济基础	0. 487 0	18
学历条件	0. 470 0	19

三、鼓励涉农专业大学生成为新型职业农民对策

（一）加大对新型职业农民政策宣传，使学生了解新型职业农民

调查分析结果表明，大学生对新型职业农民政策了解得越多，越愿意成为新型职业农民，事实上，大学生对新型职业农民政策了解的并不多，在904名被调查者中，只有112人选择了比较了解和非常了解，占调查总数的12.4%，有480人选择了基本了解，占调查总数的53.1%，有312人选择了完全了解，占调查总数的34.5%。进一步对大学生对新型职业农民政策了解途径（多选）调查表明：有512人选择了网络媒体，328人选择了广播电视，248人选择了期刊报纸，316人选择了身边熟人，112人选择了讲座论坛，408人选择了课堂学习，176人选择了其他，分别占56.6%、36.3%、27.4%、37.2%、12.4%、45.1%和19.5%，可见网络媒体、课堂学习、广播电视和身边熟人是大学生了解新型职业农民政策的主要途径。为此，从国家层面上应进一步充分发挥各种媒体的宣传和舆论导向作用，增加有关新型职业农民政策的宣传报道，加大对大学生新型职业农民先进事迹宣传力度，将他们的事迹拍成电视剧或电影，让大学生在娱乐中增加对新型职业农民的认识和了解。组建优秀大学生新型职业农民宣讲团，让他们重新走进农业院校校园，以自己的亲身经历向在校学生宣传国家有关新型职业农民的政策，以榜样的作用激励更多的涉农专业学生加入新型职业农民的队伍。从学校层面，一方面加强对授课教师、辅导员、班主任的引导，让授课教师在授课过程中以及让辅导员、班主任在日常教育管理中进行灌输教育，通过慢慢地渗透，让学生逐渐了解新型职业农民政策。另一方面学校还可以充分发挥校园媒体的作用，利用校园广播、橱窗板报、校刊校报等传统媒体及微信群、QQ群、微信推文、抖音短视频等现代化的媒体手段加大宣传力度。同时还可以定期邀请我校在农业战线上优秀毕业生回到母校做报告，用他们的亲身经历采用现身说法激励在校学生，树立学农、爱农、乐农的思想。让越来越多的学生了解新型职业农民的政策，越来越多的学生参加到新型职业农民的队伍中来。

（二）加强对涉农学生专业思想教育，使其树立稳固的专业思想

通过对涉农专业学生成长为新型职业农民的愿景进行调查，结果表明涉农学

生成为新型职业农民的意愿度比较低，尤其是城镇学生，而且不同类型学生之间差异性很大，说明学生在心理上对新型职业农民这一职业还不认可。通过对我校近几年涉农专业学生毕业去向调查，结果表明学生毕业后真正从事农业的人非常少，除考取研究生的学生外，多数人毕业后改行从事和农业不相关的工作，大学期间所学专业到工作上基本上用不到，从人力资本的角度上讲，是严重的资源浪费。我校涉农专业普招学生多数在高考报志愿没有填报农科专业，基本上是在录取时调剂过来的，有的学生已经在一年级第一学期末转到其他专业，没有转专业的学生专业思想也非常不稳定，学习专业知识动力不足，相反考证的积极性很高，因此学校应该从新生入学开始应该抓好稳固专业思想教育，做好学生心理上的疏导，打消其对农科专业的错误认识，树立农科专业大有作为的思想。创新教育方式，针对不同学生群体，采取有针对性的教育形式，改变传统的新生入学时由专业带头人做专业介绍，可以把学生带到现代农业产业园，让涉农学生从入学开始对现代农业、智慧农业、精准农业有一个感性的认识，打消学生对农业的错误认识，激发学生学习农业的兴趣。同时加强对涉农学生人生观、世界观、价值观引导，对学生有针对性地进行职业生涯规划，对毕业后成为新型职业农民意愿度高或者有志成为新型职业农民的学生进行特殊的教育和引导，帮助他们解决成长过程中遇到的各种实际问题，让他们成为新型职业农民的意愿一直保持下去，毕业后能够真正地成为新型职业农民。

（三）鼓励学生多到现代农业园区实践，加深学生对现代农业和新型职业农民的认识

前边调查统计分析表明：农村实践经历、是否参加过农业生产经营活动等因素都影响着大学生是否愿意成为新型职业农民，有过农村实践经历或者参加过农业生产经营活动的学生比其他学生愿意成为新型职业农民，可以看出，大学生一旦有了一定的农村实践的基础，他们的思想将会发生很大改变。涉农专业学生在大学生活过程中，都逐渐接触到了农业，对农业都有了一定的认识，有的学生还积极地参加到农业生产实践中，为他们成为新型职业农民奠定了良好的基础。但是在实践中学生接触到的更多的是传统的农业，对现代农业、精准农业和智慧农业接触的不多。因此除在新生入学教育时让学生对现代农业有一个感性的认识

外，在以后的教学实习实验以及第二课堂活动中，安排学生到现代农业园区进行生产实践活动，让学生深入了解现代农业发展趋势，通过生产实践使其对现代农业、精准农业和智慧农业有更深入的了解和认识，让学生认清未来我国农业的发展方向。让学生明白传统的农民所拥有的知识将远远满足不了现代农业发展的需求，中国未来农业的发展需要更多的拥有先进的农业知识、现代的经营管理理念的高素质的大学毕业生。传统的农民是身份的象征，而新型职业农民是一种新的职业，是一个具有非常大的发展潜力的职业，习近平总书记说过，要让新型职业农民成为一个非常体面的职业。

（四）大学生第二课堂活动紧紧围绕新型职业农民所需能力和素质开展

研究表明大学生成为新型职业农民应具备15项素质，包括智力因素和非智力因素两大方面，是学校培养涉农学生的一个目标。除专业知识外，其他能力和素质基本都是在课堂以外获得的，因此有针对性地开展第二课堂活动对涉农学生非常重要。为此学校、相关二级学院、各教学班都应有针对性的积极组织涉农学生参加第二课堂活动，紧紧围绕提高上面的素质开展，让学生素质在学校得到锻炼和提高。学生工作部门应该制订详细的工作计划，将新型职业农民所需素质进行分类，每学期有针对性地提高，活动形式既可以学院为单位统一进行，也可以以班组为单位分散开展，形式要灵活，便于学生参加，同时要增加活动的趣味性和吸引力，让学生在娱乐中得到能力和素质的提高。学校还可以创建与新型职业农民有关的社团和组织，接受学校和二级学院团组织的指导，通过组建社团，培养社团负责人和社团骨干，把愿意成为新型职业农民的学生组织起来，根据新型职业农民的职业特性，让这些有兴趣的学生聚在一起，便于各项活动的组织和开展，同时还能吸引更多的学生加入这个队伍中来。建立有效的激励机制，从学生综合素质测评、评优选先、奖学金评定等方面对相关学生给予激励和表彰，使第二课堂活动能够真正提高涉农学生成为新型职业农民所应具备的素质，为学生将来成为新型职业农民打下坚实的基础。

（五）修订培养方案，设立新型职业农民试验班

在培养方案的设置上，除增加实践教学环节，提前进入现代农业园区定岗实

践，增加有关农业方面的创业训练，边学习边创业，进行农业园区的管理，减少理论课程，增加实践操作课程，把学科分成若干个知识模块，对学生进行专业模块训练，提高学生的操作技能外，学校可以增设“新型职业农民试验班”或者是“新型职业农民方向”，培养的目标就是新型职业农民。新型职业农民试验班的培养模式：学生大学前两年在原专业学习，大学二年级下学期在涉农专业学生中遴选有志成为新型职业农民的学生，三年级进入试验班系统学习农业生产、经营、管理的核心技能，四年级开始创业实训和毕业后创业孵化。学校与企业合作建立学生创业孵化基地。在试验班人才培养上，注重实践环节的培养，合理安排实习课程，根据农业生产的季节性特点对实验班实习课程科学设置，使实习紧密围绕农业生产的特点，从种到收全过程合理安排实习，非生产性实践交替安排在课程学习中。建立经费投入保障机制，学校每年拨专款用于试验班，同时争取孵化基地的支持，经费除用于正常的教学外，要建立新型职业农民试验班学生创业基金，对有创业意向的学生给予资金支持。

第三节　涉农专业大学生创新人才培养

2016 年在《国民经济和社会发展第十三个五年规划纲要》这一文件中提出“十三五期间要加快农业现代化建设”，为此要转变农业发展方式，构建提高农业质量的“现代农业产业体系、生产体系和经营体系”[52]。湖南省通过“抓规模化经营，扶持壮大家庭农场、农民合作社和农业企业，抓社会化服务来促进小农户与现代农业有机衔接，抓机械化生产提高农业生产效率，抓信息化管理发展智慧农业，抓绿色化发展确保农产品质量安全”的“五抓”政策在推进农业现代化、提高农业综合效益和竞争力过程中提出了“精细农业”发展思路[53]。甘肃省通过发展农业工业化、实行农业创新发展等推动农业现代化[54]。无人化农场、智能化育秧（育苗）、智能化田间管理等一系列人工智能技术应用于农业生产[55]。农业农村部副部长刘焕鑫总结了自 2018 年以来一方面农业科技进步贡献率超过 60%，耕种收综合机械化率达到 71%，另一方面畜禽粪污综合利用率超过 75%，农作物、化肥农药施用量连续 4 年负增长[56]。这些均说明在“十三五”

期间农业现代化进程正在加速前进。

一、“植物保护 e+”专业人才培养模式的思路

（一）调研“植物保护 e+”专业人才需求与就业意愿

对智慧农业研发单位、农业信息技术企业、农机企业、物联网使用单位农业科技园区、农业局等单位进行调研，确定不同单位对“植物保护 e+”专业人才需求数量与质量；调研植物保护专业学生、计算机、通信相关专业学生从事植物保护物联网研发、平台建设与作物病虫草害防治数据信息采集等相关工作的就业意愿。

（二）培养方案引入模块课程设计和行业标准

“植物保护 e+”专业培养方案制定的原则为：以应用型人才培养为目标，引入用人单位的企业标准与行业标准，学生要拥有第三方鉴定的行业执业资格证书才能毕业。采用 2+1+1 育人模式，第一年和第二年在学校学习，实行模块化教学，分为四大模块：① 按照作物生育期安排的作物水肥栽培技术；② 按照作物生育期安排的病虫草害基础知识与防治技术；③ 按照工作过程安排的通信、计算机、传感技术、农业监测系统、云数据基础知识；④ 按照工作过程安排的物联网设计与信息采集技术平台建设。第三年由植物保护专业实践经验丰富的教师带队，到现代化种植园区实习，掌握作物、蔬菜、果树等整个生育期水肥病虫草害等管理措施，积累农作物栽培数据与病虫害防治数据，找出生产上存在的缺陷。第四年由计算机专业实践经验丰富的教师带队，到农业信息相关企业实习，参与开发农业信息采集平台建设与物联网建设、农产品安全信息追溯条形码开发等工作。

（三）培养模式采用导师组制小班授课，教学方法采用案例设计

物联网等技术的应用，基础工作需要对环境信息、作物生长信息进行监测、收集和计算，涉及对遥感信息、气象信息、作物生产信息、地理信息的数字化开发，这就需要大量前期数据的收集与积累，特别是基于农作物生长图谱和病虫害发生环境的大数据分析，对农业传感系统的紧密系统的紧密度和复杂适应性提出更高要求。农业环境的复杂性决定了授课方式改革的必要性，实行案例教学可以

让植保专业教师在自己科研成果的基础上，吸收计算机专业的教师加入教学团队，形成导师组制培养模式，每个小组不超过 10 人，让学生从作物种植技术、水肥施用技术、病虫草发生规律与防治技术等数据采集、整理入手，层层深入传感技术、程序编写、平台建设等方面的学习，不断提高他们的基本素质，培养出既懂植保技术又懂信息技术的应用型人才。

（四）采用案例教学方式，让学生参与教学团队编写教学案例过程

根据“植物保护 e+”专业人才培养需要，形成跨学科跨专业的教学团队，编写专业教学案例。案例植物病害远程诊断的“病虫害专家诊断系统”中涉及“病虫害为害状”等病虫害知识、“专家数据库”建设 、高级程序语言（如 PASCAL、VC、VB、VF 等）或人工智能语言（如 LISP、PROLOG 等）、BP 神经网络、计算机视觉和光谱分析技术等多学科合作开发，有兴趣的同学就参与该教学案例的编写过程，将传统病虫害防治技术与计算机编程技术、电子信息等技术的各个过程都通过自己实际参与得以亲身实践；案例“互联网+下的中国农业何去何从——三只松鼠创造的奇迹”中以三只松鼠股份有限公司为例从战略规划、主推产品、销售模式、logo 设计等方面介绍了电子商务做大做强的愿景与实体店的区别、解决办法等问题，让学生切实体会到电子商务客户体验的重要性、评价及客户分级与实体店的区别。在“物联网助力精准农业”中通过现场体验小汤山国家精准农业研究示范基地的以 3S 技术为核心和智能化农业机械为支撑的节水、节肥、节药、节能的资源节约型的精准农业技术体系后，学生主动学习查找玉米、小麦、生姜、黄瓜、番茄、葡萄、北苍术等作物、蔬菜、中药材全生育期的需要水量、肥料种类与数量、温度、光照等生长环境因子、病虫害发生时期与防治措施等支撑物联网技术的指标，达到助力精准农业健康发展。

二、“植物保护 e+”专业人才培养的必要性

（一）智慧农业成为现代农业发展趋势，智慧农业的发展为“植物保护 e+”人才培养提出客观需求

随着土地流转或托管、农村城镇化、高素质农民培养等农业相关政策的不断调整与推进，物联网、人工智能、大数据等现代科学技术在农业领域的应用也取

得突飞猛进的发展。传统农业向现代农业转变过程中既有巨大的发展机遇，也面临着巨大挑战。现代农业对植保人才的需求已经发生变化，不仅要熟悉病虫害防治技术、新型植保机械操作等植保专业必修内容，还要懂得物联网、人工智能、大数据、遥感等，带领农业植保进入绿色农业和有机农业的时代，因此，在新形势下植物保护专业必须与时俱进，让老农科焕发新活力。

智慧农业以物联网技术为支撑，依靠遥感技术（RS）、地理信息系统（GIS）和全球定位系统（GPS）的农业技术和控制设备将环境温湿度、光照、土壤温湿度、二氧化碳、图像等指标传输到控制终端，为农业生产提供精准化种植、可视化管理和智能化决策的新型农业发展模式。在美国[57]、日本[58]、荷兰[59]、以色列[60]等农业发达国家，不仅在设施环境下实现了物联网操控，在大田作物方面同样达到了精准栽培，实现精准施肥、浇水、施药等农事操作，约有85%的大农场主正在采取物联网技术。

近几年，我国现代农业科技园区设施农业中已基本普及应用水肥一体化[61-63]。与国外相比，农业物联网技术在现代农业应用中尤其是植物保护领域还处于起步阶段[64-65]。因此，新农业、新农村、新农民和新生态建设需要发展新农科。植物保护专业作为传统农业与现代农业都不可或缺的一环，在学校教育中必须要与时俱进，与现代农机、通信、计算机、云数据、传感技术网络等工科专业深度交叉整合，发挥学科综合优势支持支撑涉农专业发展，最终实现以农林为特色优势的多科性协调协同发展，才能与现代农业发展人才需求的目标相衔接。为此，“植物保护 e+”专业人才培养模式急需构建。

（二）一二三产业整合的现代农业发展方向为“植物保护 e+”人才培养提供动力

为了解决农村就是农业产业的格局，自 2015 年中央一号文件提出产业融合的理念以来，国务院办公厅及相关部门相继发布了一系列文件如《“十三五”全国农产品加工业与农村一二三产业融合发展规划》，来推进农村一二三产业融合发展、支持返乡下乡人员创业创新促进农村一二三产业融合发展、促进农产品加工业发展、大力发展休闲农业，为助力农村一二三产业融合发展提供政策支持。黑龙江省兴十四村在推进三产融合，打造乡村振兴方面做出了样板[66]。广西[67]、江苏[68]、海南[69]、新疆[70]、浙江[71]等地均结合自身产业特点，发展一二三产业融合，以文旅与农业结合促进农业发展[72]、统筹山水、物产、人文等资源与农业相结合[73]创建了田园综合体模式、休闲康养模式、特色小镇模式、乡村旅游模式、产业扶贫模式等一系列模式。京津冀一体化进程中也充分发挥三地在农业、工业和服务业、旅游业等三产的优势，实行大区域三产融合[74]。在一二三产业融合过程中，不管是“政府+合作社+公司+农户”的田园风光综合体、“政府+合作社+公司+农户”的现代农业园示范区 、“乡村+休闲+康养+景区”的休闲康养中心、还是“小镇+产业+特色+魅力”的特色小镇等均需要植物保护专业现代型人才去发挥除了传统绿色植保优势外，还需要整个产业链的相关技术做支撑，因此“植物保护 e+”专业人才培养是产业发展的需求。

（三）农业电子商务的发展为“植物保护 e+”专业人才培养转变提供方向

随着电子商务在我国各行各业的兴旺发展，在京东、阿里巴巴和苏宁等电子商务带头人的推动下，农业电子商务也开展得如火如荼。国务院、农业农村部、国家发展和改革委员会和商务部在《关于大力发展电子商务加快培育经济新动力的意见》《国务院关于积极推进“互联网+”行动的指导意见》《推进农业电子商务发展行动计划》等文件中均提出了实施“互联网+”现代农业行动来打造“双引擎”、实现“双目标”，把农业电子商务打造成为大众创业、万众创新的平台。秦睿[75]报道自 2015 年青海省实施农业电子商务以来到 2020 年 12 月的数据统计：2020 年入淘创业者同比增幅前 10 名中，西部省份占据 9 席，青海位列第四。天猫新国货“青海汇”也于 2020 年 12 月 23 日正式上线运营，在“青海汇”上线了青海绿色有机土特产品、农畜产品、文创产品等 274 种农业产品。不仅三大电商巨头，快手、抖音、微信等各种短视频也都在发挥着电商的作用[76]。《2020 全国县域数字农业农村发展水平评价报告》[77]中指出 2019 年全国县域数字农业农村发展总体水平达 36. 0%，比 2018 年提升了 3%。县级农业农村信息化管理服务机构覆盖率为 75. 5%，行政村电子商务站点覆盖率达 74. 0%。许多学生也将化妆品、生活用品等的电子商务模式引入了校园生活中，渗透到学生日常生活中，但是还没有将电子商务与农业相关专业结合起来，因此，在专业课设置上要将植物保护专业的产品如农药、施药器械、加工机械、绿色农产品、有机农产品等与电子商务相结合，才能激发学生的专业学习热情。因此农业电子商务的发展促进为“植物保护 e+”专业人才培养转变提供方向。

通过“植物保护 e+”专业人才培养实现农科与工科专业整合，将传统农科专业植物保护与信息技术相结合，实现农科与通信、计算机、云数据、传感技术网络等工科专业深度交叉整合，打破固有学科边界，发挥学科综合优势支持支撑涉农专业发展，最终实现以农林为特色优势的多科性协调协同发展。而且能够拓宽农科学生就业途径，也为信息技术企业输送专业人才。农科学生学农但不乐农和爱农，只是为了拿到进入社会的敲门砖——本科文凭。而农业信息技术企业的人员都是工科背景，不了解农业特点，也没有农业大数据，所提供的产品往往不适用，因此将农科与工作结合后，找到二者的契合点。

第四节　涉农专业大学生培养方案实例

一、园艺专业人才培养方案

（一）培养目标

培养适应现代园艺产业发展需求，德、智、体全面发展，掌握生物学和园艺学等基本理论、基本知识和基本技能，具有服务园艺产业建设的能力和一定的产业技术创新能力，能从事园艺相关领域的生产、科研、示范、推广、经营、管理等工作的应用型、专业技能型技术人才。

（二）培养标准

1. 思想道德标准

具有正确的世界观、人生观、价值观；掌握马列主义、毛泽东思想、邓小平理论、“三个代表”重要思想，科学发展观以及习近平新时代中国中国特色社会主义思想，具有辩证唯物主义和历史唯物主义观点；具有探索精神、创新思维，树立崇尚科学、追求真理的恒心和毅力；具有诚信守法意识和团结合作精神；熟悉园艺行业职业道德和行为规范，了解国家、地方、行业颁布的相关法律、法规。

2. 基本要求

毕业要求：① 完成培养方案规定的全部学习课程，经考核成绩达到及格及以上标准；② 通过学校统一组织的综合文化素质考试；③ 通过国家大学生体育达标要求。

学位要求：① 学生需达到全部毕业要求，学习成绩优良，总平均学分绩点≥2.0；② 计算机通过省级或国家级一级或二级考试。

3. 能力标准

基本知识：① 具备扎实的化学、植物学、植物生理学基础理论知识；② 掌握师范教育和园艺学相关学科的基本原理和基本知识。

专业能力：① 具备较强的从事园艺专业的相关技能，能够在园艺产业相关领域从事与园艺产业有关技术示范与推广、技术研究与开发等工作；② 掌握果树、蔬菜种植技术、栽培管理、优良品种选育和繁育、病虫害化学、生物、物理等综合防治措施，尤其是病虫害的绿色防控技术；③ 熟悉农业生产、农村工作和与园艺植物生产有关的方针、政策和法规，了解园艺生产和科学技术前沿和发展趋势；④ 掌握文献检索、资料查询的基本方法，具有园艺科学技术研究和实际工作能力。

创新能力：在培养过程中贯穿创新创业能力培养，鼓励学生积极参加创新创业活动，积极参加省级、国家级创新创业技能大赛等。涉及“双创”实践学分和综合素质学分，累积总学分为3.5学分。超出学分之外的“双创”实践和综合素质学分可抵修公共选修课程、专业任选课程以及实践教学相关课程学分，最多不超过6学分。通过创新创业能力培养后，使学生具有丰富的想象力和对未知领域充满激情，能在某一方面独辟蹊径，又容易冒出灵感，保持旺盛的创新能力；具备进行初步科学研究与实际工作的能力。

（三）课程设置

主干学科：果树学，蔬菜学。

核心课程：园艺植物试验设计与分析、园艺设施学、植物营养与肥料学、园艺植物病虫害防治学（总论）、园艺植物组织培养、园艺产业经营管理、果树栽培学、蔬菜栽培学、果树育种学、蔬菜育种学。

实践课程：包括军事训练、社会实践、创新创业实践、综合文化素质训练、专业技能训练、科研技能训练、实践教学、综合实习等。

实验课程：果蔬分类与识别、品质鉴定、良种繁殖、园地规划设计、产品加工、保鲜等。

（四）修业年限与授予学位

学制：4年。

学位：农学学士。

（五）毕业学分要求

学生毕业必须完成培养方案规定的全部课程并修满187学分，同时完成培养标准项目并达到合格标准。各课程类别所要求的具体学分（表6-15）。

（六）课程设置及教学进程表

表6-16至表6-23是园艺专业课程设置及教学进程表。

表6-15　园艺专业课程学时学分结构表

课程类别	课程数量（门）	理论教学学时数/实践教学周数	理论学时比例（%）	学分（分）	学分比例（%）
公共基础课程	28	768时	37.35	46.5	24.87
公共选修课程	5	112时	5.45	7	3.74
专业基础课程	15	616时	29.96	38.5	20.59
专业核心课程	6	232时	11.28	14.5	7.75
专业限选课程	7	272时	13.23	17	9.09
专业任选课程	2	56时	2.72	3.5	1.87
实践教学环节	16	60周		60	32.09
合计	79	2 056/60周	100	187	100

表 6-16　园艺专业公共课程设置表

课程类别	课程编号	课程名称	学分（分）	学时（时）	学时（时）			学期	考核方式	授课场所
					理论	上机/技能	实验			
公共基础课程	AL151260	思想道德修养与法律基础	3	48	48			1	考试	教室
	AL151270	马克思主义基本原理	3	48	48			2	考试	
	AL151280	中国近现代史纲要	2	32	32			3	考试	
	AL151290	毛泽东思想和中国特色社会主义理论体系概论	4	64	64			4	考试	
	AL151301	形势与政策 1	0.5	8	8			3	考查	
	AL151302	形势与政策 2	0.5	8	8			4	考查	
	AL151303	形势与政策 3	0.5	8	8			5	考查	
	AL151304	形势与政策 4	0.5	8	8			6	考查	
	AL131571	英语（综合）1	3	48	48			1	卷试	教室
	AL131581	英语（视听说）1	1	16	16			1	考查	语音室
	AL131572	英语（综合）2	3	48	48			2	卷试	教室
	AL131582	英语（视听说）2	1	16	16			2	考查	语音室
	AL131573	英语（综合）3	3	48	48			3	卷试	教室
	AL131583	英语（视听说）3	1	16	16			3	考查	语音室
	AL131574	英语（综合）4	3	48	48			4	卷试	教室
	AL131584	英语（视听说）4	1	16	16			4	考查	语音室
	AT140021	大学体育 1	1.5	30		30		1	技术测试	运动场
	AT140022	大学体育 2	1.5	30		30		2		
	AT140023	大学体育 3	1.5	30		30		3		
	AT140024	大学体育 4	1.5	30		30		4		
	AL990040	军事理论	2	32	32			1	卷试	教室
	AL123100	普通话（以证代修）	1	16	16			2	考查	
	AL092880	信息技术基础 2	1.5	24	24			1	考查	
	AL092890	信息技术基础 2（上机）	1.5	24	0	24		1	考查	机房
	AL990020	职业生涯准备与规划	1.5	24	24			1	考查	教室
	AL990030	创业与就业指导	1	16	16			6	考查	
	AL991441	创新创业教育 1	1	16	16			2	考查	
	AL991442	创新创业教育 2	1	16	16			7	考查	
	小计		46.5	768	624	144				

（续表）

课程类别	课程编号	课程名称	学分（分）	学时（时）	学时（时）			学期	考核方式	授课场所
					理论	上机/技能	实验			
公共选修课程	自然科学（任选1门）		1.5	24	24			3	考查	教室
	社会科学（任选2门）		3	48	48			5		
	公共艺术（任选2门）		2.5	40	40			5		
	小计		7	112	112					
总计			53.5	880	736	144				

表6-17　园艺专业专业必修课程设置表

课程类别	课程编号	课程名称	学分（分）	学时（时）	学时（时）		学期	考核方式	授课场所
					理论	实验			
专业基础课程	AL110181	化学Ⅱ	3	48	48		1	卷试	教室
	AL110182	化学Ⅱ	3.5	56	56		2	卷试	教室
	AL110191	化学实验Ⅱ	2.5	40		40	1	考查	实验室
	AL110192	化学实验Ⅱ	2	32		32	2	考查	实验室
	AL190690	心理学	2.5	40	40		2	卷试	教室
	AL190020	教育学	2.5	40	40		3	卷试	
	AL193290	教育技术	1.5	24	8	16	4	考查	
	AL123560	三笔字	1	16	16		3	考查	多媒体
	AL123110	教师口语	1	16	16		3	考查	多媒体
	AL16094	植物学	3	48	32	16	1	卷试	教室
	AL02138	微生物学	2	32	20	12	1	卷试	
	AL16109	生物化学	2.5	40	40		3	卷试	
	AL16112	生物化学实验	2	32		32	3	考查	
	AL16104	植物生理学	2.5	40	40		4	卷试	
	AL16115	植物生理学实验	2	32		32	4	卷试	
	AL16093	遗传学	3	48	32	16	3	卷试	
	AL02010	农业气候与小气候	2	32	32		3	卷试	
小计			38.5	616	420	196			

（续表）

课程类别	课程编号	课程名称	学分（分）	学时（时）	学时（时）		学期	考核方式	授课场所
					理论	实验			
专业核心课程	AL02041	园艺植物试验设计与分析	3.5	56	32	24	5	卷试	教室/实验室
	AL02039	园艺设施学	3	48	38	10	5	卷试	教室
	AL02200	园艺植物组织培养	2	32	14	18	7	卷试	教室/实验室
	AL01126	植物营养与肥料学	2	32	24	8	2	卷试	
	AL02199	园艺植物病虫害防治学	2	32	18	14	3	卷试	教室/实验室
	AL02201	园艺产业经营管理	2	32	32		7	卷试	教室
小计			14.5	232	158	74			
总计			53	848	578	270			

表 6-18　园艺专业专业选修课程设置表

课程类别		课程编号	课程名称	学分（分）	学时（时）	学时（时）		学期	考核方式	授课场所
						理论	实验			
限定选修课	毕业所要求学分、学时			17	272					
	果树方向	AL02118	果树栽培学（总论）	3	48	36	12	4	卷试	教室
		AL02119	果树育种学（总论）	3	48	42	6	4	卷试	教室
		AL02006	果树栽培	4	64	64		5	卷试	教室
		AL02004	果树育种	1.5	24	16	8	5	卷试	教室
		AL02120	果树良种与繁殖技术	1.5	24	16	8	4	卷试	教室
		AL02121	果树病虫害防控	2	32	32		4	卷试	教室
		AL02210	园艺产品贮藏加工	2	32	16	16	7	卷试	教室
		小计		17	272	222	50			
	蔬菜方向	AL02124	蔬菜栽培学（总论）	3	48	36	12	4	卷试	教室
		AL02125	蔬菜育种学（总论）	3	48	42	6	4	卷试	教室
		AL02035	蔬菜栽培	4	64	64		5	卷试	教室
		AL02034	蔬菜育种	1.5	24	16	8	5	卷试	教室
		AL02126	蔬菜良种与繁殖技术	1.5	24	16	8	4	卷试	教室
		AL02127	蔬菜病虫害防控	2	32	32		4	卷试	教室
		AL02210	园艺产品贮藏加工	2	32	16	16	7	卷试	教室
		小计		17	272	222	50			

（续表）

课程类别	课程编号		课程名称	学分（分）	学时（时）	学时（时）		学期	考核方式	授课场所
						理论	实验			
限定选修课	综合方向	AL02204	园艺植物栽培学	3	48	36	12	4	卷试	教室
		AL02205	园艺植物育种学	3	48	42	6	4	卷试	教室
		AL02206	园艺植物栽培	4	64	64		5	卷试	教室
		AL02207	园艺植物育种	1.5	24	16	8	5	卷试	教室
		AL02208	园艺植物良种与繁育学	1.5	24	16	8	4	卷试	教室
		AL092260	高等数学Ⅱ（A2）	4	64	64		4	考试	教室
		AL100012	化学Ⅰ	4	64	64		4	考试	教室
		高等数学Ⅱ和化学Ⅰ任选一门								
		小计		17	272	238	34			
任意选修课	毕业所要求学分、学时			3.5	56					
	AL02054		盆景学	1.5	24	16	8	5	考查	教室
	AL022450		观赏植物概论	1.5	24	24		5	考查	教室
	AL02130		盆栽果树	1.5	24	24		5	考查	教室
	AL02011		农业生态学	1.5	24	24		5	考查	教室
	AL02086		农业技术推广	1.5	24	24		5	考查	教室
	AL02049		插花艺术	1.5	24	12	12	5	考查	教室
	AL02009		文献检索	1.5	24	24		5	考查	教室
	AL02101		果树专题	1.5	24	24		7	考查	教室
	AL02102		蔬菜专题	1.5	24	24		7	考查	教室
	AL022430		果实品质分析	1.5	24		24	7	考查	实验室
	AL022440		果树解剖与生理学实验	2	32		32	7	考查	实验室
	AL02038		无土栽培学	2	32	16	16	7	考查	教室
	AL02013		普通测量学	2	32	16	16	7	考查	教室
	AL02045		园艺专业英语	2	32	32		7	考查	教室
	AL02087		分子生物学概论	2	32	20	12	7	考查	教室
	AL02032		生物技术	2	32	20	12	7	考查	教室
	AL04147		园艺机械	2	32	16	16	7	考查	机房
选修课须修读学分、学时最低总计				3.5	56			在第5、第7学期任选2门课程		

注：1. 每个学生应选修一完整的专业方向模块；允许学生跨专业方向选课，跨专业方向选修课程按任意选修课对待；专业任选课程开课与否视选课情况而定。

2. 经学院批准与企业合作开设的课程，可置换任意选修课程。

3. 任意选修课程最低要修满3.5学分，56学时，第5、第7学期任选2门课程。也可根据兴趣适当多选修，多选修的课程必须通过考试。

表 6-19　园艺专业实践教学环节设置表

课程类别	课程编号	课程名称	学分	周数/学时	学期	考核方式	上课地点	任课教师	实践内容简要说明	运行方式
实践教学环节	BS990010	入学教育	0	/2	1	考查	教室	校内	按入学教育方案	集中
	BS990040	军事训练	2	2/	1	考查	操场	校内	按学校军训方案	集中
	BS150360	思想政治理论社会实践	2	2/	1~4	调查报告	不定	内外	1~4 学期进行，每学期 0.5 周，累积总学分到第 4 学期记入	分散
	BS020910	创新创业实践	2.5	2.5	1~5	项目	内外	内外	每学期 0.5 分，累积学分到第 5 学期记入	分散
	BS990060	大学生综合文化素质	1	1	4、5	卷试	不定	内外	参加大学生综合文化素质考试及文化素质活动，每学期 0.5 分，累积到第 5 学期记入	分散
	BS02033-1	专业技能训练 1	1.5	1.5/	2	考查	校内	校内	果树、蔬菜技术	分散
	BS02033-2	专业技能训练 2	1.5	1.5/	3	考查	校内	校内	果树、蔬菜技术	分散
	BS02033-3	专业技能训练 3	1.5	1.5/	4	考查	校内	校内	果树、蔬菜技术	分散
	BS02033-4	专业技能训练 4	1.5	1.5/	5	考查	校内	校内	果树、蔬菜技术	分散
	BS02033-5	专业技能训练 5	1.5	1.5/	7	考查	校内	校内	果树、蔬菜技术	分散
	BS02015	综合（专业）参观	0	0.2/	1		基地	内外	培养专业兴趣	集中
	BS02015	综合（专业）参观	1	0.8/	7	考查	基地	内外	参观重点企业，学分记入此学期	集中
	BS02073	教学综合实习	15	15/	6	综合	基地	内外	专业综合	集中
	BS02022-1	科研技能训练 1	1	1/	3	考查	校内	校内	科研活动	分散
	BS02022-2	科研技能训练 2	1	1/	4	考查	校内	校内	选题、定题、开题	分散
	BS02022-3	科研技能训练 3	1	1/	5	考查	校内	校内	方案实施	分散
	BS02022-4	科研技能训练 4	1	1/	7	考查	校内	校内	数据分析、撰写	分散
	BS19001	教育学课程实习	1	1/	3	考查	校内	校内	课堂教学技能训练	集中
	BS02002	毕业论文	15	15/	8	答辩	校内	内外	答辩或其他	
	BS02069	果树栽培学教学实习	3	3/	5	考查	基地	校外	苹果等果树修剪	集中
	BS02070	蔬菜栽培学教学实习							育苗、栽植管理	第 3、第 6 学期
	BS02071	果树病虫害防控教学实习	1	1/	4	考查	基地	校外	果树病虫害识别	集中
	BS02072	蔬菜病虫害防控教学实习							蔬菜病虫害识别	
	BS02120	果树良种与繁殖技术教学实习	1	1/	4	考查	校内	校内	果树良种、繁殖	分散
	BS02126	蔬菜良种与繁殖技术教学实习							蔬菜良种、繁殖	
	综合方向在以上 3 对课程中任选一方向（果树或蔬菜）的 3 门课程。									
	BS02021	教育实习	4	4/	6	考查	外校	校外	教学顶岗实训	集中
	BS11014	毕业教育	0	1/	8	考查	校内	校内	按学校方案进行	分散
学分总计			60							

表 6-20 园艺专业联合培养课程授课基本情况设置表

课程类别	课程编号	课程名称	总学分	总学时			学期	考核方式	校外授课		校内授课			
				共计	理论	实验			授课地点	校外专家时数	本校教师时数	校外专家时数	校内教师时数	授课地点
专业核心课程	AL02201	园艺产业经营管理	2	32	32		7	卷试	教室	30			2	教室
专业选修课程	BS02069	果树栽培学教学实习	3	90			5	考查	校外基地	12			78	校内外基地
	BS02070	蔬菜栽培学教学实习												
	BS02071	果树病虫害防控教学实习	1	30			4	考查	校外	6			24	基地
	BS02072	蔬菜病虫害防控教学实习												
	BS02120	果树良种与繁殖技术教学实习	1	30			4	考查	校外	6			24	校内外基地
	BS02126	蔬菜良种与繁殖技术教学实习												
	BS02015	综合参观	1	30			5	考查	校外	6			24	基地
	BS02073	教学综合实习	16	480			6	考查	校外	240			240	基地
	BS02021	教育实习	4	120			6	考查	校外	18			102	基地
	小计		28	812						318			494	

注：对于实践课，1 周为 5 天计，每天以 6 学时算，即 1 周为 30 学时。

表 6-21　园艺专业拟聘校外专家授课课程基本情况表

<table>
<tr><th>序号</th><th>专家姓名</th><th>工作单位</th><th>职务（职称）</th><th>承担课程</th><th>课程编号</th><th>承担课时</th><th>上课地点</th><th>考核方式</th><th>主要讲授章节（指导内容）</th><th>备注</th></tr>
<tr><td rowspan="5">1</td><td>专家 1</td><td>廊坊绿野仙庄</td><td>高级农艺师</td><td rowspan="5">园艺产业经营管理</td><td rowspan="5">AL02201</td><td rowspan="5">30</td><td rowspan="5">教室</td><td rowspan="5">卷试</td><td>企业管理、经营</td><td rowspan="5">安排 1 名教师 2 学时，并负责考试</td></tr>
<tr><td>专家 2</td><td>唐山市恫蒙农业开发有限公司</td><td>企业老板</td><td>企业经营</td></tr>
<tr><td>专家 3</td><td>河北宝晟科农业开发有限公司</td><td>高级农艺师</td><td>企业经营、管理</td></tr>
<tr><td>专家 4</td><td>乐亭雷刚果树专业合作社</td><td>农艺师</td><td>产品营销</td></tr>
<tr><td>专家 5</td><td>秦皇岛市德源葡萄酒庄有限公司</td><td>农艺师</td><td>产品营销</td></tr>
<tr><td rowspan="4">2</td><td>专家 6</td><td>乐亭雷刚果树专业合作社</td><td>农艺师</td><td>果树栽培学教学实习</td><td>BS02069</td><td>12</td><td>企业</td><td>考查</td><td>苹果冬季修剪</td><td rowspan="4">校内老师讲 78 学时，两方向并行</td></tr>
<tr><td>专家 7</td><td>昌黎县嘉诚公司</td><td>农艺师</td><td rowspan="3">蔬菜栽培学教学实习</td><td rowspan="3">BS02070</td><td rowspan="3">12</td><td rowspan="3">企业</td><td rowspan="3">考查</td><td rowspan="3">蔬菜栽培管理</td></tr>
<tr><td>专家 8</td><td>秦皇岛广田农业开发有限公司</td><td>农艺师</td></tr>
<tr><td>专家 9</td><td>乐亭万事达</td><td>农艺师</td></tr>
<tr><td>3</td><td colspan="3">上述企业人员</td><td>果树（蔬菜）病虫害防控教学实习</td><td>BS02071/2</td><td>6</td><td>校外</td><td>考查</td><td>病虫害认知</td><td>校内老师 24 学时</td></tr>
<tr><td>4</td><td colspan="3">上述企业人员</td><td>果树（蔬菜）良繁技术教学实习</td><td>BL02120/6</td><td>6</td><td>校外</td><td>考查</td><td>种苗繁殖</td><td>校内老师 24 学时</td></tr>
<tr><td rowspan="3">5</td><td colspan="3" rowspan="3">上述企业人员</td><td>综合参观</td><td>BS02015</td><td>6</td><td>校内外</td><td>考查</td><td rowspan="3">综合知识运用</td><td rowspan="3">校内教师参与全程</td></tr>
<tr><td>综合实习</td><td>BS02073</td><td>6</td><td>校外</td><td>考查</td></tr>
<tr><td>毕业论文</td><td>BS02002</td><td>0</td><td>校内</td><td>答辩</td></tr>
<tr><td>6</td><td colspan="3">实习学校教师</td><td>教育实习</td><td>BS02021</td><td>18</td><td>校外</td><td>考查</td><td>熟悉教育技术</td><td>校内老师 102 学时</td></tr>
<tr><td colspan="6">校外教师课时合计</td><td>96</td><td></td><td></td><td></td><td></td></tr>
</table>

表 6-22　园艺专业全学程理论教学与实践活动设置

学期	理论与实验教学	实践教学										考试	入学教育	军事训练	毕业教育	合计
		社会实践	科研技能训练	专业技能训练	教育实习	课程教学实习	综合参观	教学综合实习	大学生综合文化素质	毕业论文（设计）	创新创业实践周					
一	14	(0.5)					0.2				1	2	(2)	2		19
二	17	(0.5)		(1.5)							1	2				20
三	16	(0.5)	(1)	(1.5)		1					1	2				20
四	16	(0.5)	(1)	(1.5)		1 (1)			(0.5)		1	2				20
五	14		(1)	(1.5)		3			(0.5)		1	2				20
六	1				4			15								20
七	17		(1)	(1.5)			0.8					2				20
八	0									14					1	15

注：以周为单位填写。括号里的表示分散在学期里的周数。

表 6-23　园艺专业学期修读学分学时统计表

学期	公共通修课		公共选修课		专业必修课		专业限选课		专业任选课		实践教学	学期学分（分）	学期理论学时（时）	理论与实验教学周学时数（时）
	学分（分）	学时（时）	学分（分）	学时（时）	学分（分）	学时（时）	学分（分）	学时（时）	学分（分）	学时（时）	学分（分）			
一	15	246			10.5	168					2	27.5	414	29.57
二	10.5	174			10	160					1.5	22	334	19.65
三	8	134	1.5	24	16	256					3.5	29	414	25.88
四	10	166			6	96	9.5	152			6.5	32	414	25.88
五	0.5	8	5.5	88	6.5	104	5.5	88	1.5	24	9	28.5	312	22.29
六	1.5	24				0					19	20.5	24	24.00
七	1	16			4	64	2	32	2	32	3.5	12.5	144	8.47
八						0					15	15	0	
总计	46.5	768	7	112	53	848	17	272	3.5	56	60	187	2 056	

二、植物科学与技术专业人才培养方案

（一）专业简介

植物科学与技术专业以职业模块化集成来设置课程，现根据社会发展需求设有中药材生产技术和现代植物生产技术两个专业方向。参照我国职业对人才需求的标准和要求，开发植物科学与技术专业课程体系，优选课程教材，做到专业核心课程的教学内容紧密围绕职业能力标准，做到教学内容与职业能力有机融合；理实一体化，做到理论教学与实践教学相统一，理论教学和实践教学相互促进、相互渗透、相互影响；将大学生的职业素质教育和大学生综合能力的培养贯穿到课程教学的各个环节，通过教学，提高学生的综合素质，适应市场竞争机制的能力得到全面提高。通过培养，学生专业对口就业率相对提高，面向各级各类职业技术学校，涉及植物生产等行业的事业单位、行政管理部门以及全国大中型农业企业就业。

（二）培养目标

植物科学与技术专业为适应社会主义新农村建设和发展现代农业对人才的需要，主要培养具备良好科学文化素养和扎实的生物学基础，分别掌握现代作物学、园艺学、植物新品种选育、植物保护学、植物生物技术等的基本理论、基本知识和实验技能，了解学科前沿，具有创新意识和能力，能在涉及农学、植物科学及与植物生产有关领域的高等学校、科研院所、其他行政事业单位或相关企业从事植物生产类专业技术的教学与科研、推广与开发、经营与管理等工作的专业人才。

（三）培养标准

1. 思想道德标准

以实际行动弘扬爱国主义精神和集体主义精神，马列主义、毛泽东思想、邓小平理论、“三个代表”重要思想、科学发展观以及习近平新时代中国特色社会主义思想，坚持以人为本，为人民服务，诚实守信，遵守国家法律法规及各项规章制度，遵守公民基本道德规范，遵守社会公德，具有较高的思想道德水平和政治标准。

2. 基本要求

毕业要求：① 按照学校的规定完成培养方案规定的全部内容，参加学校组织的成绩考核，考核城达到学校规定了的标准或达到及格及以上水平；② 认真学习综合文化素质知识，主动参加学校组织的综合素质考试，考试成绩达到合格及以上标准；③ 认真参加体育锻炼，身体标准达到国家大学生体育达标要求。

学位要求：① 学生学完教学计划规定的权证书课程，参加所有的教学环节，经考核合格达到毕业的要求，学习成绩优良，总平均学分绩点≥2.0；② 参加国家计算机或省级计算机等级考试，获得省级或国家计算机等级考试一级或二级证书；③ 参加国家组织的大学英语四级考试，考试成绩达到学校规定的合格标准或通过国家英语四级及以上水平。

3. 能力标准

基本能力：① 掌握学习植物科学专业所必需如数学、化学、物理等等基础知识；② 能熟练地应用计算机进行各种操作和数据处理，掌握计算机的基本理论、基本知识；掌握一门外国语言，能够运用外语熟练的听、说、读、写，能够借助工具书翻译专业方面的外文书籍和与运用外进行专业论文写作；③ 掌握植物学、生物学等相关学科的基本理论、知识、技能；④ 学生具备较强的从事植物生产、植物新品种选育、生产经营与管理、植物病虫害防控、绿色农业生产等方面的基本理论、基本知识及实践操作等方面的技能；⑤ 熟悉国家有关农业生产、农村工作的政策、法律法规，具备一定的法律知识，能够运用法律的武器解决生产、生活中遇到的各种问题，具有较强沟通能力和社会交往能力；⑥ 具备经济管理和市场经济的基本知识，进行农业企业的经营管理和农业技术推广的能力；⑦ 掌握文献检索、资料查询以及科技论文写作的基本方法，具有一定的科学研究能力和解决实际问题的能力，具有科技论文写作的能力；⑧ 具有一定的社会调查研究与分析判断及决策能力，具备自学获取知识能力，具有一定的创新创业能力。

创新创业能力：积极参加大学生创新创业活动及省级、国家级创新创业技能大赛活动。涉及“双创”实践学分和综合素质学分，累积总学分为3.5学分。超出学分之外的“双创”实践和综合素质学分可抵修公共选修课程、专业任选课程以及实践教学相关课程学分，最多不超过6学分。

（四）课程设置

主干学科：作物学、中药学。

核心课程：植物育种学、植物生产学、分子生物学、植物生物技术、种子学。

实践课程：课程实验、教学实习、生产实习、教育实习、专业综合实践、毕业综合实习、社会实践、专业技能训练、科研技能训练、毕业论文等共53学分。

专业实验：植物学实验、生物化学实验、植物生理学实验、普通遗传学实验、土壤肥料实验、分子生物学实验、植物生物技术实验、植物育种学实验、植物生产学实验等。

（五）修业年限与授予学位

修业年限：4年。

授予学位：农学学士学位。

（六）毕业学分要求

学生毕业必须完成培养方案规定的全部课程并修满177学分，同时完成培养标准项目并达到合格标准（表6-24）。

表6-24　植物科学与技术专业课程学时学分结构表

课程类别	课程数量（门）	理论教学学时数/实践教学周数	学时比例（%）	学分（分）	学分比例（%）
公共基础课程	24	784时	38.74	45.5	25.85
公共选修课程	5	120时	5.93	7.5	4.26
专业基础课程	18	696时	34.39	43.5	24.72
专业核心课程	7	248时	12.25	15.5	8.81
专业限选课程	5	128时	6.32	8	4.55
专业任选课程	3	48时	2.37	3	1.70
实践教学环节	29	52.5周		53	30.11
合计	91	2 024/52.5周	100	163	100

（七）课程设置及教学进程表

表6-25至表6-30是植物科学与技术专业课程设置及教学进程表。

表 6-25　植物科学与技术专业公共课程设置表

课程类别	课程编号	课程名称	学分（分）	学时（时）	学时（时）			学期	考核方式	授课场所
					理论	上机/技能	实验			
公共通修课程	AL151260	思想道德与法律基础	3	48	48			1	考试	教室
	AL151270	马克思主义基本原理	3	48	48			2	考试	
	AL151310	中国近现代史纲要	3	48	48			3	考试	
	AL151320	毛泽东思想和中国特色社会主义理论体系概论	3	48	48			4	考试	
	AL151340	形势与政策	2	64	64			1~7、8	考查	
	AL131571	英语（综合）1	3	48	48			1	卷试	教室
	AL131572	英语（综合）2	3	48	48			2	卷试	
	AL131573	英语（综合）3	3	48	48			3	卷试	
	AL131574	英语（综合）4	3	48	48			4	卷试	
	AL131581	英语（视听说）1	1	16	16			1	考查	语音室
	AL131582	英语（视听说）2	1	16	16			2	考查	
	AL131583	英语（视听说）3	1	16	16			3	考查	
	AL131584	英语（视听说）4	1	16	16			4	考查	
	AT140021	大学体育 1	1.5	30		30		1	技术测试	体育场
	AT140022	大学体育 2	1.5	30		30		2		
	AT140023	大学体育 3	1.5	30		30		3		
	AT140024	大学体育 4	1.5	30		30		4		
	AL092860	信息技术基础 1	1.5	24	24			1	考查	教室
	AL092870	信息技术基础 1（上机）	1.5	24		24		1	考查	机房
	AL990040	军事理论	2	32	32			1	考试	教室
	AL990020	职业生涯准备与规划	1.5	24	24			1	考查	教室
	AL990030	创业与就业指导	1	16	16			6	考查	
	AL991441	创新创业教育 1	1	16	16			2	考查	
	AL991442	创新创业教育 2	1	16	16			7	考查	
	小计		45.5	784	640	144				
公共选修课程	公共艺术		1.5	24	24			2	考查	教室
	社会科学		1.5	24	24			3	考查	
			1.5	24	24			4	考查	
	自然科学		1.5	24	24			5	考查	
			1.5	24	24			6	考查	
	小计		7.5	120	120					
总计			53	904	760	144				

表 6-26　植物科学与技术专业必修课程设置表

课程类别	课程编号	课程名称	学分（分）	学时（时）			学期	考核方式	授课场所
				共计	理论	实验（实践）			
专业基础课程	AL092260	高等数学Ⅱ	5	80	80		1	考试	教室
	AL102520	化学（农科）	5	80	48	32	1	考试	教室
	AL112430	大学物理 III	2	32	24	8	2	考试	教室
	AL190690	心理学	2.5	40	40		3	考试	教室
	AL190020	教育学	2.5	40	40		4	考试	教室
	AL193290	教育技术	1.5	24		24	5	考查	多媒体机房
	AL013030	植物学	2.5	40	30	10	2	考试	教室/实验室
	AL160710	生物化学	2	32	32		3	考试	教室
	AL161110	生物化学实验	1.5	24		24	3	考查	实验室
	AL013480	农业微生物	2	32	24	8	3	考试	教室/实验室
	AL013490	遗传学	3	48	36	12	3	考试	教室/实验室
	AL161510	植物生理学	1.5	24	24		4	考试	教室
	AL161920	植物生理学实验	1.5	24		24	4	考查	实验室
	AL013500	农业生态学	2	32	32		5	考查	教室
	AL012950	土壤肥料	3	48	32	16	3	考试	教室/实验室
	AL012940	田间试验与统计	2	32	20	12	4	考试	教室/实验室
	AL012521	植物保护技术 1	2	32	24	8	4	考试	教室/实验室
	AL012522	植物保护技术 2	2	32	24	8	5	考试	教室/实验室
	小计		43.5	696	510	194			
专业核心课程	AL012780	分子生物学	2	32	24	8	4	考试	教室/实验室
	AL013020	植物生物技术	3	48	24	24	5	考试	教室/实验室
	AL013510	植物育种学	3.5	56	48	8	6	考试	教室/实验室
	AL013521	植物生产学 1	2	32	24	8	5	考试	教室/实验室
	AL013522	植物生产学 2	2.5	40	32	8	6	考查	教室/实验室
	AL012390	种子学	1.5	24	18	6	6	考试	教室/实验室
	AL012800	科技写作	1	16	16	0	7	考查	教室
	小计		15.5	248	186	62			

表 6-27　植物科学与技术专业选修课程设置表

课程类别	模块课程	课程编号	课程名称	学分（分）	学时（时）			学期	考核方式	授课场所
					共计	理论	实验（实践）			
限定选修课程	毕业要求学分、学时（分2个专业模块）			8	128					
	中药材生产方向	AL013090	中药资源与鉴别	1.5	24	18	6	5	考查	教室/实验室
		AL012990	药事管理与法规	1	16	12	4	5	考查	教室/实验室
		AL013060	中药材成分检测分析技术	2	32		32	7	考查	实验室
		AL013080	中药材种苗繁殖与品种选育	1.5	24	20	4	6	考查	教室/实验室
		AL013070	中药材栽培与加工技术	2	32	24	8	6	考查	教室/实验室
		小计		8	128	74	54			
	现代植物生产方向	AL022210	设施蔬菜栽培技术	1.5	24	18	6	5	考查	教室/实验室
		AL012960	无公害农产品生产与质量检测	1	16	12	4	5	考查	教室/实验室
		AL012810	农产品质量检测分析技术	2	32		32	7	考查	实验室
		AL013050	植物组织培养及繁殖技术	1.5	24	10	14	6	考查	教室/实验室
		AL012030	工厂化育苗与无土栽培	2	32	16	16	6	考查	教室/实验室
		小计		8	128	56	72			
任意选修课程	毕业所要求学分、学时			3	48					
	不分方向	AL012970	现代农业专题	1	16	16	0	5	考查	教室
		AL012880	农业信息技术	1	16	16	0	5	考查	教室
		AL022220	农业气象	1	16	16	0	5	考查	教室
		AL012840	农业科学研究方法	1	16	16	0	5	考查	教室
		AL013010	植物生长发育与调控	1	16	16	0	5	考查	教室
		AL013470	专业英语	1	16	16	0	6	考查	教室
		AL012830	农业技术推广	1	16	16	0	6	考查	教室
		AL012890	农业园区规划与管理	1	16	16	0	6	考查	教室
		AL012980	循环经济与农业可持续发展	1	16	16	0	6	考查	教室
		AL013100	种子生产与管理	1	16	12	4	6	考查	教室/实验室
		AL012760	常用统计软件应用	1	16	4	12	6	考查	教室
		AL012820	农事学	1	16	16	0	6	考查	教室
		AL012850	农业企业经营管理	1	16	16	0	6	考查	教室
		AL012340	专业教学法	1	16	16	0	6	考查	教室
		AL012920	食用菌生产技术	1	16	10	6	6	考查	教室/实验室
		小计		15	240	218	22			
选修课须修读学分、学时总计				3	48					

表 6-28 植物科学与技术专业实践教学环节设置表

课程类别	课程编号	课程名称	学分	周数/学时	学期	考核方式	上课地点	任课教师	实践内容简要说明	运行方式
实践教学环节	BS990010	入学教育	0	/2	1	考查	教室	校内	按学校入学教育实施方案进行	分散
	BS990040	军事训练	2	2/		考查	操场	校外	按学校军事训练实施方案进行	集中
	BS010761	公益劳动 1	0	0.5/		考查	试验站	校内	植物生产管理	分散
	BS160121	专业技能训练 1	1.5	1.5/	2	考查	试验站/实验室	校内	按课程教学大纲进行	1~15 周分散
	BS010762	公益劳动 2	0	0.5/		考查	试验站	校内	植物生产管理	分散
	BS160190	植物学教学实习	1	1/	3	考查	基地	校内校外	按课程教学大纲进行	第 2 周集中
	BS160122	专业技能训练 2	1.5	1.5/		考查	试验站/实验室	校内	按课程教学大纲进行	1~15 周分散
	BS011170	土壤肥料教学实习	0.5	0.5/		考查	实验室/基地	校内	按课程教学大纲进行	第 8 周集中
	BS011140	农业微生物教学实习	0.5	0.5/		考查	实验室/基地	校内	按课程教学大纲进行	分散
	BS150360	思想政治理论社会实践	2	1/	4	考查		校内、校外	按思政部制定实施方案进行	1~4 学期分散
	BS011211	植物保护教学实习 1	0.5	0.5/		考查	实验室/基地	校内	按课程教学大纲进行	第 16 周集中
	BS011191	科研技能训练 1	1.5	1.5/		考查	试验站/实验室	校内	按课程教学大纲进行	1~15 周分散
	BS010861	植物生产教学实习 1	1	1/	5	考查	实验室/基地	校内、校外	按课程教学大纲进行	分散
	BS011212	植物保护教学实习 2	0.5	0.5/		考查	实验室/基地	校内	按课程教学大纲进行	第 3 周集中
	BS011192	科研技能训练 2	1.5	1.5/		考查	研究室/基地	校内		1~15 周分散
	BS010941	专业综合实践 1	2	2/		考查	实验室/基地	校内、校外		分散

（续表）

课程类别	课程编号	课程名称	学分	周数/学时	学期	考核方式	上课地点	任课教师	实践内容简要说明	运行方式
实践教学环节	BS010862	植物生产教学实习 2	1	1/	6	考查	实验室/基地	校内、校外	按课程教学大纲进行	分散
	BS010380	植物育种教学实习	0.5	0.5/		考查	实验室/基地	校内、校外		第 18 周集中
	BS011193	科研技能训练 3	1.5	1.5/		考查	研究室/基地	校内		1~15 周分散
	BS010560	教学技能训练	1	1/		考查	教室	校内		1~15 周分散
	BS010942	专业综合实践 2	2	2/		考查	实验室/基地	校内、校外		分散
	BS011180	现代农业技术综合考察与实训	1	1/	7	考查	基地	校内、校外	按课程教学大纲进行	分散
	BS011194	科研技能训练 4	1.5	1.5/		考查	研究室/基地	校内		1~10 周分散
	BS010110	教育实习	4	4/		报告	基地	校内、校外	按照学校教育实习条例进行	第 11~14 周集中
	BS010740	毕业综合实习	6	6/		报告	基地	校内、校外	按照学校实习条例进行	第 15~20 周集中
	BS990060	大学生综合文化素质	1		1~7	考试		校内	参加大学生综合文化素质考试及文化素质活动	1~7 学期分散
	BS011240	创新创业实践	2.5	1/		考查		校内、校外	按“双创活动周”工作方案进行	第 10 周集中
	BS010730	毕业论文	14	14/	8	毕业论文	研究室	校内、校外	按照学校毕业论文条例进行	第 1~14 周集中
	BS010010	毕业教育	0	1/		考查	教室	校内	按学校毕业教育实施方案进行	第 15 周集中
总计			52	52.5						

表 6-29　植物科学与技术专业联合培养课程授课基本情况设置表

课程类别	课程编号	课程名称	总学分	总学时			学期	考核方式	校外授课			校内授课		
				共计	理论	现场教学			授课地点	校外专家时数	本校教师时数	校外专家时数	校内教师时数	授课地点
专业限选课程	AL013090	中药资源与鉴别	1.5	24	18	6	5	考查				12	12	教室/实验室
	AL013070	中药材栽培与加工技术	2	32	24	8	6	考查				12	20	教室/实验室
	AL012990	药事管理与法规	1	16	12	4	5	考查				16		教室/实验室
	AL013050	植物组织培养及繁殖技术	1.5	24	10	14	6	考查				6	18	教室/实验室
	AL012030	工厂化育苗与无土栽培	1.5	24	10	14	6	考查				12	12	教室/实验室
实践教学	BS011180	现代农业技术综合考察与实训	1	40			7	考查	企业	40				
	BS011191	科研技能训练	6	252			4~7	考查	基地	56			196	试验站
	BS010380	植物育种教学实习	0.5	20			6	考查	企业	8			12	试验站
	BS010861	植物生产教学实习	2	112			5~6	考查	企业	24			56	试验站
	BS010110	教育实习	4	224			7	考查	校外	224				
	BS011120	毕业综合实习	6	336			7	考查	校外	336				
	BS010941	专业综合实践	4	224			5~6	考查	校外	112			112	资料室
小计			31											

表 6-30　植物科学与技术专业拟聘校外专家授课课程基本情况表

序号	专家姓名	工作单位	职务（职称）	承担课程	课程编号	讲授时数	上课地点	考核方式	主要讲授章节（指导内容）	备注
1	专家 1	安国市食品药品监督管理局	执业药师、主管中药师	中药资源与鉴别	AL013090	12	校内	考查	中药鉴别	
2	专家 2	安国市食品药品监督管理局	执业药师、主管中药师	药事管理与法规	AL012990	16	校内	考查	药事管理、药事法规	
3	专家 3	青龙满药本草药业股份有限公司	经理	中药材栽培与加工技术	AL013070	6	校内	考查	常见中药材种植加工技术	
4	专家 4	秦皇岛市中药材商会	会长	中药材栽培与加工技术	AL013070	6	校内	考查	常见中药材种植加工技术	
5	专家 5	秦皇岛长胜农业科技发展有限公司	总经理	农业企业经营管理	AL012850	4	校内	考查	农业企业经营	
6	专家 5	秦皇岛市同盛医药公司	经理	现代农业技术综合考察与实训	BS011180	8		考查		
7	专家 7	秦皇岛长胜农业科技发展有限公司	经理	现代农业技术综合考察与实训	BS011180	8		考查		
8	专家 8	青龙满药本草药业股份有限公司	总经理	现代农业技术综合考察与实训	BS011180	8		考查		
9	专家 9	益农育苗	技术总监	工厂化育苗与无土栽培	AL012030	12		考查	蔬菜工厂化育苗	
10	专家 10	益农育苗	技术总监	现代农业技术综合考察与实训	BS011180	8		考查		

第七章　新型职业农民认证与管理

长期以来，各地新型职业农民的认证工作都是由各级政府根据相关国家文件精神针对本地实际情况制定出相应的认证标准。在我国新型职业农民培育工作进入新的阶段，进一步完善新型职业农民认证标准，加强新型职业农民的管理，具有十分重视的现实意义。

第一节　新型职业农民认证的重要意义

一、新型职业农民认证有助于其职业化的快速实现

与传统农民是身份象征相比，新型职业农民不再是身份的象征，而把其认定为一种新的职业，是由从事农业生产、农业服务和技术服务有关的爱好农业的复合一定要求的农民、大学生、返乡创业的农民工、转业军人等人员构成的。根据企业特点，要求劳动者要具有相对较高的科学文化素质，掌握现代化农业生产的基本技能，具有农业生产、经营、管理及服务等能力和水平，具有良好的职业道德，热爱农村、热爱农民，愿意扎根基层。新型职业农民和传统农民有本质的区别，新型职业农民与农民不同，我国传统农民一直是身份的象征，而国家大力提倡的新型职业农民是从农民队伍中脱离而出被认定为一种新的职业。作为一种职业，应该有职业标准及准入制度。比如教师是一个职业，国家对教师的标准及职业道德等方面规定得非常明确，教书育人是教师的主要任务，要想成为一名教师必须具有教师职业资格，也就是要考取教师资格证书。同样，作为新型职业农民这样一个新的职业，也不是随意加入的，必须要符合一定的条件。西方发达国家农业早已实行了农业准入制度，由于我国是一个农业大国，农业人口众多，不能

像西方国家那样完全实现农业准入制度，在一定的时期内长期存在着传统的农业和农民，但是我们可以设定一定的条件，将满足条件的农民认定为新型职业农民，并将其进行职业化管理。新型职业农民认证就是把满足一定条件的农民变成新型职业农民的过程，接受职业化的管理、培训、考核和奖惩等。只有经过认证，才能确保新型职业农民作为一个职业长久的发展下去，如果不经认证，任何一位农民随便就成为新型职业农民，新型职业农民和传统的农民差别不大，对新型职业农民的职业化管理就很难实现。因此进行新型职业农民认证是确保职业化的一个非常重要的过程。

二、有助于新型职业农民队伍不断壮大

认证是通过一定的程序，把符合条件的农民从传统的农民队伍中分离出来，是农民成为新型职业农民的一个非常重要的过程，通过认证过程使越来越多的农民成为新型职业农民，使新型职业农民的队伍不断壮大。党中央 2012 年提出大力培训新型职业农民，新型职业农民就像一个呱呱落地的婴儿，摆在了众人的面前，在我国前所未有，一个新事物出现在全国人民面前，如何壮大这个新生队伍的同时确保其战斗力？设定一定的标准，通过认定的过程，才能实行准入制度，是最好的选择。开展新型职业农民的认定，不是设置农民的务农门槛，而是为农民树立标杆，树立努力方向，鼓励农民向新型职业农民这个方向努力，同时还有利于提高我国农业的地位，有利于国家对农业的扶植、监督和管理，吸引更多的农民经过努力达到认定的标准，通过自愿申请经过认证程序成为一名新型职业农民，更好的接受政府有关部门的培训，享受新型职业农民的优惠政策，确保新型职业农民的队伍不断壮大，才能在 2020 年全国 2 000 万新型职业农民队伍的基础上，在新的五年里数量上和质量上都有新的突破。

三、有助于新型职业农民不断成长壮大

通过开展新型职业农民的认定等工作，使更多的农民了解国家有关新型职业农民的政策，认识到成为新型职业农民的重要意义，激发其成为新型职业农民的积极性，提高其成为新型职业农民的愿望。通过对新型职业农民的认证考核，建

立奖惩机制，对新型职业农民实行动态管理，可以有效地调动新型职业农民的工作积极性，引导新型职业农民向更高级发展。建立新型职业农民等级制度，激励新型职业农民不断提高自身素质和经营规模，使其不断成长壮大，为其发展提供了目标。国家可以采用对不同等级的新型职业农民给予不同的扶持政策，越是高级别的新型职业农民享受到的优惠政策越多，从而激励新型职业农民通过提高经营管理水平、做好服务和示范带动作用等，不断向高等级新型职业农民发展，为乡村振兴贡献力量。通过对新型职业农民的年度考核和聘期考核，及时发现新型职业农民存在的问题，以便及时采取有效措施对新型职业农民认证管理制度进一步完善和提高。通过新型职业农民的认证和管理，确保新型职业农民这个职业永葆青春，时刻焕发出生机和活力，确保新型职业农民不断成长。

第二节　国外职业农民认证

一、国外职业农民认证标准

世界上许多发达国家都实行职业农民认证制度，根据本国的实际情况确定了认证标准，但各国的标准大不相同。如德国、法国、英国通过职业资格证书的方式体现，加拿大实行“绿色证书”制度。

德国职业农民资格证书分 5 个等级，每个等级代表的水平不同，对每个等级的要求标准也不一样，最终每个等级的农民可以从事的职业也有很大的区别。德国职业农民的 5 个等级分别是学徒工、专业工、师傅、技术员、工程师。每个等级证书都有不同的认定标准。对于学徒工如果通过规定的结业考试可以获得学徒工证书，而专业工证书认证标准比学徒工证书要难，认定人员首先要参加农业职业教育，学习时间为 3 年，学满 3 年并通过结业考试后可获得专业工证书。比专业工证书高一级的是师傅证书，要想获得师傅证书必须参加一年制的专科学习，同时要参加农业师傅的考试。比师傅高一级的等级证书是技术员证书，需要通过过 2 年制的农业专科学校学习。最高等级证书是工程师证书，认证标准是到高等学府深造并经过考试。学徒工证书是初级证书，是不合格的职业农民；获得专业工证书的农民可以称之为合格的职业农民；具有师傅证书的职业农民具有独立经营农场和招收学徒的资格；工程师证书是最高级的职业证书，获得者可以担任欧盟的农业工程师。[78,79]

与德国的职业证书相同，法国的职业资格证书分 4 个等级，每个等级代表不同水平，从低到高分别是农业职业教育证书、农业专业证书、农业技术员证书和高级技术员证书。每级的水平不同，需要逐级认证，不可跨级认证。农民经过 3~5 年的农业实践可获得农业职业教育证书，如果想经营农场还需要进行 200 小时以上的培训，考试合格。对农业专业证书的要求更严，需要参加培训的实践更长，一般要达到 700~900 小时的培训。农业技术员经过 2~3 年的培训后，达到专科水平的可以认证为高级技术员证书。国家对获得不同证书的人员给予的待遇不同，获得职业教育证书的农民能够得到国家给予的农业补助，通过农业专业证书认证的农民具有独立经营农场的资格，而获得农业技术员证书的农民允许其开展技术咨询和服务等活动，获得高级技术员资格的农民可指导农场经营。[80]

与德国和法国相比，英国的职业农民证书相对更复杂些，共分两类。一类是技术教育证书，共有 4 种，分别是食品技术员、养禽技术员、农业工程技术员和农业技术员；另一类是农业职业培训证书，共有 11 种，分别是农场秘书、农场管理、农业工程、农业机械、林业、农业、奶牛、园艺、庭院、养禽和畜牧。每种证书都分为五个等级，各等级的认定标准不一样，一级的认定标准最低，五级的认定标准最高。一级认定标准为具有在一定范围内从事常规的、可预测的工作活动的能力；二级的认证标准为具有在较大范围和变化条件下从事一些复杂的、非常规的工作活动能力；具有在广泛领域从事各种复杂多变的、非常规的工作活动的能力，对他人的工作能进行监督和指导的认定为三级；具有在广泛领域从事技术复杂、专业性强、条件多变的工作活动的能力，能对他人的工作和资源的分配负责的认定为四级；五级标准是具有在广泛的，通常是不可预见的条件下独立运用基本原理和复杂技术的能力；具有个人独立分析、决断、设计、规划、实施和评估工作结果的能力。每级职业农民可承担的职务不同，一级职业农民可以做半熟练工，二级职业农民可以做熟练工，三级职业农民可以自技术员、技工和初级管理人员，四级职业农民可以做工程师、高级技术员、高级技工和中级管理人员，五级职业农民可以做工程师、高级工程师及中、高级管理人员。[81]

加拿大的“绿色证书”制度，根据行业设定为8个专业，每个专业职业农民分3个等级，分别是为生产技术员、生产指导员和生产管理员。生产技术员要求具有掌握农作物生产或牲畜养殖过程中各种作业程序和规范，独立完成常规工作的能力；生产指导员要求具有更多的技能、知识和更强的综合判断能力，能够对其他工作人员进行指导，评估工作中的问题和需要的，确保生产经营计划和协议的实施等能力；生产管理员要求具有管理农业生产和市场营销等方面的能力，能够管理日常财务工作，协调和管理各部门。[82]

二、国外职业农民认证程序

德国职业农民资格认证由行业协会负责，由行业协会组织考生考试。参加认证的考生要参加2次考试，分别是中间考试和结业考试。中间考试是在学习的过程中组织的考试，一般在学习时间达到2年的时候进行。而结业考试是在参加认证的学员按规定学完全部的课程时组织的考试。学员通过所有考试后可以获得《培训毕业证书》和《职业资格证书》。德国的职业资格考试和我国职业资格考试相似，全国统一考试，但德国由行业协会负责组织，而我国由政府人力资源和社会保障部门组织。

法国由政府劳工部指定的考试委员会负责职业农民认证工作，成立考试委员会，负责考试工作。考试委员会成员来自生产、教学等各个方面，包括雇主、农场主、雇员、工人、教师等。考试委员会的主要职责是制定职业农民认证标准，并组织农民参加考试。不同等级的职业农民参加不同等级的培训，并经过该等级的考试，通过该等级的考试后由政府颁发相应等级的农业资格证书。农民培训所需教材一般是统一编写，由教育部组人组织有关人员，主要编写工作由相关专业技术人员来完成，确保教材的实用性和先进性，确保技术落到实处。法国非常重视培训质量监督工作，国家设有培训质量监督的专门机构，通过监督检查，确保培训质量，增强培训效果。[83]

英国职业农民资格认证与其他国家不同，不是由政府有关部门负责，而是由社会认证机构承担，英国共有14家职业农民认证机构，政府履行对认证机构的监督检查职责。英国职业农民认证工作和职业教育相结合，农民首先要参加有关部门组织的农业技术、经营管理等方面的培训，培训结束后经认证机构组织考核，进行评价和鉴定。评价采取灵活多样的形式，比如现场的笔试和面试、研究小的课题等。政府还成立了职业资格考试委员会，委员会的委员由教师代表、农场主和工人代表等组成，负责监督和检查工作，防止认证机构滥发资格证书。[84]

加拿大绿色证书考试分为两种类型，一类是评估考试，另一类是证书资格考试，和我国的职业资格类似。评估考试是在培训过程中由负责培训的教师根据培训的内容对学员进行的考核，一般在农场进行考核，主要是针对学员的农业基本知识、基本技能等进行测试，以实际操作为主，主要考查学员的动手操作能力以及解决实际问题的能力；而资格考试由政府有关部门负责，考官由教学和实践经验丰富的培训教师或农场主担任。加拿大的资格考试分成两部分，一部分是口试，通过口头回答的方式回答考官提出的问题，另一部分是实际动手操作考试，和我国的职业资格证书考试相同，考官提前拟定动手操作的题目，由考生现场操作，考官根据考生操作的正确与否以及规范程度进行评价打分。考试在政府绿色证书管理部门指定的考试中心进行。[85]

第三节　我国新型职业农民认证与管理

一、新型职业农民认证的原则

（一）科学合理合法的原则

新型职业农民认证事关党中央关于大力培育新型职业农民的决策部署能否得到有效的贯彻和落实，是做好新型职业农民培育工作的关键环节，通过认证把符合条件的农民选拔出来，选择什么样的农民、经过哪些培育过程，能把一个普通的农民培育成新型职业农民，这是一件非常复杂的事情，而不是简单的制定一个标准，把符合标准的人就可认定为新型职业农民。新型职业农民的认定标准和程序等首先要科学，要经过认真地研究，既不能把标准制定的太高，也不能制定的太低，太高了农民达不到，太低了达到的人过多，失去了新型职业农民的吸引力，要恰到好处。新型职业农民认定标准和程序要合理，要符合客观实际情况，要尊重客观规律，要做到以人为本，不要把事情搞得太复杂，要把复杂的事情简单化，要做到原则性和灵活性相结合。同时要遵守合法的原则，我国是法治国家，做任何事情都要以法律为准绳，不能和法律相抵触。

（二）公平公正公开的原则

任何事情能否做好，能否让群众满意，坚持公平、公正、公开的原则必不可少，这也是我党一贯遵循的一项基本原则。公平就是人人平等，只要符合新型职业农民认证的标准，都有资格申报，而不能受到任何歧视或不公正的待遇。要坚持公正原则，标准制定出来了，执行标准的时候要一视同仁。绝对不能因人而异，对有的人按标准要求，有的不按标准要求，简单地说是有规则不遵守，人大于法，人大于规定，按个别人的意志办事，没有把党纪国法及规章制度放在心上。坚持公开的原则就是自觉接受群众的监督，公开不仅是结果的公开，程序和过程公开也很重要，往往有人认为结果公布就是公开，其实不然，只有过程透明，才能更好地接受群众的监督。

（三）逐级认证原则

当前按照国家有关规定，新型职业农民认证工作由县及政府制定标准，由县级政府进行认证，新型职业农民分为高级、中级和初级 3 个等级。笔者认为，只分这 3 级远远不够，还应该有更高级的新型职业农民，比如可以根据我国的行政区划分类，通过国家认定的为国家新型职业农民，由省级政府认定的为省级新型职业农民，由市级政府认定的为市级新型职业农民，由县级政府认定的为县级新型职业农民，以调动不同新型职业农民的积极性。因此，在新型职业农民认证时应坚持逐级认证的原则，低一级认证之后经过一年的年限，经考核合格如符合高一级条件的可以继续认证高一级职业农民。这样可以激励新型职业农民不断学习、不断发展壮大、不断提高自身素质。

（四）进出自由的原则

新型职业农民作为一个职业，达到认证标准的，通过培训考核就可以成为一名新型职业农民，而被认定为新型职业农民的如果不想再继续做这件事情的，也可以随时退出，确保职业流动的自由性。建立什么样的退出机制非常重要，因为目前新型职业农民都能享受到国家的优惠政策，有的能够享受到政府专项资金的资助，对于享受专项资金资助的新型职业农民的退出要有一定的限制性规定，但并不是说退出不自由，而是通过限制性的规定，防止国家资金流失，让国家有限的资金支持更多的想在新型职业农民这个岗位做出成绩的人，更好的激励更多的新型职业农民发展、进步和壮大，成为乡村振兴的有效载体，为新农村发展贡献力量。

二、新型职业农民分级认证

根据我国的国情和当前的实际情况，新型职业农民分级在原有的基础上进一步分层，根据我国的行政区划来分级，主要分县级新型职业农民、市级新型职业农民、省级新型职业农民和国家级新型职业农民共 4 个层级，每个层级再分若干个等级。

县级：县级新型职业农民由县级政府负责制定标准，由县级政府负责认证、培训、考核和验收，县级新型职业农民可以进一步分为高级、中级和初级 3 个等级，第一次认证的新型职业农民为初级，经过一定时期的培育、考核合格后，可以晋升为中级，中级经过一定时期考核合格后再晋升为高级。有效范围为本县。

市级：市级新型职业农民认证由市级人民政府负责制定标准，由市级人民政府负责认证、培训、考核和验收。市级新型职业农民可以进一步分为两个等级，中级和高级。县级中级和高级新型职业农民经过考核合格后，如果符合市级新型职业农民认证标准的可以申请认证市级新型职业农民，初次认证为市级新型职业农民的为中级，经过一定时期培育，经考核合格后可以直接晋升为高级。有效范围为本市。

省级：省级新型职业农民认证由省级人民政府负责制定标准，由省级人民政府负责认证、培训、考核和验收。省级新型职业农民和市级的一样可以进一步分为 2 个等级，中级和高级。市级中级和高级新型职业农民经过考核合格后，如果符合省级新型职业农民认证标准的可以申请认证省级新型职业农民，初次认证为省级新型职业农民的为中级，经过一定时间的培育，经考核合格后可以直接晋升为高级。由市级晋升为省级新型职业农民实行限额晋升，一般按市级新型职业农民人数的比例限额申报，这样确保了省级新型职业农民的人数不至于过多，同时还能充分发挥实现两级的政府的积极性，大力培育新型职业农民。省级新型职业农民的有效范围为本省。

国家级：国家级新型职业农民是新型职业农民的最高等级，由农业农村部负责制定认证标准、负责组织认证，不设名额限制，由省级的高级新型职业农民自由申报。全国统一认证、统一发放证书，在全国范围内有效。

三、新型职业农民认证标准

（一）年龄标准

有关认定的年龄标准，各地不太一致。如《浦东新区新型职业农民认定管理办法》规定新型职业农民认定年龄在 60 周岁以下，广东省和四川省新型职业农民认定管理办法都规定新型职业农民认定年龄在 18 岁至 60 岁，总体看来，都把新型职业农民认定的年龄上限规定为 60 岁，但有的规定了起始年龄，有的没有规定起始年龄，到底新型职业农民认定年龄为多大合适？从法律的层面来看，首先认定的新型职业农民应该具有完全民事行为能力，我国民法规定凡年满 16 周岁，以自己的劳动收入作为主要生活来源的就具有完全民事行为能力，因此新型职业农民认定的最低年龄不应低于 16 周岁。劳动法对职工退休的年龄进行明确规定，男满 60 周岁女满 55 周岁为法定的退休年龄，新型职业农民认定的年龄上限应该不能高于劳动法规定的法定退休年龄。因此新型职业农民认定的起始年龄为 18 岁，特殊的可以放宽到 16 周岁，认定的最高年男性为 60 岁，女性为 55 岁。

（二）学历标准

新型职业农民认证应该对学历有硬性规定，这样可以激励新型职业农民边工作、边学习、边提高，通过学习提高来提供新型职业农民的从业素质。从各级政府在制定新型职业农民认证标准的时候也都对学历进行规定。如《浦东新区新型职业农民认定管理办法》规定新型职业认定的学历条件为初中及以上文化程度；《四川省新型职业农民认定管理暂行办法》规定“认定为初级新型职业农民应具备初中及以上文化程度，认定为中级的应具备高中或中专以上文化程度，认定为高级的应具备大学或农科大专以上或相当的文化程度”[86]；《广东省农业厅关于新型职业农民（生产经营型）认定管理办法》对认证新型职业农民的年龄没有规定，只在第六条规定“具有高中或中职以上学历的农业从业者申报生产经营型职业农民，条件可适当放宽，由所在县级农业行政主管部门根据实际情况确定。”[87] 我国现行九年义务教育，接受九年义务教育是每个人的义务，也是各级政府的责任，作为新型职业农民接受九年义务教育是其应尽的义务，因此要求新型职业农民的最低文凭应该是获得初中毕业证。根据我国的国情，参考各地的实际做法，新型职业农民认定最好符合如下学历标准：县级新型职业农民要具有初中及以上学历，考虑到部分年龄偏大的农民由于历史原因没能接受到9年义务教育，可以不做学历要求，凡是对其认定的级别应该有所限制，只能认证县级的初级或中级。认证市级新型职业农民具有高中、中专及以上学历，认证省级新型职业农民要有专科及以上学历，认证国家级新型职业农民要有大学本科及以上学历。

（三）培训标准

新型职业农民认证的主要目的是通过认证加强对农民培训，通过培训来提高农民的技术水平、提高农民的管理能力和经营能力，提高农民的体育风险能力，实现培育的目的，因此在认证之前参加必要的培训和考核是认证的必不可少的环节，只有经过政府有部门组织的培训并且通过考核者才有资格认定为新型职业农民。如何培训？培训多长时间？负责培训？前边介绍过本着谁认证谁培训的原则，由认证部门组织培训和考核。培训的内容和培训的时间很重要，关系到认证后的新型职业农民的能力和水平。各地对培训的标准不一，如《浦东新区新型职业农民认定管理办法》规定了“认定前培训和继续教育培训。认定前培训是初次认定为新型职业农民的重要条件。继续教育培训是稳定和提升新型职业农民从业能力并通过证书复审的重要依据。”[88] 《四川省新型职业农民认定管理暂行办法》规定认定高级需要参加新型职业农民培育合格。而《广东省农业厅关于新型职业农民（生产经营型）认定管理办法》对培训没做要求。安徽省五河县、山东省招远市、湖北省武汉市东西湖区等规定中级培训20学时，高级培训40学时。有的学者也提出培训的学时数和认定的级别相关，不同的级别认定的标准不一样，比如胡静[89] 提出中级培训学时在20学时以上，高级培训学时在40学时以上。《陕西新型职业农民认定管理暂行办法》规定初级职业农民培训总学时数原则上不少于600学时，有效学习年限一年；中级900学时，年限二年；高级660学时，年限一年。和其他省相比，陕西的培训要求更高些。具体培训的标准如何确定，应本着一个原则就是认定的级别越高培训的学时应该越长，培训的内容应该越丰富。通过培训提高新型职业农民的素质，达到培育的效果。在此笔者认为县级对初次认定人员培训学时数不应少于40学时，以后每年参加20学时的培训。市级和省级认定培训不少于56学时，以后每年参加不少于20学时的培训。[89]

（四）经营规模

经营规模是各地政府制定认证标准的一个非常重要的指标。《浦东新区新型职业农民认定管理办法》规定“种植粮食类的合作社，年种植面积80亩以上；种植经济作物类合作社，年种植面积20亩以上”[88]。《四川省新型职业农民认定管理暂行办法》规定“要达到四川省家庭农场的生产规模或相当的服务规模”[85]。《宜都市新型职业农民认定管理办法（试行）》第九条对申请者经营规模提出了参考标准，“种植业种植规模在10亩以上，土地集中连片，承包或流转的土地在10年以上；水产养殖业需要承包和流转养殖水面10年以上，标准精养鱼池5亩以上，设施养殖100立方米以上”。《河北省赤城县新型职业农民认定管理办法》规定“生产经营型新型职业农民土地经营规模相当于当地户均承包地面积10~15倍的优先认定”。《宜都市新型职业农民认定管理办法（试行）》规定种植业承包或流转土地10年以上（新流转户可放宽到5年以上），相对集中连片，种植业规模（含花卉苗木）10亩以上。《灵川县新兴职业农民认证管理办法（试行）》对农民的经营规模规定的更详细，如粮食产业需要在本县流转土地10亩或种植水稻面积10亩以上，水果产业、蔬菜产业也需在本县流转土地10亩以上，水产养殖业要达到面积5亩以上，对于生猪、肉牛、家禽等都有具体的数量要求。对于不同级别的新型职业农民的经营规模的要求应该有所区别，对于县级的初级新型职业农民要求要低些，到市级及以上的新型职业农民的经营规模应该高些，便于培育大型的经营主体，以便实现机械化操作，逐渐实现农业的现代。

至于各地的经营规模指标设定为多少合适，应该主要根据当地的实际情况合理制定，既不能把经营规模定高，也不能把规模定得太低，太高了农民够不到，成了空中楼阁，定得太低导致认定的门槛过低，不利于新型职业农民的培育，不以利大型新型农业经营主体的培育。

（五）能力标准

能力的评价非常不容易，能力标准的设定更难。一个人的能力反映在多个方面，但是对认定新型职业农民能力的要求也是必不可少，国家通过新型职业农民的认证工作，最终是选拔出新型职业农民，经过逐年培育，将其培养成为高素质的职业农民，承担起乡村振兴的重要任务，为我国农业快速高质量发展做贡献。因此对认证的农民的能力要求也是非常重要的，把那些有能力又想在农业上大干一番事业农民认定为新型职业农民，提高新型职业队伍的整体素质。各地政府在出台认定办法时对能力评价的指标都是相同，如四川用人均收入来衡量，《四川省新型职业农民认定管理暂行办法》规定初级家庭人均可支配收入达到所在县（市、区）城镇居民人均可支配收入水平，中级家庭人均可支配收入达到所在县（市、区）城镇居民人均可支配收入的 1.5 倍，高级家庭人均可支配收入达到所在县（市、区）城镇居民人均可支配收入的 2 倍；《广东省农业厅关于新型职业农民（生产经营型）认定管理办法》规定“农业经营规模达到所在县（市、区）同行业、同类型、同产品平均水平的 3 倍以上。或近 3 年年均纯收入达到所在县（市、区）农民人均纯收入的 3 倍以上”[87]；《陕西省新型职业农民认定管理暂行办法》规定“收入主要来源于农业，初级职业农民收入应达到当地农民人均收入的 5~10 倍，中级达到 10~20 倍，高级达到 20 倍以上”，显然这个条件要求的有点高，如果严格按照这个标准认定，可能满足条件的人不会太多。而宜都规定家庭主要收入来自农业，收入水平明显高于当地一般农户。湖北省宜都市的规定较为宽泛。广西壮族自治区灵川县规定初级新型职业农民收入达到所在乡镇人均纯收入的 3~5 倍，中级达到 6~10 倍，高级达到 10 倍以上。经济收入是对能力的一个最好的检测，他是一个人技术水平、经营能力、管理能力、市场判断能力等多方面能力的综合评判，制定经济收入与的标准应该科学合理，再有个问题是如何对经济收入进行认证？这是个值得深入思考的问题。

（六）辐射带动效果

国家培育新型职业农民的目的一方面是培育一些高素质的农民以适应现代农业的发展，另一方面想通过新型职业农民的辐射，带动让全国更多的农民。很多地方的新型职业农民认定管理办法都对其他农户的辐射带动提出了具体要求。如安徽省五河县规定，初级新型职业农民应对周边农民有积极的影响和带动作用，中级新型职业农民则必须能够带动 10 个农户，高级新型职业农民需要带动 20 个农户。陕西省实行量化加分制度，对于带动 2 个以上农民就业或发家致富的评价为 3 分。河北省赤城县和山东省莒南县对高级型职业农民提出要求，认定为高级新型职业农民的需要带动 20 个以上农户从事相关产业，自身收益在上年的基础上增长 20%以上，带动农户效益显著增加。至于是否需要具有辐射和带动作用，回答的肯定的，但是在其没有正式认定为新型职业农民前可对其辐射带动和示范作用不做明确的要求，但是，认定为新型职业农民以后，对其考核时指标中必须明确规定带动的农户数量，且不同级别的新型职业农民要求应不一致。

（七）从事农业年限指标

从事农业时间在一定程度上代表着其对农业的热爱及农业技术的掌握情况，但也不尽然。对于从业年限的规定，各地的政策大不相同，有的地方有要求，有的地方没有。如《四川省新型职业农民认定管理暂行办法》规定“认定初级新型职业农民应在农业产业领域连续从业 5 年以上，大专以上学历可放宽至 3 年；认定中级新型职业农民应在农业产业领域连续从业 7 年以上或在认定为初级职业农民后连续从业 2 年以上，大专以上学历可放宽至 5 年；认定高级新型职业农民应在农业产业领域连续从业 9 年以上，或在认定为中级职业农民后连续从业 2 年以上，大专以上学历可放宽至 7 年”[86]。湖北省武汉市东西湖区对新型职业农民认定标准也对从业时间做了详细的规定，而且要求认定不同类型新型职业农民从事农业的时间要求不一样，认定生产经营型新型职业农民从事农业的时间需要达到 3 年以上，认定专业技能型新型职业农民从事农业的时间需要达到 4 年以上，认定社会服务型新型职业农民从业时间需要达到 5 年以上。河北省献县还规定新型职业农民每年从事农业生产经营的时间（从业时间）必须达到全年总时间的 80%以上。对于新型职业农民从业时间进行限制，可以有效地防止一些为了享受国家给予新型职业农民的优惠政策投机性的参与认证人员，但也存在一定的问题出，就是大学毕业生、转业军人及返乡创业的农民工等人员，在他们毕业、转业及返乡前都没有从业，是不是按规定也需要他们先从事几年农业后在认证为新型职业农民呢？如果是这样，肯定会影响这些人员成为新型职业农民的积极性，未来中国的农业的发展还需要这些人的努力，因此对新型职业农民认证标准中从业年限的规定是否科学合理，还有待进一步的研究。各地可以对从事农业的时间进行限定，防止投机现象发生。但地方政府应该做深入的调查，对于特殊的人群，即使没有从事农业的背景，也应该允许其认证为新型职业农民，可以采用开设绿色通道的方式，比如大学毕生到农村流转了部分土地或从事技术服务等，符合其他条件就可以通过绿色通道直接认定为新型职业农民。

（八）其他标准

不同类的新型职业农民的认定标准应该有一定的差别。专业技能农业农民应该侧重在技术，所以从技术上再做些更高的要求，而社会服务型新型职业农民视其服务的方式，可以做些具体的规定。专业技能型和社会服务型职业农民，可以依据从业者获得的农业职业资格证书等级和经营业绩作为评定依据和标准。人力资源和社会保障部公布国家职业资格目录（2019 版）规定专业技术人员职业资格为 58 项，其中准入类 35 项，水平评价类 23 项。兽医资格包括执业兽医和乡村兽医为准入类。技能人员职业资格共 81 项，其中准入类 5 项，水平评价类 76 项。家畜繁殖员为准入类，动植物疫病防治人员（农作物植保员、动物疫病防治员、动物检疫检验员、水生物病害防治员、林业有害生物防治员）、农业生产服务人员（农机修理工、沼气工、农业技术员）、农产品食品检验员为水平评价类。这些资格证书可以作为一些新型职业农民认证的标准。

四、认证机构

设立新型职业农民认证的专门机构是对科学的认证新型职业农民具有十分重要的作用，各地文件都有明确的规定。四川规定：“各级新型职业农民认定指导委员会负责同级新型职业农民认定工作。认定指导委员会由农业农村行政主管部门牵头，教育、财政、人社等部门组成，组织认定专家库成员开展第三方认定工作，评估培育认定情况。认定专家库成员由相关产业领域的专家和一定比例的新型职业农民代表组成，确保认定工作客观公正”[86]。广东省规定生产经营型职业农民由县级农业行政主管部门负责认定。陕西省规定职业农民认定实行评审制，由职业农民认定委员会评审。河北省赤城县由新型职业农民培育领导小组负责认定。山东省莒南县由新型职业农民评审委员会负责评定，最终由县新型职业农民培育认定工作领导小组进行审核确定。湖北省宜都市由市“新职农办”负责组织业内专家按照认定标准，经过材料审核、现场答辩或实地考察等认定，认定出初步人选公示无异议后由市政府批准。灵川县新型职业农民认定机构为县新型职业农民培育工作领导小组，但是不同级别的新型职业农民认定有所区别，初级新型职业农民直接由县新型职业农民培育工作领导小组认定，但是中级的需要上报到市级新型职业农民培育工作领导小组办公室核定，高级的由市级复核，还需报自治区新型职业农民培育工作领导小组办公室核定，也就是说县级负责初级认定，市级负责中级认定，自治区负责高级认定。新型职业农民的认证机构既可以由政府组建成立，也可以委托第三方进行。但是，无论是政府成立的机构还是第三方成立的认证机构，必须经过上级有关机关的培训和考核，经培训考核合格后才能上岗。

五、新型职业农民认证程序

前边阐述新型职业农民的认定标准犹如我国法律的实体法，是告诉大家达到什么标准有资格参加新型职业农民认定，认定程序犹如我国法律的程序法，是解决怎么认定的问题，实体法再完善，如果认定的程序不规范、不合理，认定的结果也难以保证公平公正，因此新型职业农民认证程序在新型职业农民认证过程中同认证标准一样重要。

（一）报名

新型职业农民认证本着自愿的原则，政府不强迫农民参加认证，相反，各地政府都出台了许多优惠政策来吸引农民参加认证。因此在新型职业农民认证报名前应该开展宣传动员工作，通过宣传把国家有关新型职业农民政策以及当地政府对新型职业农民扶持政策向农民讲清楚，让农民认识到通过认证会对给你带来许多机会和优惠，来调动农民参加认证的积极性。现实上一些农村会出涉及农民切身利益的事情村干部不宣传，有的甚至采取保密的办法缩小知情人范围，来保少数人的利益，这是违规的，因此报名前的宣传动员环节是必不可少的，应列入对基层组织考核评价的一个重要指标。

需要提交的报名材料各地的要求不一致。广东规定需要提交："生产经营型职业农民认定信息采集表、本人身份证明（身份证复印件）、科学文化素质证明、技能证明（学历证书、技能证书、近3年获得的教育培训证书等）、生产经营水平、规模及收入的证明（土地承包经营权证书、租赁合同等）、其他有关证明材料。"[87] 河北省赤城县规定需要提交如下材料：《新型职业农民资格认定申请表》、身份证、新型职业农民教育培训合格证书、专业技术职称证书、获奖证书（复印件）等、土地承包经营权、土地流转合同、土地流转交易鉴证书（复印件）等、生产经营状况、包括经营规模、场所、内容和收入材料等、其他需要出具的证明材料。湖北省宜都市要求提交以下材料：新型职业农民认定申请表；申请人身份证、户口本复印件；教育培训合格证书、毕业证书、农业职业资格证书、农业工种职业技能鉴定证书、农业专业技术任职资格证书；土地（水面）承包经营权、土地流转合同或土地流转交易证书；生产经营规模、生产经营状况、生产发展规划证明；其他需要出具的证明材料。具体提交材料要根据地的标准来确定，本着精减的要求，这样农民准备方便，审核的时候容易，但是，关键的材料必须要提交。

（二）审核

本着逐级审核的原则，确保材料的真实性。村委会审核最重要，材料的真实与否，一般村委会都十分清楚，应该给村委会提出更高的要求，防止村委会从中作假，到乡镇一级审核其实就是一个复核的过程，给乡镇提出要求，要求按一定的比例到实地进行复核，这样能够确保申请材料的真实性。广东省规定生产经营型职业农民认定申请材料由申请人所在村委会核实推荐；浦东新区规定经基地所在村委会、镇农业部门核实推荐；四川规定向主要从业所在乡镇（街道）申报，由乡镇（街道）核实；山东省莒南县做法有些特殊，由乡镇人民政府县摸底，通知符合条件的经营业主提出申请，由乡镇负责审核。为确保公平公正公开，在审核环节应对申请者的材料进行公示，接受群众的监督。

（三）认定

认定是一个重要环节，各地文件都规定了认定部门，到具体的有哪些人员来做这项工作没有明确的规定，是有政府的工作人员来做还是邀请专家来做，有的地方是由政府的工作人员来完成，有的地方是有专家来完成。究竟哪些来做这项工作呢？笔者认为关键是看认定实行的是那种机制，如果采用的是竞争机制，由淘汰比例的，最好成立认定专家委员会来完成这项工作，委员会人员构成可以包括已认定的新型职业农民、技术专家、政府有关工作人员等。如果没有比例要求，只要符合条件的就能认定为新型职业农民，由相关管理部门直接来完成也可，由于管理部门对申请人员的情况都比较了解，认定起来更方便。如四川省要求由县（市、区）农业农村行政主管部门组织有关人员按照认定条件认定，也就说要组成一个认定专家组；浦东新区由区农委职能部门认定；陕西省规定由专家评审，领导小组确认；山东省莒南县由县新型职业农民认定评审委员会评审，县新型职业农民培育认定工作领导小组对评审委员会评审结果进行审核，确定人选。这里需要说明的是，不论是政府有关部门还是专家评审委员会在评审是应该从中抽出一定比例的人员进行现场考核，也是对材料的真实性的又一次检验，确保评定的科学合理、公平公正，防止弄虚作假。

（四）证书颁发

新型职业农民的认定结果要在适当的场合进行公示，比如地方报纸、电视台或者村务公开栏等，确保农民对认证结果的知情权，经过一定时期的公示如果没有异议，由政府颁发新型职业农民证书。获得新型职业农民证书的人员，可以享受当地政府的各项优惠政策。证书应该详细记载新型职业农民的基本信息、新型职业农民类型及级别及有效期等，每个证书都应该有相应的二维码，通过扫码能够确认证书的真伪，这样新型职业农民在办理业务需要其身份信息享受优惠政策时只要提交证书就能直接办理，也防止用假证书骗取国家优惠政策。

六、新型职业农民的动态管理

对新型职业农民的培育从培训开始到认证，把一名普通的农民认定为新型职业农民，加强对新型职业农民的管理尤为重要。对新型职业农民的管理要实行动态管理的原则，对于优秀的符合更高级新型职业农民认定条件的要及时认定为高一级的新型职业农民，对于在资格有效期间内考核不合格的新型职业农民应该提出警示，政府有关管理部门及时提出整改要求，令其限期整改，整改期间政府有关部门应针对新型职业农民存在的问题及时帮助解决，在整改期满后经有关部门考核仍不符合相应等级的新型职业农民标准的，要下调新型职业农民等级到与其实际情况相符合的等级，甚至取消其新型职业农民资格。建立新型职业农民退出机制，对新型职业农民实行动态管理。

新型职业农民管理部门要建立科学合理的新型职业农民考核标准体系，定期对新型职业农民进行考核，通过考核不断查找新型职业农民在从业过程中存在的问题并协助其解决，进一步明确新型职业农民今后努力方向，可以遴选出典型的新型职业农民起到示范作用，激发其他新型职业农民发展的动力。通过年度考核合格的新型职业农民以享受到地方政府针对新型职业农民出台的各种扶持政策，考核为优秀的新型职业农民享受更优惠的扶持政策；年检不合格者给 1~2 次整改的机会，比如可参加翌年的考核年检，合格者恢复享受各种有关新型职业农民的优惠政策，不合格者暂停享受各种优惠政策。连续两年不合格者撤销职业农民资格。

建立新型职业农民退出机制。通过培训考核合格，经过认证获得新型职业农民资格后，如果新型职业农民在从业过程中有违反国家有关规定或者触犯国家的法律受到刑罚处罚的，不接受新型职业农民管理部门管理，不按新型职业农民管理部门的要求参加有关的培训学习的，或因其他原因不宜继续作为新型职业农民的，经相应级别的新型职业农民管理部门研究，可取消其新型职业农民资格，不再享受国家及地方政府针对新型职业农民提供的各种优惠和扶持政策，将其从新型职业农民管理体系的除名，收回《新型职业农民资格证书》。退出的新型职业农民经过一定的时间，按照新型职业农民认定管理办法可以重新认定为新型职业农民，有关间隔时间可以综合考虑其退出新型职业农民队伍的具体原因，实行分类控制，避免频繁的退出和认定。

第八章　新型职业农民培育机制

新型职业农民培育是一项系统工程，是乡村振兴战略的重要载体，是我国能否实现农业现代化的重要举措，新型职业农民培育工作得到了政府的高度重视，当前取得了许多可喜的成效，工作中探索出许多有效的培育模式，理论上取得了丰硕的研究成果，实践上培育出许多典型的新型职业农民，如何借鉴已有的成功经验，将新型职业农民培育工作再上新台阶，达到理想的培育效果，建立有效的培育机制势在必行。如何才能确保新型职业农民培育工作取得显著成效，提高新型职业农民这个新型职业的吸引力，除在新型职业农民培育过程中，确保管理到位、培训到位、认证到位外，也应该从法律制度层面、政策扶持方面和培育质量保障方面下功夫，建立起一整套完善的新型职业农民培育机制，才能提高新型职业农民投身农业的积极性，降低农业生产的风险，加大对农业生产的投入，使培育工作取得实效和长效。

第一节　新型职业农民培育保障机制

一、新型职业农民培育法律保障

世界发达国家职业农民培育都制定了较为完备的法律，为职业农民培育提供法律保障。美国制定了《莫雷尔法案》《哈奇法》《史密斯—休斯法案》《职业教育法》，韩国制定了《农村振兴法》《农渔民后继者育成基金法》《环境友好型农业促进法案》《农业、农村基本法》，澳大利亚制定了《国家培训保障法》《澳大利亚技术学院法》《职业教育与培训经费法》《澳大利亚职业教育与培训法》，英国制定了《农业培训局法》《技术教育法》，法国制定了《农业教育指导法案》，德国制定了《职业教育法》，日本制定了《农学校通则》《农业改良助长法》《农业基本法》，俄罗斯制定了《联邦农业发展法》《消费合作社法》《生产合作社法》《2000—2010年农业食品政策基本方针》《教育法》《联邦教育发展纲要》《农业保险法》。各项法律的制定和实施，对职业农民培育奠定了基础。

二、新型职业农民培育制度保障

新型职业农民培育工作不是一朝一夕的事情，在国家立法把新型职业农民培育上升到国家法律层面的基础上，还应该在制度层面将法律原则性的规定进一步细化。自2012年国家开始实施新型职业农民培育政策以来，由于刚刚起步，虽然有一些较为发达国家的先进经验可以借鉴，但是由于我国国情的特殊性，不可能完全照搬其他国家的先进经验。经过几年的实践，由最初在100个县进行示范，到在300个县进行示范，到在全国的大面积推广，积累了许多宝贵的经验。国务院、农业农村部及各地方政府都分别出台相关政策，如2012年农业部办公厅印发了《新型职业农民培育试点工作方案》（农科办〔2012〕56号）、2013年5月农业部办公厅印发了《关于新型职业农民培育试点工作的指导意见》（农科办〔2013〕36号）、2013年7月农业部印发了《关于加强农业广播电视学校建设加快构建新型职业农民教育培训体系的意见》（农科教法〔2013〕7号）、2014年8月农业部办公厅、财政部办公厅印发了《关于做好2014年农民培训工作的通知》（农办财〔2014〕66号）、2015年3月农业部科技教育司印发了《关于做好2015年新型职业农民培育工作的通知》（农科（教育）〔2015〕第68号）、2016年5月，《农业部办公厅、财政部办公厅关于做好2016年新型职业农民培育工作的通知》（农办财〔2016〕38号）、2017年1月农业部关于印发《"十三五"全国新型职业农民培育发展规划》（农科教发〔2017〕2号）、2018年6月《农业农村部办公厅关于做好2018年新型职业农民培育工作的通知》（农科办〔2018〕17号）等，针对农业农村部下发的有关新型职业农民培育的通知精神，省、市县等各地方政府也都下发了相关通知，纵观农业农村部历年的通知，我们不难看出，国家正将新型职业农民培育工作不断推进。新型职业农民是一个系统工程，在初期每年结合前几年的工作经验提出新的办法，是符合当时的客观实际情况的，但是，如果长久下去每年都靠发通知的方式来决定当年的新型职业农民培育工作，显然是政策的连续性不强，不利于新型职业农民培育工作的有效开展。因此，国家有关部门应该依据新型职业农民培育法，制定详细的新型职业农民培育办法，确保政策的连续性，由以前的每年以下发通知布置工作的方式变为各地方政府的固定工作，这样更有利于新型职业农民培训，能保证政策的连续性。

三、新型职业农民培育经费保障

新型职业农民培育工作需要大量的经费投入。一些职业农民培育较好的国家，政府每年财政预算中都留有农民教育培训经费，为农民教育提供较为充足的经费支持。如英国政府为农民教育培训提供70%的经费，美国财政预算600亿美元作为农民教育培训经费，德国国家教育投资的15.3%作为农民教育培训经费。同时各国都非常重视从其他渠道筹措农民教育培训经费，如法国政府通过农业补助方式，拨专款支持农业技术研究与推广，同时对农业教育大量投资；德国农民在参加培训免交杂费并获得伙食补贴等。我国自2012年开始实施新型职业农民培育政策以来，每年都投入了大量的经费确保培育工作的顺利进行，但是由于我国农业人口众多，所拨经费平均到每位农民身上极少，即使是按国家的计划来培育，均到每位新型职业农民身上同发达国家相比也差得非常多，因此政府每年的财政预算应该按一定的比例为新型职业农民培育留足资金，只有有了资金做保障，新型职业农民培育工作才能落到时效，才能保障新型职业农民的培育质量。

加大新型职业农民教育培训经费投入的力度，培训经费列入财政预算，每年以一定的比例递增，政府承担起主要投入责任。但是当前农民教育培训投入标准不明确，投入比例小，培育经费严重不足，致使培育规模非常小，如山西省2015—2020年共培育60万人，每年培养数量占农业人口的比例为0.56%；安徽省2014—2020年共培育20万人，平均每年培养数量占安徽省农业人口的0.10%；湖南省2014—2020年培育新型职业农民30万人，平均每年培育数量占湖南省农业人口的0.14%；云南省2014—2020年培育30万人；平均每年培育数量占云南省农业人口总数的0.17%；陕西省2013—2020年培育20万人，平均每年培育新型职业农民数量占农业人口总数的 0. 15%；江苏省 2015—2020 年培育 20 万人，平均每年培育新型职业农民数量占农业人口总数的 0. 11%；四川省 2015—2020 年培育 30 万人，平均每年培育新型职业农民数量占农业人口的 0. 12%；河南省 2016—2020 年培育新型职业农民 100 万人，平均每年培育新型职业农民数量占农业人口总数的 0. 36%。总体上看各省培育新型职业农民的比例都非常低，平均每 1 000 个农业人口中只有 1 个人能够得到培育，最多的山西省不到 6 个人，其次是河南省 3. 6 个人。如果按现在的培训规模，提高一倍的培训量，每 1 000 个人只能有 2 个人参加培训，如果要达到 1%的培训比例，将是现在培训规模的 10 倍，从经费上要增加 10 倍的投入，何况从目前的培训上看明显的感觉经费投入不足。培训规模小、补贴标准低、基础设施落后、培训质量不高是现状。

在新型职业农民培育过程中，政府不仅要加大培育经费的投入力度，同时还应积极拓宽新型职业农民培育经费来源渠道。逐步建立起由政府引导，学校、企业、个人共同参与的多元化的立体的新型职业农民经费投入体系。首先政府在财政预算中应设立新型职业农民培育专项资金，增加在农业方面的各项投资，提高农业补贴的标准和范围，提高农业生产优惠贷款的额度，延长还款时间，必要时由国家承担农业贷款的利息，或由国家和新型职业农民个人共同承担农业贷款的利息，减轻新型职业农民的负担，加大对新型职业农民培育的财政投入。其次要加大新型职业农民在创业过程中的信贷支持力度，政府可以为新型职业农民创业提供一定数额的补贴，或者出台相关政策支持新型职业农民贷款的需求，保证创业的新型职业农民能够获得较低利息的贷款，可以通过减免税收或给予购置大型农用设备资助等方式支持创业的新型职业农民。最后积极拓宽创业融资渠道，除通过立法等方式要求金融机构给予新型职业农民提供创业信贷支持，设立新型职业农民创业基金以外，还应当鼓励各种企业及有关行业参与新型职业农民创业项目，同时倡导新型职业农民发挥主体动性，主动寻找和吸引行业企业给予其资金支持。

第二节　新型职业农民培育激励机制

新型职业农民培育工作是一项长期的、系统的工程，是推进农业现代化建设的一项带有长期性、艰巨性和基础性的战略性任务，政府在强化立法、加强制度建设、增加经费投入等为新型职业农民培育提供法律、制度和经费保障的基础上，还应建立起科学的激励机制，调动新型职业农民参与培育的积极性。

一、新型职业农民培育扶持性政策

新型职业农民将是我国社会主义新农村建设的主要力量，培育大批高素质的稳定的新型职业农民首先国家要建立起对新型职业农民扶持性培育政策，通过建立健全扶持性政策，帮助那些愿意成为新型职业农民的人尤其是涉农院校毕业生、部队转业人员以及农民工返乡创业人员能够真正留下来长期从事农业。建立新型职业农民扶持政策必须坚持提高新型职业农民技能与提高新型职业农民的综合素质相结合，坚持对新型职业农民的培养与当地产业发展相结合，坚持人才培养与产业扶持、技术扶持、金融保险扶持等政策体系配套组合相结合。

（一）建立土地流转扶持政策

对于生产经营型新型职业农民，土地是其根本，没有土地无法实现大规模的生产经营活动，从目前认证的新型职业农民来看，基本上把具有一定的生产经营规模的承包大户、合作社、家庭农场以及农业公司等负责人认定为新型职业农民，但是这些人占农村人口的比例极少，大量的农民还处于零散经营状态，经营分得的几亩责任田，中国农业发展，必须在不改变土地性质的前提下对农民承包的土地进行合理的流转，通过培训等培育出更多的高素质的新型职业农民。2012年农业部《新型职业农民培育试点方案》提出要加强政策引导，要求试点县对认定的新型职业农民对土地流转等方面给予扶持。2013 年农业部办公厅《关于新型职业农民培育试点工作的指导意见》提出要加强包括土地流转等扶持政策研究。《山西省新型职业农民培育规划纲要》（2015—2020 年）从技术、产业发展、基础设施、金融保险等方面提出了扶持政策，提出引导农村土地承包经营权向新型职业农民流转。安徽省提出“对新型职业农民发展产业确需使用非农建设用地的，应在符合土地利用总体规划和集约节约用地的前提下，纳入所在市、县年度用地计划并依法给予保障”。云南提出在土地流转等方面优先支持新型职业农民。福建漳平市对新增土地流转按每亩20元给予补助（封顶 1 000元），江西新干县按流转土地面积和不同产业补助标准给予财政资金奖励。总之从国家层面到地方各级政府针对土地流转问题或多或少都有所描述，有的规定得详细些，有的就是一带而过，有的地方是借用以往的土地流转政策，各地都没有针对新型职业农民培育的实际情况针对新型职业农民土地流转问题提出具体的实施方案，可操作性不强，表面上是重视农民的土地流转，实际上还是需要靠农民自己来流转土地。土地问题是制约新型职业农民培育的瓶颈，政府应该在尊重农民意愿的前提下，本着自愿的原则，通过建立土地流转补助机制等，扶持农民进行土地流转，将对新型职业农民的扶持政策迁移，加大对农民的培育力度，使更多的农民尽快成长为新型职业农民。

（二）建立科技扶持政策

科学技术是第一生产力。农民有了自己经营管理的土地，如何创造出较高的经济价值，必须要有先进的科学技术作为支撑。从国家到地方针对新型职业农民培育问题出台的各级各类文件中都非常重视对新型职业农民的培训，将经过一定时期的培训并通过考核作为新型职业农民认定的条件之一，这是新型职业农民入门的一个基础条件之一，对提高新型职业农民的素质具有十分重要的意义，但是培训的内容和新型职业农民所从事的产业仍有一定的差距，新型职业农民生产实践中会遇到各种各样的问题，简单的几十学时的培训远远不能解决，要提高新型职业农民的市场竞争力，建立科技扶持政策具有十分重要的意义，但是各省市县有关新型职业农民扶持政策中有关科技扶持政策性规定并不多。山西省提出了技术服务扶持政策，鼓励专家团队对新型职业农民实行技术帮扶指导。安徽省规定每名认定的新型职业农民有 1 名农技人员联系服务 3 年以上，建立科技服务业小分队、专家技术指导组、科技特派员等为新型职业农民进行技术指导。江西新干县提出为新型职业农民提供农业技术服务，实行“一对一”对口帮扶。建立科技扶持政策不能停留在口号上，要有详细的举措，要明确扶持目标，确定扶持对象、建立扶持专家库、细化扶持内容、建立扶持专家补贴、奖励和考核机制等，作为新型职业农民的配套措施，要有制度做保障，要有专门的机构来完成，确定制度落到实处。

（三）建立社保信贷等资金扶持政策

土地是根本，技术是保障，资金是决定因素。一个企业如果资金链断裂面临破产的危险，作为新型职业农民，同样需要大量的资金作为支撑，包括流转土地、生产资料的投入、人工费用的支出等。据笔者在河北省秦皇岛、承德两个市调查，流转土地每亩需要800~1 200元，人工费每天每人需要80~150元，生产资料的投入由于所从事的产业不同，差异性非常大。比如生姜种植，每亩地购买姜种、肥料、农药、地膜需要 8 000 元；中药材苍术种植每亩购买苍术需要5 000元。生姜当年收获，当前能够盈利，而苍术需要4~5年收获，成本收回较慢。生姜和中药材等都是秦皇岛和承德等地市经济效益较好的产业，按2020年生姜3元左右的价格，正常栽培每亩能盈利2万~3万元，其他年份的价格在2元左右，每亩盈利也在1.2万~2万元，而随着中草药在“非典”和新冠肺炎治疗中重要价值的发展，苍术的价格2020年每千克达到140元，平均每亩苍术每年的售价在1万~1.5万元。因此农民种植生姜和苍术的积极性特别高。但由于其前期投入大，尤其是苍术的收益较慢，许多想从事生姜和北苍术种植的农民都由于资金等原因望而却步，因此政府应加大对新型职业农民社保信贷等方面的资金扶持。山西省2015—2020年新型职业农民培育纲要要求加强金融保险扶持政策，提高信贷额度，降低信贷利率，简化信贷手续，积极开展生产经营权及生产资料等抵押贷款，同时要求加大财政投入力度，扩大培训规模，提高补助标准等。湖南省和云南省提出鼓励金融机构创新金融产品，加大对新型职业农民的信贷支持，发放小额贷款。南陵县对金融信贷等支持规定较为详细，从担保贷款、担保服务、税费优惠、农业保险等方面都做了具体的规定。

建立有效合理的社保信贷支持政策，对解决农民的资金难问题具有非常重要的意义，各级政府应根据本地的实际情况，将政策落到实处，避免出现以文件落实文件，最后到基层根本无法实现，要细化各项规定，可操作性强，让农民想贷就能贷，避免出现政策上可以贷，但是事实上又贷不了，成为空中楼阁，可望而不可即。同时国家应该实行对新型职业农民贷款财政补贴政策，制定详细的补贴标准，降低农民由于贷款支付利息而加重其生产经营成本，出现想贷却不贷的现象。同时应该加强对贷款监管，防止有人以从事农业生产经营为由套取贴息贷款，确保将优先的资金用于补助真正想从事农业上产的农民，发挥其最大的效益。

（四）建立产业发展扶持政策

产业发展扶持政策是保障新型职业农民生产经营的产业得到进一步提升的基础。新型职业农民只有打破传统的生产经营理念，适应现代农业发展需要，对自己经营的专业不断转型升级，才能在市场上立于不败之地。无公害食品、绿色食品、有机食品越来越得到人们的重视，打造无公害食品、绿色食品及有机食品的品牌并注册商品是未来新型职业农民的发展方向。政府如何针对无公害食品、绿色食品及有机食品品牌建设问题进行政策性的扶持，对未来新型职业农民的发展具有非常重要的作用，是在土地流转、技术服务、社保信贷资金扶持的技术上的提升，土地流转支持、技术服务支持以及社保信贷资金支持是对新型职业农民较低层次的扶持，而对新型职业农民产业发展扶持是较高层次的支持，是在低层次扶持的基础上的进一步提升。但是新型职业农民产业发展扶持政策，各地方政府重视程度相对较低，应引起高度重视。山西省应该是做得较好的，从宏观上提出了支持新型职业农民开展无公害产品认证、绿色食品认证、有机食品认证及商标注册，打造特色品牌，但并没有明确说明如何支持。而河北巨鹿县、安徽南陵县、江西新干县等都以奖励的方式进行补贴，并且都详细地制定了奖励标准。

各地市对产业补贴或奖励的标准都是建立在微观的层面上，即新型职业农民注册了无公害食品、绿色食品或有机食品商标等一次性给予奖励，这都是针对新型职业农民个人的生产经营而言的。政府应该在新型职业农民培育过程中结合当地的产业特色进行有目的的培育，培育更多的符合当地产业特色的新型职业农民。每个地方都有自己的产业特色，如河北兴隆的山楂、河北迁安的板栗、河北平泉的香菇、河北昌黎马芳营的旱黄瓜、河北阳原的驴、河北馆陶的黄瓜、河北永年的大葱、河北涉县的柴胡、河北望都和鸡泽的辣椒、河北青县的羊角脆、河北满城的草莓、河北赵县的鸭梨、河北沧州的金丝小枣、河北安国的中药材等，这些特色产业在全省乃至全国都非常有名，政府应该有意识地引导新型职业农民向这些特色产业发展，将特色产业进一步做大做强。对于没有特色产业的地方，也应该有目标地打造，引导新型职业农民向这些目标发展。当然一个地方的农民不可能都从事完全相同的一个产业，本来农业就是多样化的，这里只是建议地方政府有意识地去打造，而不是一刀切的必须都转行从事这个行业，对于符合地方政府打造的目标的给予一定的扶持，至于农民是不是从事这个产业由其自己来决定，即使没有从事打造的目标产业的同样也给予扶持，只不过是从事的产业符合打造特色产业目标的给予的扶持力度适当大些，以便吸引更多的农民向目标产业发展。

（五）建立基础设施扶持政策

基础设施建设是做好农业的基础，对于基础设施建设国家也应给予扶持。山西省规定各类基础设施建设项目向新型职业农民倾斜，已建成的项目优先供符合条件的新型职业农民使用，统筹建设晾晒场、农机棚等生产性公用设施等。新干县同样提出加大项目配套扶持，对高标准农田建设等项目，向新型职业农民倾斜，优先给予水、电、路等基础设施建设配套支持。有关对新型职业农民基础设施建设扶持政策，各地的做法不一致，有的地方文件中涉及基础设施扶持政策，有的地方文件中并没有涉及。因此各地应进一步完善新型职业农民扶持政策，增加有关新型职业农民基础设施扶持的办法。让更多的新型职业农民有能力完成基础设施建设，对推进新型职业农民产业快速发展、提高市场的竞争力、增加新型职业农民的经济效益具有十分重要的作用。有些基础设施还可以为其他农民共用，能更好地促进新型职业农民的辐射带动及示范作用的发挥，帮助农民生产上遇到的问题，带领更多的农民发家致富。

二、新型职业农民培育奖励性政策

（一）新型职业农民直接补贴

对于认定为新型职业农民的，地方政府最简单的做法是给予一定的补贴，以调动农民参与新型职业农民认定的积极性，这是最简单最直接的激励措施。河北巨鹿县规定认定为新型职业农民的每年补贴500元，连续补贴2年。浙江省云和县对农民的补贴规定更详细，新建连片50亩以上的茶叶、干水果和中药材基地，验收合格，每亩给予一次性补贴100元，此外对食用菌、各种养殖场的规模都要明确地要求，达到要求，验收合格的都给予相应的补贴。山东省荣成市规定按新型职业农民的等级给予补贴，初级每年300元，中级每年400元，高级每年500元，连续补贴3年，此外根据种植面积也有一定的奖励。而湖南省麻阳苗族自治县对领办家庭农场和农民专业合作社的新型职业农民符合一定标准的县财政每年给予3万~5万元的奖补资金。综合各地的新型职业农民的补贴，主要有2种，一是根据身份补贴，也就是具有新型职业农民的身份即给予补贴，有的地方将身份进一步细分为不同的级别，补贴有些差别，但是这种身份补贴数额都比较低，对调动新型职业农民的积极性，效果不大。另一种是符合一定条件后给予补贴，虽然补贴的资金比身份补贴要大得多，但是，能够达到补贴条件的人数并不多。因此这种对新型职业农民的补贴政策还有一定的弊端，地方政府应该进行广泛的调研，制定合适的补贴标准，以提高新型职业农民的积极性。

（二）品牌创建奖励政策

为激励新型职业农民多出成绩、出好成绩，政府建立了多种激励机制。河北巨鹿县规定认定为国家知名产品或驰名商标的一次性奖励10万元，认定为省级的一次性奖励5万元，申请新品种每个奖励3万元，被省级以上部门认证为有机农产品的奖励2万元、绿色农民产品的奖励1万元、无公害产品的奖励0.5万元。浙江云和县对有机食品、绿色食品和无公害食品认证奖励额度比巨鹿县要小，分别奖励 3 000 元、2 000 元和 1 000 元，对获得国家驰名商标的奖励3 000元。同样新干县对绿色食品、有机食品和无公害食品认证的也都给予一定的奖励，首次获得有机食品标志、绿色食品标志和无公害标志的分别奖励30 000元、10 000元和 3 000元。四川省广安市前锋区的奖励力度更大，对获得有机、绿色和无公害食品认证的分别奖励 80 000、60 000 和 40 000 元。陕西眉县对获得中国驰名商标给予50万元奖励，对获得陕西著名商标给予5万元奖励。虽然各地奖励的额度不同，但是也都足以说明各地对新型职业农民在生产中创建自己的品牌的重视，通过奖励的方式激励新型职业农民创建自己的品牌，从而达到扩大影响的目的，促进产业的发展。

第三节　新型职业农民培育质量保障机制

现今新型职业农民培育还处在发展阶段，各方面机制都不成熟，培育的质量有待进一步提高，建立和健全新型职业农民培育的质量保障机制非常重要。现阶段，实行新型职业农民培育的质量保障机制，要明确目标，强化制约机制。

一、建立新型职业农民培育目标责任制

目前，地方政府都较重视新型职业农民培育工作，但都处于紧跟政策走，上边下发了有关新型职业农民的文件，下边按照上边的文件精神照搬式地起草一份通知下发，往往是以文件落实文件，工作中较少的省级政府比如山西省政府提出了新型职业农民的 2015—2020 年规划，有关新型职业农民培育的长远规划目前还没有见到，没有目标，会导致工作的积极性不高，因此对新型职业农民培育工作应该规划长远的目标，在确定长远目标的基础上将其进一步分解，确定近期目标，对新型职业农民培育工作实行目标管理和考核。制定新型职业农民培育工作目标责任书，先由国家与地方政府建立目标责任书，地方政府再根据实际情况将目标任务进一步分解，由省级政府和市县级政府签订目标责任书。新型职业农民培育工作具体的有市县两级政府来完成，不能把工作完全地交给县一级政府来完成，有的县级政府甚至把新型职业农民培育工作交给培训机构来做，简单地认为把农民培训一下考核通过经过认定为新型职业农民就完成了培育任务，其实不然，对农民的培训认定就好比高中生经过高考考上大学一样，只是实现了从高中到大学的质的飞越，一名刚刚跨入大学校门的大学生只能是准大学生，称呼上是大学生，要经过 4~5 年的大学阶段的学习，通过各项学习任务的考核后才能成为一名合格的大学生。新型职业农民也是一样，刚认定的新型职业农民只是从传统的农民到新型职业农民一个质的飞越，还不是真正的新型职业农民，要成为真正的新型职业农民还需要政府的大力培育，包括农业技术、农业生产理念、市场营销、农业产业化建设、农产品品牌建设等多方面的培育。因此政府要层层建立目标责任制，建立新型职业农民培育的目

标，包括培育的数量目标、培育的质量目标，甚至包括经济效益和社会效益目标。通过目标责任制的建立，提高各级政府的责任意识。

二、建立新型职业农民培育全程督导机制

为有效推进新型职业农民培育，要建立并不断完善新型职业农民培育全程督导机制，将全程督导的重点放在实施新型职业农民培育的主要目标和任务落实情况上。

首先，要制定督导评价指标体系。根据新型职业农民培育工作目标责任书，制定相应的督导评价指标体系。通过督导评价指标体系，将实施新型职业农民培育的目标和任务进行分解落实。年末上一级政府应及时组织督导人员对下一级政府进行督导检查，主要结合新型职业农民培育的年度目标，依据督导评估指标体系，对下级政府当年的新型职业农民培育工作进行全方位的督导检查，检查年度目标实现情况，根据评估指标判断督导检查对象当年新型职业农民培育取得的成绩和存在的问题，提出具体的评估检查报告。检查报告既要明确指出新型职业农民培育工作取得的成绩，更重要的是要指出新型职业农民培育工作中存在的问题，并针对存在的问题提出明确的整改意见，要求政府第二年认真整改，第二年再对新型职业农民培育工作进行督导检查时把上一年提出的整改意见作为检查的重点之一。对新型职业农民培育工作的督导检查既要有年度检查还要有短期目标检查，比如可以按五年设定一个短期目标，在第五年检查的时候，按前五年新型职业农民培育工作完成情况、取得的成效等做全面督导检查。有关部门应及时将新型职业农民培育监督检查结果进行公布，对工作目标完成得较好、取得成效显著的单位和个人给予表彰奖励，以激发新型职业农民培育工作的积极性。

其次，要加强对新型职业农民培育的过程督导检查，以增强督导的实效性及真实性。按照新型职业农民培育的近期目标和要求，新型职业农民培育督导组织要加强对下一级培育的过程督导，现场考察新型职业农民培训过程、根据新型职业农民认定条件现场考察认定的新型职业农民生产经营场所、通过召开座谈会听取新型职业农民的意见和建议，通过召开普通农民的座谈会听取其意见和建议。通过对新型职业农民培育过程的督导检查，克服了年末督导检查听汇报、查阅相关文件所产生的弊病。通过对新型职业农民过程的督导检查，能够看到真实的情

况，更能发现培育过程中存在的问题，以便有针对性地提出解决问题的办法，对提高新型职业农民培育质量具有重要的意义。

最后，要提高新型职业农民培育工作督导检查的信度。对新型职业农民培育工作的督导检查，建立科学的评估指标体系尤为重要，考核哪些指标，每项指标如何计算分值等都需要由一个专家团队进行科学的决策，不能随便制定几项评估考核指标就下发执行，同时还要保证评价指标的相对稳定性，不能一年一个评价指标，让下边的政府组织无法应对，当然在督导检查过程中发现评价指标体系确实有不科学、不合理的地方也不是不能调整，但应该至少提前一年公布，确保评价工作的科学、公平和公正，确保将新型职业农民培育工作做得好，目标完成的好，取得成效显著的评定出来。加强对评估检查队伍的创建，将工作认真负责、敢于检查原则的好干部充实到检查工作队伍，防止在检查过程中流于形式甚至借助手中的权力中饱私囊，做些违法违纪的事情，破坏了新型职业农民培育督导检查工作。要不断地改进督导评估的方式方法，扩大评估信息，改进评价手段，提高评估的信度和准度。

三、建立新型职业农民培育跟踪服务机制

新型职业农民培育工作是一项系统工程，既包括国家层面法律法规的制定，地方层面规章制度的建立和完善，同时也包括对国家有关新型职业农民培育政策的宣传及动员、新型职业农民的培训和认证，还应包括对认证后的新型职业农民的跟踪和服务，这也是对新型职业农民培育的一个重要环节，实践中往往重视认证前的培训和认证过程，通过认证成为新型职业农民后，政府对其后期的培育重视不够，有的地方政府提出了对其进行考核，实行动态管理，实行退出机制，有的地方政府规定新型职业农民每年要参加规定学时的培训等，这固然对鞭策新型职业农民积极生产、服务有作用，但笔者认为最重要的是要扶上马、送全程。否则会出现“只开花不结果”的现象。很多农民经过新型职业农民培育，想在实践中去尝试所学知识和技能，并对自己的事业有所帮助，但实践中遇到了诸多困难，比如理论知识的学习和现实的不对应，知识的共性和实践的个性问题等，许多新型职业农民因缺乏有效的帮助和指导，所学知识不能应用到实践中，导致认

定完新型职业农民和认定前没有区别，没有起到培育的作用，充其量是认定为在新型职业农民能够享受到政府给予的一点补助，这违背了我国新型职业农民培育的初衷，因此，我们应根据当前新型职业农民培育实际，谋划新型职业农民培育跟踪服务机制。

（一）健全跟踪服务制度，明确工作任务和工作责任

虽然现阶段有关于新型职业农民的跟踪服务制度，但在实际操作中却体现出了管理责任不明确。因此必须明确相关部门、培训者、参训学员、学校负责人等不同群体的责任和工作。新型职业农民跟踪服务及技术指导是一项长期的系统工程，培训后跟踪服务工作不是某个单独部门能够独立完成的，需要地区之间横向协调，部门之间通力支持。纵向、县、乡镇要形成培训合力。在学员的学习管理上，通过问卷、访谈、学习表现记录、课堂观察等方式，明确新型职业农民跟踪服务的具体内容和具体方式，以及时间要求，及时了解新型职业农民在农业生产过程中存在的实际困难和现实问题，采取双向联系跟踪，营造和谐的培育氛围，力争“认定一人，扶持一人，成才一人”。

（二）制订跟踪服务计划

要打破一厢情愿的新型职业农民培育的后续跟踪服务机制。应以新型职业农民为中心，以满足学员的需求为出发点和归宿，对每位认定的新型职业农民都要制定好跟踪服务计划，每位新型职业农民都要有专人跟踪服务，做到一个新型职业农民要有一名农技人员或科技特派员跟踪服务，帮助新型职业农民解决生产过程中遇到的各种实际问题。给每位新型职业农民建立个性化档案，详细记录其需求及发展历程，做到技术服务人员或者科技特派员与新型职业农民无缝对接。根据新型职业农民所处不同等级、不同发展方向，对新型职业农民建立个性化的信息资源库以实现新型职业农民的近期目标和长远目标，使学员在不同的专业发展阶段都能得到所需要的服务。

（三）完善新型职业农民社会服务体系

为方便了解新型职业农民的情况，相关部门应事先制订好工作计划，通过“面对面”和在线学习相结合的方式实现跟踪服务渠道的双向畅通。定期开展问题解决式的新型职业农民与新型职业农民之间、新型职业农民与专业技术人员之

间的探讨交流活动，可以针对新型职业农民创业过程中出现的问题开展研讨活动。在活动中专家及新型职业农民可以就自己在农业实践过程中处理问题的相关经验进行讨论，拟订解决问题的方案。

针对新型职业农民和专业指导人才分散、时间精力有限等特点，还可开辟存钱服务，通过现代化的通信手段进行快捷、便利的跟踪指导。通过建立专业人才资料库实现各地区专业技术人才的共享，达到优质专业技术人才最大的社会价值。通过互联网手段达成专业技术人才的共享，通过互联网构建网上交流平台，以确保新型职业农民与新型职业农民之间、新型职业农民与专业技术人员之间彼此能保持长久的联系，当新型职业农民在生产过程中遇到实际问题的时候能够及时向专业技术人员请教或者与其他新型职业农民交流、探讨，互通有无。鼓励专业技术人员和优秀村级技术人员设立“新型职业农民服务博客”、微信公众号等现代化网络平台，主动开展与新型职业农民的农业技术经验交流、疑难问题解答等活动。

（四）定期评价新型职业农民培育的跟踪服务的质量

评判新型职业农民培育质量的好坏，应该让新型职业农民进行评价。跟踪服务的内容与方式与新型职业农民的需求是否相结合，是否真正有助于新型职业农民的农业生产实际，新型职业农民最有发言权。各负责单位和个体通过跟踪服务，评价新型职业农民的态度是否有所变化、理论是否联系实际并运用于实践，新型职业农民是否创造性地从事自身的职业活动，对自身的发展是否起到激励作用。在新型职业农民评价跟踪服务和各部门个体评价新型职业农民之后，及时找到差距，研究改进措施，对跟踪服务过程中存在的问题及时进行整改，同时对在新型职业农民跟踪服务过程中凝练出好的经验进行归纳整理，并作为典型进行推广，让更多的跟踪服务人员学习借鉴。

第九章　新型职业农民培育模式

自2012年中共中央提出大力培育新型职业农民以来，各地积极开展新型职业农民培育工作，取得了可喜的成绩，在新型职业农民培育过程中创造出许多有效的培育模式，对推动新型职业农民培育工作的开展具有非常好的借鉴作用。本章重点介绍“教学引导、典型带动、多元化”培育模式、“三结合一诊断”培育模式、“四叫响”培育模式、“四化一平台”培育模式、“三化一平台”培育模式、三个课堂培育模式、“三全一落实”培育模式、现代青年农场主人才培养模式、农民田间学校培育模式等。

第一节　“教学引导、典型带动、多元化”培育模式

一、模式概述

河北省广宗县在开展新型职业农民培育过程中，基于广宗县实际情况和县域经济发展要求，以主导产业为基础、特色产业为抓手，以培育有文化、懂技术、会经营、善管理的新型职业农民为目标，实施专业技术培训为引导、实地实训实习为典型带动、参观考察为样板平台，进行了“多元化”的培训，形成了“制度规范、培训中心与合作社协作、理论与实践相结合、信息服务交流平台与典型带动为提升”的“教学引导、典型带动、多元化”培训模式。

二、模式背景

广宗县位于河北省南部黑龙港流域典型的农业县，全县辖9个乡镇，县域面积530平方千米，耕地面积52万亩，总人口32万人，农业人口29万人，是国

家扶贫开发重点县、省级财政直管县。近年来，广宗县发展高端设施农业，打造优质果品基地，吸引龙头企业、专业大户参与园区建设，助推“公司+合作社+农户、家庭农场”模式，积极争创省级现代农业园区；促进特色种养、电商、家庭手工等富民产业快速发展，每个乡镇至少打造1~2个脱贫示范区，每个贫困村至少培育1个脱贫主导产业，实现脱贫产业适度规模经营；加强农业供给侧结构性改革，落实中央和省市政策，规范农场土地流转，加快农业规模化、产业化发展，做大做强林果、蔬菜、畜牧三大产业，带动相关产业发展，形成产业链条。为更好地发展县域农业特色，打造农业产业新亮点，实现县委、县政府的发展目标，彻底解决今后“谁种地”“如何种”的问题，县农业农村局全力做好新型职业农民培育，平均每年培育新型职业农民150人左右，并颁发了新型职业农民证书。

三、主要做法

（一）成立机构、出台政策

广宗县成立了以县政府主管县长为组长的新型职业农民培育工作领导小组，领导小组办公室设在农业农村局。出台了《新型职业农民认定管理办法（试行）》和《新型职业农民政策扶持办法（试行）》，提供了有力的政策保障。

（二）优选培训对象

根据省上级文件精神和《广宗县新型职业农民培育实施方案》（简称《实施方案》）要求，结合县农民实际情况，按照生产经营型职业农民的要求，印发招生简章，发送到各乡镇区及村。通过乡镇区政府推荐、农民自愿报名申请，年龄在18~55岁，初中以上文化程度，种植规模在50亩以上，养殖规模在50头（只）以上，符合职业农民标准的培育对象，最后将筛选出的人员进行公示、上传系统。同时，按照小班管理结合原则结合其从事产业分别编班：分别为蔬菜班、畜牧班和农林班。

（三）制订切实可行的教学计划

（1）因材施教。根据《实施方案》和职业农民教育培养目标及要求，结合3个教学班的实际情况，针对不同产业、不同形式，对教学目的、教学内容、教学组织等详细制定每个班的教学计划，围绕设施蔬菜、黄桃、葡萄、小麦、玉米、养猪、养鸡等的产前、产中、产后发展关键环节制定培训内容，以农产品质量安全、手机应用及电商、观光休闲农业、美丽乡村建设、新型职业农民的素质和礼仪等为重点课程。

（2）时间保证。完成农业生产的管理和经营，不能完全用时间界定，所以，以中心产业为立足点，以生产技能和经营管理水平提升为两条主线，实行分段集中培训、参观考察、实训实习和生产实践相结合，这样既能照顾学员安排时间对自己产业上特殊事情的处理，也能保证了他们参加培训的时间。按照“一点两线、全程分段”式培训，全部完成累计培训了 15 天 120 学时，时间分配 5∶3∶2。

（3）课程选择。分为综合课程、专题课程和专修课程三大类：综合课设置了农民素养与现代生活、现代农业生产经营 2 门课程；专题课设置了农产品电子商务，农民手机应用，休闲农业与乡村旅游，农产品质量安全，美丽乡村建设 5 门课程；专修课设置了设施蔬菜的高产栽培管理技术，小麦种植管理技术，农作物病虫防治技术，肉鸡、蛋鸡规模养殖技术，生猪规模养殖技术，葡萄高产栽培种植管理技术，大棚黄桃高产栽培管理技术，设施蔬菜高产栽培管理技术等。同时，把教授实地边讲解边操作过的黄桃露地密植栽培和大棚栽培修剪技术制成光盘发给需要的学员，便于他们反复学习、琢磨、熟练、提高自己。编印了几样符合农民平时使用的自制小手册如科学打药、科学配方施肥等。

（4）强化管理。管理模式为教育培训、规范管理、政策扶持“三位一体”式。一是对参训学员的管理，完全实名制管理，小班教学、“双班主任”制，对不能按时完成培训的学员及时进行了补课。二是对培训教师的管理，实行满意度测评，实行与教师报酬、绩效工资、职称晋升和培训对象满意度挂钩，确保了培训效果看得见摸得着。三是培训档案管理，做到“一班一案”。同时建立了完善的管理档案。四是县政府出台了《新型职业农民政策扶持办法（试行）》红头文件。五是建立了“技术指导员”跟踪服务制度，确保了与学员们的联系和指导。

（四）多元化培训增强了效果

按照多元化、开放式，理论与实践并重的培育原则，推行集中办班、分片办班、联合办班与基地实训相结合等培育方式，采用“不误农时、因需施教、分段集中、就近实训、典型带动”的办法，实现了大课集中，参观考察分批分期，按照自己需求就近实训实习。提供了培训的实效和强化了学员的素质提高。

（五）全程信息服务指导

充分利用现代通讯的便利，建起了微信群、QQ 群，有小班群、大集体群、几个人方便联系群等。通过培训、参观考察、实习实训，在学员之间、学员同老师、教授、公司企业之间，利用微信、QQ、电话等通信方式，建立了联系信息平台，随时可以进行信息沟通、技术交流和指导服务，深得参训学员和企业的欢迎。

（六）培训学习的提高

（1）集中培训。按照课程要求，分别在邢台市农业农村局、邯郸农林学院、河北农业大学等地，聘请了专家、教授，讲授专业技术知识，使学员学到了平时难以学到的经典的、独家多年实践所积累独到的专业知识。

（2）参观考察。组织学员到山东寿光蔬菜基地、内丘富岗苹果生产基地、石家庄市新乐市生态园（黄桃基地）、石家庄市深泽农哈哈农机厂、南和农业嘉年华等地参观考察学习，大大开阔了眼界、加强交流，探索了“零距离实地观摩+面对面技术交流+空中平台交流”的无缝交流模式。

（3）实训实习。根据学员实际情况和需求，依托 3 个模式典型、规模大、技术成熟的家庭农场、合作社开展实训实习，强化了实训操作。即：广宗县勇强家庭农场，以红薯、红薯苗、小麦等种植为主；广宗县菌山食用菌专业合作社，以灵芝、灵芝孢子粉、灵芝盆景、银耳等种植为主；广宗县聚宝园黄桃专业合作社，以黄桃种植、生态园区建设为主。这些场所保证了学员的实训实习和技能的锻炼。

四、典型带动和成效

通过参观考察学习外地先进理念、经验和技术，学员三通家庭农场吕会达在原来承包地种枣树、槐树的基础上发展了散养鸡、大棚蔬菜采摘等，也带动同村发展大棚蔬菜采摘；学员李继荣从养羊 200 只，增添发展了养驴 300 头；学员吕仿真是回乡创业从单项租地种植，发展了散养鹅 2 000 只；刘同训等人跟着勇强家庭农场发展种植高产新品种红薯。勇强家庭农场吸引了广东投资商，经洽谈投资 1 亿多元的红薯加工厂落户在广宗县，县委县政府高度重视、大力支持，带动了全县红薯种植面积迅速扩大，有效地解决了种地效益低、收入保障难的大问题，更为不知道自己种啥好赚钱的农户点亮了指路灯。有了龙头企业的带动，大大加快了全县农业经济发展再上新台阶的步伐。聚宝园黄桃专业合作社主要带动社员及贫困户发展黄桃种植产业，黄桃种植丰收期后，预计销售收入 1 600 余万元，可使每个贫困户直接增收 2 万元以上。

第二节　“三结合一诊断”培育模式

一、模式概述

河北省巨鹿县在新型职业农民培育过程中创建了“三结合一诊断”培育模式，即线下面对面辅导和线上自学相结合、线下理论考试与线上无纸化考试考核相结合、线下交流与线上交流相结合、网上远程诊断。该模式充分利用网络资源和现代化教学手段，整合多种培育形式，适宜不同文化水平和年龄层次的新型职业农民培育新模式。学员将线下学习场景记录下来，通过学习系统上传，同时也可以选择学系统中的优质视频资源，提高学员学习的乐趣。线下考试和线上考试相结合，能反映出学员对学习平台的掌握的熟练程度。通过微信群或 QQ 群等方式，开展专家与学员，农业技术人员与学员、专家与农业技术人员、学员与学员之间多向互动交流，为大家提供线上线下交流的平台。对农民在生产中出现的问题，通过微信或 QQ 将问题及时反馈给有关专家，专家通过网上进行远程诊断，指导农民采取有效的措施解决实际存在的问题，提高了解决问题的效率，增加了时效性。

二、主要做法

（一）精准确定培育对象及内容

一方面，精准确定培训对象，依托产业发展需求定向分类培训。按照“产业定专业、需求定课程”的工作思路，紧紧围绕全县中药材、小杂粮、设施蔬菜、畜禽养殖四大主导产业，进村入户到园区遴选培育对象，建档立卡，建培育对象数据库，做到了底数清、需求明。通过进村、入户到园开展调查摸底，登记造册、建账立卡，明确有哪些人想学，想学什么，并建立了新型职业农民培训信息数据库，2016 年精准确定了培育对象 398 人。在实际培训中根据学员产业情况，分微小业主、适度规模业主设置课程，对优秀学员设置精英班课程，提高了职业农民培训实效，促进了特色产业发展壮大。另一方面，精准确定培训内容，结合农民意愿需求，开展订单培训。按照“农民点菜、政府下厨”的工作思路，加强培训前调研，摸清农民对具体问题和实用技术的需求意愿，按学员需求制定出新颖、有前瞻性、时效性的培训内容，设置专业和确定课程，进行“订单式”培训，增强培训的针对性和实效性。比如根据需要新增农产品电子商务、道德与法律、金融扶持政策、土地流转政策等专题讲座。

（二）创新培训模式

实行“理论授课、网络辅导、基地实训、认定管理、帮扶指导、扶持发展”模式。选择“进园入社、联户结对、田间办班”等方式，在理论基础上加强实践操作，以基地和合作社为依托，开展多形式辅导，并采取县内培训与赴外观摩相结合，集中授课与网上在线学习结合，教师现场讲授与采用电化教学手段相结合，课堂学习与学员研讨交流相结合的“四个结合”教育培训方式，创新了培训教学方式，拓宽了教学培训渠道。

一是基地化培训模式。建立以农业广播电视学校为主体，农业技术推广站、农业龙头企业、农民专业合作社、家庭农场、农业示范园区等多元参与的新型职业农民教育培训体系。农业广播电视学校为理论培训基地，开设固定课堂进行集中理论授课；农业技术推广站、农业龙头企业、农民专业合作社、家庭农场、农业示范园区等为新型职业农民培训提供实习实训基地，建立田间课堂，培养学员熟练掌握实际操作技能；形成“课堂+实验+实习”培训模式，努力保障培训实效，实现了由单纯的农业技术应用型向生产型、管理型、经营型等多样化培训的转变。2016 年根据产业确定了 5 个实习实训基地，并在 5 个不同的产业链上建立了田间课堂。

二是机动式培训模式。为改变观念、拓宽思路，开阔视野，积极组织学员“走出去”，到周边地区学习先进的生产管理技术，寻找差距，取长补短，让学员学有所感、学有所悟、学有所获，组织现代畜禽养殖产业、现代粮食产业和现代设施蔬菜产业三个专业的学员外出考察学习，分别到湖北威县、河北无极、山东寿光等地参观学习交流。

三是参与培训模式。组织种养大户、专业合社带头人、家庭农场主、农业企业负责人等，现场为新型职业农民讲解农业技术要点，示范农业技术要领，对新型职业农民操作进行现场培训和指导，解答新型职业农民学习实践中遇到的各种是加法题。由于培训人员都是生产一线的专业技术能人，他们的实践经验丰富。

四是参与互动交流相结合模式。从普遍性的种养经验开始，将理论最大限度的和实践结合起来，降低学员学习的难度，激发学习的兴趣，提高学员学习的自觉性，每天开展课堂讨论、谈学习心得等活动等。

五是参与小组讨论式培育模式。把学员分成 5 个小组，设有组长。以小组为单位对专项问题进行讨论，互相学习，在小组讨论的基础上，由每组推荐一名学员代表小组到班上分享小组的讨论成果，代表发言完毕后，小组其他成员可以在进行补充。通过讨论和分享环节，能充分挖掘每个人的潜能，对生产过程中产生的问题提出各自的看法和解决方案，开拓了学员的想象的空间。

六是“线上线下”双线融合培育模式。充分利用“巨鹿县新型职业农民培育云平台”、手机 App 终端，微信公众号、微信群，实施“集中授课+线上集中辅导+线上线下自学+实践教学”的培训模式，落实“四结合”：线下面对面辅导与线上自学相结合（学员将学习场景截图上传，显示学习进度）；线下交流与线上交流相结合（通过微信群）；线下理论考试与线上无纸化考试考核相结合；线下面对面追踪指导与线上专家咨询相结合。通过运用现代信息技术手段，有效解决广大学员的“工学矛盾”，为学员随时随地自主学习、在线咨询提供开放性的空间，变“短期集中培训”为“不间断培训”，从而实现“线上线下相互融通、产中产后跟踪服务”。由此解决实际生产中的难题，真正达到培育的效果，深受学员欢迎。

（三）加大服务力度

持续跟踪。培训结束不断线，安排技术干部实行“一对一”教学指导制度和“保姆式”全程跟踪服务制度，放大“田间课堂”、网络平台作用，给每名学员发放工作人员及培训教师信息卡，及时将新技术、新问题、新政策、新经验向各学员进行解读培训；要求学员继续在线再学习；同时为了提高新型职业农民的综合素质，加大追踪力度，与高校合作。让新型职业农民在大学课堂即体验校园生活，又与教授专家面对面。培训采取现场教学、专家讲授、走进课堂交流、小组讨论等方式。农产品品牌电子商务策划与营销等知识，同时分别到陕西杨凌现代农业电子商务产业园、西北农林科技大学博览园、杨凌天和生物科技有限公司，杨凌现代农业创新园、杨凌中来种植合作社进行了观摩学习和现场教学，学习现代农业发展新视野；合作社生产标准化的经营模式；食用菌工厂化基地化生产规程；电商平台运营模式等。组织新型农业经营主体带头人去北京中国农业大学参加素质提升专题研修班，学习十“三五时”期现代农业发展与经营体制机制创新；我国农业产业化发展模式与选择；创意视角下的都市型现代农业；农业品牌建设及市场营销；“互联网+”与农产品电子商务；农业企业家素养，并开展现场教学即参观北京老宋瓜王科技发展有限公司；科技成果对接会；小组研讨；校内参观；每日回顾等形式。通过观摩学习，让学员大开眼界，现代农业的发展新趋势让学员感觉到自己经营单一，循环农业解决了一产与三产相互的衔接，经济效益明显增加。在电子商务课堂，学员看到大学生利用互联网进行模拟销售，从订货、下单、支付资金等相关环节，让学员感觉自己传统的坐等销售模式一去不复返了。通过走入大学学习，不仅圆了学员的大学梦，又学到了先进的种植技术，还把外地先进的经营理念学到了手，综合素质得到了提高，达到了解放思想、开阔视野、增长见识。学员李俊星投资申办了公司，加工杂粮，与超市对接，在他的带领下有 4 个学员创办家庭农场。学员创业的积极性大大提高。

（四）采用“多元化”评价监督机制

培训单位自主评价、网上评价及县农业局新型职业农民培育工程项目办公室评价三结合的办法。① 坚持公示制度。通过公示栏等多种方式，公布新型职业农民培训基地的名称、培训任务、培训专业、培训时间、补贴标准等内容，并公布举报电话，接受社会监督。② 坚持开班申请制度和“第一堂课”制度。开班前，农广校上报培训计划，提出开班申请。开班时邀请新型职业农民培育办公室和财政工作人员宣讲新型职业农民培育工程及相关惠农政策，核实学员身份。③ 坚持授课教师评价制度，参与授课的教师，80%从师资库中遴选，并要求学员对授课教师就授课内容的实用性、教学方式的灵活性、教学态度的认真性等方面进行个人评价，填写评价表，对授课教师实时动态管理。④ 坚持对参加培训人员的理念知识考核、动手能力的提升考核、家庭经营或服务质量的变化、经营管理理念的提升、示范带动等方面进行评价；评价手段包括试卷考试、实践操作考核、座谈会、经济效益比较等。⑤ 实施双班主任制度，明确班主任职责，签到表、台账双班主任签字。每个班级培训结束要写班级总结。⑥ 实施签到制度，为了保证学员听课率，上午下午实施签到，并为每个学员定制桌签和胸牌，对号入座。⑦规范台账管理。认真搞好学员登记，如实填写参训农民相关情况，建立学员台账，并将学员信息及时准确地录入新型职业农民管理系统。达到了存档材料统一、立卷统一、卷皮统一、标签统一、目录统一、报表统一的标准化、规范化的档案管理模式。

（五）加大宣传，培育典型

随时报送培育工作简讯、先进典型等宣传信息，工作信息和做法分别在中国新型职业农民网刊登 5 篇、中央农广校网 6 篇，《打造“123451”模式，提升培育效果》刊登在《河北农业》杂志 2016 年第四期，《构建现代网络平台，力促新型职业农民培育》刊登在《农民科技培训》2016 年第七期。开辟了“新型职业农民风采”专栏，宣传报道一批优秀典型进行，起到了良好的示范带头作用。选择一批优秀学员编印成册，讲述他们的创业故事，激励其他职业农民走出自己发家致富的新路子。

三、取得成效

（一）培养了一大批致富带头人

通过培训，学员创建家庭农场 50 个，创建农民专业合作社 60 个，有 1 000 余名学员成为农业种植、家禽家畜养殖能手，带动 5 000 余人脱贫致富。如返乡农民工袁丽丽，多年在外打工，自从参加了县里组织的新型职业农民培训后，思想观念发生了很大的改变，回到家乡进行创业活动，投资在虎寨镇张庄村建立了

"鑫行休闲农业采摘园"，流转土地100亩建设了草莓、葡萄、瓜果、蔬菜大棚和动物观赏园，取得了较好的经济效益，促进了周边农民的就业，带动周围群众致富。学员司敬活2015年成立哈口果蔬专业合作社，带动全村发展果蔬大棚 3 000多个，每个大棚年纯收入1万元以上，建新型日光温室大棚20多个，带动周边农民发展日光温室大棚，形成了一个千亩现代设施农业示范区。

（二）促进了农业生产理念的转变

经过培育的新型职业农民思想观念都发生了很大的改变，现代农业、绿色农业生产理念深入人心，在农业生产过程中主动采用新技术，做到化肥农药减施增效，综合运用病虫害绿色防控技术、水肥药一体技术、飞防技术等，生产方式发生了较大的改变。全县建立科技示范园区50个，测土配方施肥技术实现全覆盖，累计推广新技术35项、新品种50个，农业机械化水平达到85%。例如，河北省巨鹿县观寨乡南哈口村引进西瓜新品种，采用新技术推广绿色有机种植，注册了"哈口牌"商标，全村仅西瓜种植年增收达 3 000多万元。

（三）促进了农业产业结构调整

巨鹿县通过新型职业农民培育，由新型职业农民创建蔬菜标准化生产园、中药材示范园等20多个，推广无公害金银花、枸杞规范化栽培及中药材水肥一体化灌溉新技术，带动发展无公害金银花生产基地 400 013平方千米、枸杞规范化生产基地 1 330平方千米，占全县中药材基地面积的45.5%。同时，通过实施新型职业农民培育工程，农民对土地流转认识提高，进一步促进了土地流转工作的开展，全县新增流转土地 6 447平方千米，总面积达到1.2万平方千米。

（四）发展了一批新型农业经营主体

巨鹿县通过新型职业农民培育，培养了大批新型农业经营主体带头人，成立了一大批农业龙头企业、农民专业合作社、家庭农场等新型农业经营主体。全县有20多家市级以上农业产业化龙头企业、近400家农民专业合作社、50余家家庭农场。

（五）提高了新型职业农民创新创业能力

通过对新型职业农民开展有针对性的培训，开阔了新型职业农民的眼界，拓宽了新型职业农民信息获取渠道，提高了新型职业农民的创新创业能力。巨鹿县

2016 年通过培育最终有 174 人认定为新型职业农民，在认定的 174 人中，有 95.4%的人开始实施致富项目，通过一年的努力，共有 128 人初见成效，暂认定的新型职业农民总人数的 73.6%。

河北省巨鹿县新型职业农民培育的做法得到了上级领导的肯定。河北省邯郸邱县、武安、涉县、衡水市、枣强等地纷纷到巨鹿县参观学习。2015 年 11 月中央农村工作领导小组副组长袁纯清一行专题到巨鹿调研新型职业农民培育工作，对巨鹿县的做法给予了充分肯定，并说“巨鹿的工作走在全国的前面，做法可复制可推广”。巨鹿县“三结合一诊断”新型职业农民培育模式为不同专业、不同人群、不同知识水平的人量身打造了不同的教学方式，受到了人们的普遍欢迎和接受，新型职业农民的文化素质和科技素质及能力得到了大幅度提高。

第三节　“四叫响”培育模式

一、模式概述

河北省南和县在新型职业农民培育中，开展“四叫响”的培育模式。一是在培育对象摸底调查上叫响“农民致富找出路，加入培育对象库”。二是在培训过程中叫响“专家教授来传宝，变为本领才是好”。三是在培训主体农广校中叫响“致富领头雁，农广熔炉炼”。四是在后续跟踪服务上叫响“有事你说话，服务到你家”。这一培训模式受到了省市的一致好评。

（一）农民致富找出路，加入培育对象库

当前能够影响农民致富的因素非常多，概括起来主要有以下方面：一是农民群众文化素质低，技能差。二是农民科技人才缺乏。三是农民学科技动力不足。农民是农业科学技术的需求者和使用者，农业技术只有被农民采用才能转化为生产力。南和县充分利用宣传栏、板报、科技直通车、科技入户、咨询服务等形式，深入乡镇区及农户家中，广泛宣传新型职业农民培育目的、意义、政策保障等，营造适宜新型职业农民茁壮成长的社会氛围，充分提高广大农民的思想认识，调动骨干农民参与培育的积极性。

在广泛宣传的基础上，南和县组织农业技术指导员采取进园、到场、入户，现场登记填表等方式，对凡是有通过学习技术知识达到致富愿望的、年龄不超过55周岁的种养大户、家庭农场主、农民合作社骨干、农业工人或农业雇员以及具有相应服务能力的农业社会化服务人员，按照生产经营型、专业技能型、社会服务型3种类别建立了新型职业农民培育对象信息数据库。新型职业农民培训工作开展以后，培训学员就从所建立的信息数据库选择，截至2017年，进入培育对象信息数据库农民达 1 000 余人。从而实现了在培育对象摸底调查上叫响了“农民致富找出路，加入培育对象库”。

（二）专家教授来传宝，变为本领才是好

根据培训产业，河北省南和县每年都聘请包括河北省农业厅、河北省农林科学院、河北农业大学、河北工程大学、邢台市农业局在内的农业院校、科研院所的专家教授，同时选聘县内有关单位的中、高级专业技术人员，组建既有理论知识又有操作技能的“双师型”专、兼职教师队伍，建立培训师资库，在县农广校的统一安排下开展集中培训、现场指导和后续跟踪服务。在农业生产关键环节，培训教师们深入田间与农民进行面对面、手把手的技术指导和理论讲解，解决生产中的实际问题，并且及时解答农民提出的各类技术问题。经验丰富的专家教授以生动精彩的培训授课在广大学员中引起了巨大反响，使许多苦于找寻技术门路的农民茅塞顿开、受益匪浅。

（三）致富领头雁，农广熔炉炼

河北省南和县农广校作为该县唯一经过省农业厅认定的新型职业农民培育工程培训基地，在培训实施过程中发挥了主要的作用。

农广校每年根据培训专业和学员特点，精心制订适应务农农民学习规律特点和生产生活实际的教学计划，坚持方便农民、贴近生产和实际实用实效的原则，采用组织高效、务实管用、农民欢迎的模式。一是采用“就地就近”便利培训，充分利用村级组织活动场所以及现代农业示范园区、农业企业、农民合作社、家庭农场等生产基地开展培训。二是广泛联系实习实训基地开展生产调研、技术培训、技术指导和技术咨询。积极组织学员到实习实训基地观摩、学习，提升学员的思维能力和创新能力。三是实行“农学结合”分段培训，按关键环节划分培

训阶段，推行模块化教学，紧密结合农时季节组织培训，理论学习与生产实践交替进行，促进学用结合和学习、生产“两不误”。

农广校以基地培训、现场观摩、外出参观、专家咨询等多种方式指导培训广大学员，发挥农民之间互相学习的特点，选择一批基础好、接受快、肯钻研、能吃苦的农民，作为新技术新成果推广应用的培训对象，使他们尽快掌握农业科技知识，成为科技致富“二传手”和“主力军”，其中有50余人已经创业或正在创业，有的创办了农业公司，建设了农业园区，有的成立了合作社，在新技术、新品种和新的经营方式上都起到了很好的示范带动作用。进一步实现了在培训主体农广校中叫响“致富领头雁，农广熔炉炼”。

（四）有事你说话，服务到你家

为了充分了解学员参加培训后的生产生活情况，及时解答学员们提出的关于农业生产过程中相关问题，进一步巩固培训成果，南和县建立了联系帮扶制度，从3个方面入手，加大力度搞好跟踪服务，力求做到在后续跟踪服务上叫响“有事你说话，服务到你家”。

第一是开通技术专家热线服务。公布技术专家联系方式，学员可通过电话咨询，解决生产中的实际问题，平均每年解答问题500余条。

第二是专家现场指导服务。学员生产中遇到紧急或难以描述的问题，可带来样本咨询或指导专家到现场研究问题并帮助提出解决措施。平均每年专家到现场解决问题150余次。

第三是建立跟踪服务指导员联络制度。即教师跟踪服务培训学员，掌握学员培训后的动态，及时收集问题并反馈给专家进行技术指导，一方面加强参训学员与学校的联系，有利于及时准确地收集学员的培训后信息，为培训典型提供有效的服务，另一方面为学校深入农村搭建平台、为农村建设后备人才培养奠定了基础。每年平均跟踪服务学员300人次，为学员提供各类致富信息100余条，解决技术问题200余个。

二、模式背景

河北省南和县辖3镇5乡218村，常住人口37万人，面积418平方千米。耕地面积 44 万亩，常年粮食种植面积 66 万亩，是传统农业县，素有“畿南粮仓”之称，其中小麦常年种植 34 万亩，玉米 32 万亩。近年来，南和县积极推进种植业结构调整，在稳定粮食生产的基础上，大力发展特色产业，取得了辉煌成绩，一是蔬菜产业发展迅猛。南和县是河北省首批 15 个蔬菜产业示范县（共 24 个）和 57 个全国蔬菜产业重点县之一，是河北省南部著名的西葫芦生产基地和出口番茄生产基地，享有“西葫芦之乡”之美誉。二是中药材产业异军突起。目前，中药材种植面积达 1.6 万亩，主要品种有栝楼、天花粉、菊花、柴胡、板蓝根等。三是苗木产业发展壮大。全县苗木面积达 7.6 万亩，年产值 2.3 亿元。同时，加快了农产品的开发步伐，培育了金沙河面业、农业嘉年华、南和金米和阳西葫芦、宠物饲料等亮点。截至目前，全县已注册各类农民专业合作社 910 余家，其中 46%为种植类合作社（包括蔬菜种植、林果种植、中药材种植、花卉种植等）；38%为从事服务业合作社（包括农资服务类和农机服务类）；16%为畜禽养殖类合作社。

随着农业现代化的发展，按照传统的耕作方式已经很难适应市场需求，一方面农业从业人员的技术水平和经营能力已经很难满足我县现代化发展的需要；另一方面农业从业者渴望能够得到新技术、经营管理和政策等方面的知识。因此，迫切需要一种为现有农民量身打造的培育模式，来提高农民的综合素质，以适应农业现代化发展。

新型职业农民培育工程开展以来，近两年，南和县在实施新型职业农民培育工程项目时，通过脚踏实地的培训和跟踪服务工作，对新型职业农民培育工程进行了全方位的提炼总结，创新推出了“四叫响”模式。着力培养一支有文化、懂技术、善经营、会管理的新型职业农民队伍，为“转方式、调结构”和现代农业发展提供强有力的人力保障和智力支撑。

三、主要做法

（一）锁定培育对象

加强调研，统筹考虑种植业、农机、畜牧兽医等相关产业从业人员状况和人才需求，分产业制定培育对象遴选标准，把以农业生产为职业、具有较高的专业技能、收入主要来自农业且达到一定水平的专业大户、家庭农场、农民合作社、农业企业、返乡涉农创业者等新型农业经营主体带头人作为重点培育对象，掌握其产业规模、从业年限、技能水平、培训需求、政策要求等信息，建立个人档案，纳入培育对象信息数据库，为精准培育新型职业农民奠定基础。原则上培育对象年龄不超过 55 周岁，最大不超过 60 周岁。

（二）确定实训基地及田间学校

按照省厅规定的认定程序开展培训基地认定工作，认定南和县农广校为新型职业农民培育工程培训基地，认定金沙河农作物合作社为实训基地。在此基础上，为了提高培训效率，根据开设的不同专业进一步在全县范围公开遴选新型职业农民培育实践实训基地以及田间学校。凡南和境内的农民专业合作社、家庭农场、现代农业园区、农业龙头企业、高产创建示范片、农业科技示范基地符合条件均可申报，坚持实际、实用、高效的原则，经筛选择优确定了 2 个田间学校，实行挂牌管理。

（三）明确培训内容

按照农业部推介发布的《新型农业经营主体带头人指导性培训方案》要求，科学安排培训内容和课程。全部课程分为综合课程、专题课程和专修课程三大类：综合课程主要包括农民素养与现代生活、现代农业生产经营 2 门课程。专题课程主要包括现代农业创业、家庭农场经营管理、农民合作社建设管理、农产品电子商务、农民手机应用、休闲农业与乡村旅游、农业支持保护政策、法律基础与农村法规、农产品质量安全、美丽乡村建设等 10 门课程，根据学员生产经营领域至少开设 5 门专题课程。专修课程主要包括小麦生产经营、玉米生产经营、蔬菜生产经营、病虫害防治及统防统治等课程，根据学员从事产业至少开设 2 门专修课程。

（四）师资教材

遴选熟悉“三农”、具有丰富专业知识和实践经验的专家、基层农技人员和“土专家”进入到培训师资库中。为确保农民掌握先进实用技术，根据培训专业要求，河北省南和县专门聘请了理论知识和实践经验丰富的来自地方农业部门、农科院、农业大学等专家教授进行授课，切实提高了培训效果。并且根据南和县农业产业发展需要和培训规范，采取自编和订购专业教材两种方式，为每个学员发放教材 13 册。

（五）课程设置

广泛采取“案例教学+模拟训练”“学校授课+基地实习”“田间培训+生产指导”等手段进行授课。并且详细制定培训班的教学日程安排，培训采取专家授课和田间实践相结合的方式。培训重点为设施蔬菜生产栽培技术、专业化统防统治技术、农民合作社规范化管理、土地流转政策及现代农业、农产品质量安全等知识。推行农民田间学校、送教下乡等培训模式，通过开展全产业链培训和后续跟踪服务，切实提高培训的针对性和实用性。以学员为中心，建立“参与式”教学课堂，激发农民自我学习的热情。

（六）培训管理

新型职业农民培训实行实名制管理、小班教学，逐班次建立真实、完整和规范的培训档案，做到“一班一案”。建立开班申请制度，在开班伊始，培训基地将培训时间、地点、课程设置、授课教师、培训专业、培训人数等信息情况报同级农业主管部门，获得批准后方可开班。建立“双班主任”制度，由同级农业主管部门和培训基地各指定一人跟班服务，加强学员管理。建立“技术指导员”制度，技术指导员负责实践教学和跟踪服务，做到了服务内容、效果、时间有据可查。培训基地建立了真实、完整和规范的培训档案。培训结束后组织了考试考核，并对合格者颁发培训结业证书。制定了符合项目县实情的新型职业农民培育对象摸底调查标准，建立了完整的新型职业农民培育对象信息数据库和信息档案。及时将学员信息录入新型职业农民培育工程信息数据库。

（七）政策扶持

河北省南和县政府出台颁布了《南和县人民政府关于印发〈南和县新型职业农民支持扶持办法（试行）〉的通知》（南政字〔2014〕119 号），将国家、各级政府和相关部门现有的，特别是新增的强农惠农富农政策细化落实到经过认定的新型职业农民身上，不断增强其综合发展实力与自主成长能力。

四、成效分析

一是提升了农民素质。培训中所聘请的教师讲课水平高、方式方法灵活多样、管理规范、服务到位。通过对“三农”问题、现代农业发展、新型职业农民培育政策、支农惠农政策、农业项目申报、合作社法、农产品质量安全、农产品认定等知识的培训，帮助学员们把握了宏观形势。

二是培训培养了新一代农民的创业精神和创新意识，营造了学科学、用科学，依靠科技发展生产、发家致富奔小康的氛围。在新型职业农民中出现了创业、兴业的典型，有的创办了农业公司，建设了农业园区，有的成立了合作社，形成了很好的发展势头，在群众中引起了很大反响。

三是搭建了交流平台。通过开展培训班，学员之间互相交流学习，取长补短，促进了农业知识和技术传播。通过组织外出参观学习，拓宽了视野，给学员带来了全新体验，实地学习示范园区的成功经验，让学员们得到前所未有的视听效果，学员们充分利用培训平台和班级微信群等，相互交流探索产业发展方向和前景，相互之间形成资源共享。

四是辐射带动明显，缩短了新农业技术推广的距离。接受了新型职业农民培训的学员对新技术和新政策的理解较为透彻，他们身在农村、投身农业，更能起到示范带动的作用，如：在小麦生长中后期，全省植保系统发出对小麦条锈病的发生进行调查的通知，县农业局首先对新型职业农民进行相关知识培训，学员们密切关注自家和邻居麦田，随后新型职业农民孙杏祥，首次发现小麦条锈病在南和县发生，由于发现及时，防治及时，病害得到控制，避免了病害造成的生产损失。

五是推动了产业发展。通过加大新品种、新技术、配方施肥的培训力度，使农民的生产经营思维有了转变，应用新品种、新技术的人越来越多，促进了农业产业结构调整和农村经济的发展。通过培训，参训学员在农业经营和种植技术方面成效显著，经济效益明显提高，人均增加年收入 10 余万元。由于规模化生产效率和效益明显提高，并带动了周边农民，社会反响很大。

第四节 “四化一平台”培育模式

一、模式概述

河北省宁晋县在新型职业农民培育过程中创造出了“四化一平台”新型职

业农民培育模式，是指根据本地主导产业、气候特点、农业生产状况和农民生产管理水平，分季节、分时段、分形式对职业农民进行理论教学和生产实践教学的尝试，该模式充分利用网络资源和现代化教学手段，整合多种培育形式，适宜不同文化水平和年龄层次的新型职业农民培育新模式。

（一）培育内容季节化

按季节分段式教学，即根据农事活动调整课程内容，直接讲授当下生产所需要的管理技术，同时把部分课程搬到田间地头进行生产教学，农忙季节学技术，农闲季节讲管理。根据不同季节的生产实践，巧妙地将系统的专业理论渗透在实践教学的各个环节中，实现“理实一体”和“做中学、学中做”的目标，从而达到更好的教学效果。

（二）培育教材本土化

宁晋县地处宁晋泊，是河北省第二干旱少雨区，冬季低温多雾的，根据宁晋气候特点，选用自己编写的适宜宁晋县生产实际情况和主导产业的校本教材，做到科学、权威、图文并茂、通俗易懂，便于群众理解掌握，如《宁晋农业经济概况》《农村实用技术汇编》（上下册）等。

（三）培育形式多样化

教学形式采用了多媒体理论授课、田间课堂、田间现场讲授与指导、学员实训实践、教师课堂演示、师生互动、参观考察、观摩等多种形式，并作到“三个结合”，即农闲时教室上课，农忙时田间集合，实现理论与实践相结合；时间不宜集中时利用互联网进行学习，实现线上与线下相结合；树立职业农民示范的典型重点进行帮扶，实现普遍指导与典型带动相结合。

（四）培育手段信息化

利用空中课堂、流动服务车、多媒体、互动软件、动画、实用教学光盘等现代化教学手段进行课堂教学，通过形象直观的动画模拟，增强了学员的观察力和想象力，激发学员的学习热情和兴趣，提高课堂教学效果。

（五）建立宁晋新型职业农民培育交流平台

为满足不同人群的需求，便于课下自主学习及与专家进行交流，县农业局联合县职教中心建成了“宁晋新型职业农民培育网”网站，开发了部分网络课程，实现了网络授课、批改作业、考试、解难答疑、在线技术服务咨询等线上一体化服务；建立职业农民微信公共服务平台，比如蔬菜专业学员加入“宁晋蔬菜交流群”，在网上可以交流蔬菜的种植技术、每天蔬菜批发市场价格等信息。

二、模式背景

宁晋县位于河北省中南部，辖16个乡镇，总面积 1 107 平方千米，耕地面积113万亩，总人口79.8万人，盛产优质小麦、玉米、梨果、蔬菜食用菌等农产品，是全国粮食生产先进县、中国北方最大的食用菌生产和加工基地、河北省奶牛养殖大县，从业人员达16万余人。

随着宁晋县经济发展，电线电缆、服装、农机、化工、单晶硅等行业迅速崛起，很多农民不再以农业生产为主，个人身份开始由农民向工人转变，土地耕种留给了少数职业农民。截至2016年，农村合作社达到 1 132 家、家庭农场主达到71个，种植大户和养殖大户 1 260 个。规模化种养也给多年来沿用传统农业种养技术的农民带来了很大的风险，农民的技术、素养、经营能力已成制约我县现代农业发展的瓶颈。因此迫切需要创建一种新的培训教学模式，培育出高素质的新型职业农民，以适应新的农业生产形势的发展。

从事农业相关工作人员的年龄、知识、能力差别较大，其接受、理解、领悟所学内容的能力各有不同，但是农民渴望能进行技术、管理、营销、电商等方面的培训和指导，渴望能学到更加专业的农业技术知识，学以致用，为个人以后发展提供基础保障。

新型职业农民培育工程开展以来，宁晋县农业局组织力量专门研究新型职业农民培育主体和培育模式，明确具有丰富农民教育培训实践经验和实力的县职教中心为新型职业农民培育单位。依托龙头企业、现代农业园区和农民专业合作社积极开展培训工作，因地制宜，从教学形式、内容、手段等方面进行改进，构建“四化一平台”培育模式。“四化一平台”新型职业农民培育教学模式有很强的针对性和实效性，经实践收到了良好的效果。

三、主要做法

（一）确定培育主体，明确培育目标，建立新型职业农民人才库

本培育模式适应生产经营型职业农民（含新型农业经营主体带头人）、专业技能型职业农民和社会服务型职业农民的培育工作，年龄在18~55周岁，特别是青年职业农民。根据宁晋县农业产业发展的需求，围绕玉米、小麦、蔬菜、养殖、食用菌、果树等产业，进行了一次全县摸底调查，搜集信息3 000余条，建立了宁晋县新型职业农民人才库，以生产经营型职业农民为主，每年计划培育330人左右，力争将宁晋县现有的专业合作社骨干成员、家庭农场主及种养大户等新型经营主体，在2025年前全部培育成功，取得新型职业农民证书。通过本培育方式培养出的有文化、懂技术、会经营的新型职业农民队伍，成为宁晋县现代农业生产经营发展的中坚力量。

（二）省市县专家和行业能手相结合，组建“会讲能干”讲师团

组成适合本培育模式的“能讲会干、专土结合”的讲师团是搞好培育工作的关键。由河北农业大学教授5人、河北省农林科学研究院研究员5人、邢台市现代职业学校讲师2人、宁晋县农业局畜牧局农艺师畜牧师5人、宁晋县职教中心专业教师4人以及农业企业技术员行业能手（包括技术总监、技术厂长、工程师、农民企业家等）6人等组成达到26人的讲师团，这样的师资队伍，可讲授可实践，可网上指导可田间操作，实现专家与农民面对面零距离接触，确保了培训质量，也保障了理论学习和实践教学的有机结合。

（三）建立宁晋县新型职业农民培育网站和微信平台

网站和微信平台是师生交流、学员互动的平台，是职业农民的资源库。宁晋县投资10万元建成的宁晋县新型职业农民培育网，包括农业新闻、支农政策、农业科技、特色农业、供求信息、在线交流以及通知通告等栏目，专门设置农科讲堂、科技书屋，与农广天地、农村广播信息服务平台、中国农民网、中国兴农网、河北农业厅网等12家农业网站建立了链接。培训工作结束，但跟踪服务不止，为方便群众，我们又建立的职业农民微信公共服务平台和师生互动微信群，职业农民在通过网站和微信群可以讲经验，学知识、谈合作，提问题，做解疑。

（四）配备高标准教学设备，应用现代化教学手段

注重培训模式的创新，鼓励教师采取多种形式开展教学活动，注重提高专兼职教师设计、开发、制作、应用多媒体教学课件的能力，加强教学媒体资源库建设，加快推进远程教育和现代教学手段的应用。由职教中心共享教学课件、教学软件、动画模拟软件以及实训软件，并配备笔记本电脑60台以及投影仪等教学设施，办成流动电子教室。

（五）采用“多元化”评价机制

培训单位自主评价、网上评价及县农业局新型职业农民培育工程项目办公室评价三结合的办法。包括对参加培训人员的理念知识考核、动手能力的提升考核、家庭经营或服务质量的变化、经营管理理念的提升、示范带动等方面进行评价；评价手段包括试卷考试、实践操作考核、座谈会、经济效益比较等。以此作为新型职业农民认定的依据。

每培训一段时间，县农业局及承办单位通过走访学员，侧面了解学员的具体学习经营情况，采用农业局、承办单位及学员三方对授课教师进行综合评价，学员及时填写“教师授课评价表”，就授课内容的实用性、教学方式的灵活性、教学态度的认真性等方面进行评分，找出问题，并及时与教师进行沟通以便改进和提高。讲师团实行动态管理，对综合评分较低的教师进行更换。

（六）树立典型，边培训边指导，发挥示范带动作用

在做好培训的同时，把生产中存在的问题收集起来，聘请专家现场解决问题。选择积极学习、经营规模比较大、具有强烈上进心的学员，作为典型案例重点进行帮助和宣传，起到示范作用，从而影响带动其他学员和周边群众。学员刘爱娟，系宁晋县凤凰镇亭子头村人，从事养猪8年，育有种猪50头，肥猪400头，养殖场占地10亩，并建有一个配种站。多年来经常出现配种失败、种猪淘汰率高、生产效益低下问题。河北农业大学袁万哲副教授（博士），系河北生猪产业体系疾病控制团队成员，给学员讲完课后，了解到刘爱娟的实际情况，便深入养殖场进行调研取样，带回河北农大分析。最后确诊为防疫措施不到位，由蓝尔、猪圆环两种病毒所致，提出了治疗方案和改进措施，解决了刘爱娟多年困扰的问题，避免了近10万元的经济损失，并解决了周边养殖户同样的问题。

2016年在《宁晋报》开辟了“新型职业农民风采”专栏，先后把陈世君、耿东昭、刘爱娟、李记明、季彦波、刘会霞、冯中友等一批优秀典型进行宣传报道，起到了良好的示范带头作用。今后将选择一批优秀学员编印成册，讲述他们的创业故事，激励其他职业农民走出自己发家致富的新路子。

四、创新点

河北省宁晋县“四化一平台”培育模式，有的放矢，针对性强，深受农民欢迎，培育效果非常突出。

一是编写本土教材，调整课程体系。宁晋县农业局组织县林业局、畜牧局及职教中心骨干教师，组成本土教材编写小组，每年对教材都进行适当的修改和完善，确保教材内容实用，适合使用。新型职业农民不仅要懂技术，更应该增强营销、电商等方面的经营管理意识和风险意识，为此我们增加营销、灾害应急、电商、管理等方面课程的比例，受到农民的欢迎和认可。

二是教学形式和内容灵活，适合针对农民培育工作的开展。按季节农时进行教学，农民看得见学得会，“做中学，学中做”；按农业生产的特点采用不同的教学形式，农民更适应，避免了传统课程教学给农民造成的不适应和困惑，大大提高了农民学习的积极性和主动性。实现由被动学习向主动学习的转变。

三是因材施教，适合不同年龄不同学历层次农民。除课堂教学外，家里有电脑的学历高的通过我们的网络平台学习，没电脑的学历低的通过微信平台交流。多种教学方式可以使每个学员都能找到自己的切入点，学到自己想学的知识。专土结合的讲师团，给学员不同的传授知识的形式，也适合不同层次的学员学习，因此培训质量显著提高。

四是紧跟踪常问效，强化服务提质量。15天的培训工作结束，但是培育工作才刚刚开始。一方面通过“宁晋职业农民培育网”以及微信交流平台常与农民交流，及时了解农业经营信息。另一方面通过实地跟踪指导服务，按季节送技术到户，专家可亲眼看到农民的经营管理状况，切实解决农民生产中存在的问题，提出具体可行的管理方案。实地走访学员还可以来检验培训效果，了解培训取得实效和经验，针对存在问题和不足，着力加强薄弱环节，不断改进和完善培育方式方法，探索出适合新型职业农民培育的新路子。

五、成效分析

宁晋县自开展新型职业农民培育工程项目以来，加强政策扶持，创新培训机制和模式，强化跟踪服务，注重典型引导，取得了显著成效。

2014 年、2015 年、2016 年通过“四化一平台”培育模式，已培育新型职业农民 700 人，由新型职业农民领办家庭农场 46 个，粮食种植专业合作社 376 家，共流转土地 14.5 万亩，实现种植规模化，辐射带动 3 万多户。很多新型经营主体成为新品种、新技术的践行者，农业标准化种植的引领者。为县现代农业发展提供了有利的人才支撑。

通过综合评价认定新型职业农民 460 人。培训过的学员不仅技术上得到提高，思想素质上也得到了提升，更能把握市场。这些变化影响了身边的人，很多没有参加培训的农民纷纷打电话报名参加今年的新型职业农民培育班。

凤凰镇亭子头村刘爱娟、刘路村李计明、贾家口镇尧台村刘会霞、侯口乡城北村陈世君、北楼下村阴京彬、米家庄村高月恒等优秀学员通过我们提供的平台，结合学到的知识，及时与讲师团进行联系，解决了自己生产中出现的问题，专家指导了他们 2017 年的养殖及种植安排，规模化生产效率和效益明显提高，并带动了周边农民，社会反响很大。

宁晋县新型职业农民培育的做法得到了省市县领导的一致肯定。河北省农业农村厅科教处领导到宁晋调研时，对宁晋县采用的“四化一平台”新型职业农民培育模式及新型职业农民培育成果给予高度评价。邢台市农业局作为典型模式通过邢台农业信息网在全市进行推广。县委、县政府将培训信息在中国宁晋网站发布。宁晋县“四化一平台”培育模式及做法在“中国新型职业农民网”以及“河北职成教网”进行报道达到 20 余篇。南和、临城、平乡、赵县等兄弟县市到宁晋县参观学习。

2017 年 3 月 21—22 日全国春季农业生产暨农业产业园建设工作会议在河北石家庄召开，中共中央政治局委员、国务院副总理汪洋带领与会人员到宁晋县 5 万亩小麦绿色高效创建核心区现场考察，在现场的农业智慧展厅中通过云平台连线宁晋县新型职业农民培育田间课堂与培训教师及学员进行视频对话，陈世君、阴京彬优秀学员现场向汪总理汇报了宁晋县合作社发展的情况，汪总理并对宁晋新型职业农民培育工作给予充分肯定，给予宁晋莫大的鼓舞和鞭策。

宁晋县“四化一平台”新型职业农民培育模式为不同专业、不同人群、不同知识水平的人量身打造了不同的教学方式，受到了人们的普遍欢迎和接受，新型职业农民的文化素质和科技素质及能力得到了大幅提高。

第五节 “三化一平台”培育模式

一、模式概述

临西县在新型职业农民培育过程中创造了“三化一平台”新型职业农民培育模式，是指根据本地主导产业、气候特点、农业生产状况和农民生产管理水平，分季节、分时段、分形式对职业农民进行理论教学和生产实践教学的尝试，该模式充分利用网络资源和现代化教学手段，整合多种培育形式，适宜不同文化水平和年龄层次的新型职业农民培育新模式。

（一）培育内容季节化

按季节分段式教学，即根据农事活动调整课程内容，直接讲授当下生产所需要的管理技术，同时把部分课程搬到田间地头进行生产教学，农忙季节学技术，农闲季节讲管理。根据不同季节的生产实践，巧妙地将系统的专业理论渗透在实践教学的各个环节中，实现“理实一体”和“做中学、学中做”的目标，从而达到更好的教学效果。

（二）培育形式多样化

教学形式采用了多媒体理论授课、田间课堂、田间现场讲授与指导、学员实训实践、教师课堂演示、师生互动、参观考察、观摩等多种形式，并做到“三个结合”，即农闲时教室上课，农忙时田间集合，实现理论与实践相结合；时间不宜集中时利用互联网进行学习，实现线上与线下相结合；树立职业农民示范的典型重点进行帮扶，实现普遍指导与典型带动相结合。

（三）培育手段信息化

利用空中课堂、流动服务车、多媒体、互动软件、动画、实用教学光盘等现代化教学手段进行课堂教学，通过形象直观的动画模拟，增强了学员的观察力和想象力，激发学员的学习热情和兴趣，提高课堂教学效果。

（四）建立临西新型职业农民培育交流平台

为满足不同人群的需求，便于课下自主学习及与专家进行交流，县农业局建立职业农民微信公共服务平台，比如种植大户学员加入“临西芸乐收大农户增产群”，在网上可以交流种植技术、价格、需求等信息。

二、模式背景

临西县位于河北省南部，辖 10 个乡（镇、园区），总面积 542 平方千米，耕地面积 59 万亩，总人口 34 万，盛产优质小麦、玉米、棉花、蔬菜食用菌等农产品，是全国粮食生产先进县、中国北方最大工厂化食用菌生产和加工基地，从业人员达 3 万余人。

随着临西县经济发展，轴承、纺织、医药等行业迅速崛起，很多农民不再以农业生产为主，个人身份开始由农民向工人转变，土地耕种留给了少数职业农民。截至 2016 年，农村合作社达到 565 家、家庭农场主达到 83 个，种植大户和养殖大户 960 个。规模化种养也给多年来沿用传统农业种养技术的农民带来的很大的风险，农民的技术、素养、经营能力已成制约我县现代农业发展的瓶颈。因此迫切需要创建一种新的培训教学模式，培育出高素质的新型职业农民，以适应新的农业生产形势的发展。

从事农业相关工作人员的年龄、知识、能力差别较大，其接受、理解、领悟所学内容的能力各有不同，但是农民渴望能进行技术、管理、营销、电商等方面的培训和指导，渴望能学到更加专业的农业技术知识，学以致用，为个人以后发展提供基础保障。

新型职业农民培育工程开展以来，临西县农业局组织力量专门研究新型职业农民培育主体和培育模式，明确具有丰富农民教育培训实践经验和实力的农业技术推广中心和临西县农业广播电视学校为新型职业农民培育单位。依托龙头企业、现代农业园区和农民专业合作社积极开展培训工作，因地制宜，从教学形式、内容、手段等方面进行改进，构建“三化一平台”培育模式。“三化一平台”新型职业农民培育教学模式有很强的针对性和实效性，经实践收到了良好的效果。

三、主要做法

（一）确定培育主体，明确培育目标，建立新型职业农民人才库

本培育模式适应生产经营型职业农民（含新型农业经营主体带头人）、专业技能型职业农民和社会服务型职业农民的培育工作，年龄在18~55周岁，特别是青年职业农民。根据临西县农业产业发展的需求，围绕玉米、小麦、蔬菜、养殖、食用菌等产业，进行了一次全县摸底调查，搜集信息1 000余条，建立了临西县新型职业农民人才库，以生产经营型职业农民为主，每年计划培育150人左右，力争将临西县现有的专业合作社骨干成员、家庭农场主及种养大户等新型经营主体，在2020年前全部培育成功，取得新型职业农民证书。通过本培育方式培养出的有文化、懂技术、会经营的新型职业农民队伍，成为临西县现代农业生产经营发展的中坚力量。

（二）省市县专家和行业能手相结合，组建“会讲能干”讲师团

组成适合本培育模式的“能讲会干、专土结合”的讲师团是搞好培育工作的关键。由省农科院研究员1人、市农业农村局专家3人、市农科院副研究员1人、市现代职业学校讲师5人、县农业局畜牧局农艺师畜牧师5人以及农业企业技术员行业能手（包括技术总监、技术厂长、工程师、农民企业家等）3人等组成达到18人的讲师团，这样的师资队伍，可讲授可实践，可网上指导可田间操作，实现专家与农民面对面零距离接触，确保了培训质量，也保障了理论学习和实践教学的有机结合。

（三）建立临西县新型职业农民培育微信平台

微信平台是师生交流、学员互动的平台，是职业农民的资源库。培训工作结束，但跟踪服务不止，为方便群众，又建立的职业农民微信公共服务平台和师生互动微信群，职业农民在通过网站和微信群可以讲经验，学知识、谈合作，提问

题，做解疑。

（四）配备高标准教学设备，应用现代化教学手段

注重培训模式的创新，鼓励教师采取多种形式开展教学活动，注重提高专兼职教师设计、开发、制作、应用多媒体教学课件的能力，加强教学媒体资源库建设，加快推进远程教育和现代教学手段的应用。

（五）采用“多元化”评价机制

培训单位自主评价、网上评价及县农业农村局新型职业农民培育工程项目办公室评价三结合的办法。包括对参加培训人员的理念知识考核、动手能力的提升考核、家庭经营或服务质量的变化、经营管理理念的提升、示范带动等方面进行评价；评价手段包括试卷考试、实践操作考核、座谈会、经济效益比较等。以此作为新型职业农民认定的依据。

培训结束后，县农业农村局及承办单位通过走访学员，侧面了解学员的具体学习经营情况，采用农业农村局、承办单位及学员三方对授课教师进行综合评价，学员及时填写“教师授课评价表”，就授课内容的实用性、教学方式的灵活性、教学态度的认真性等方面进行评分，找出问题，并及时与教师进行沟通以便改进和提高。讲师团实行动态管理，对综合评分较低的教师进行更换。

（六）树立典型，边培训边指导，发挥示范带动作用

在培训的同时，把农民生产中存在问题收集起来，聘请专家现场解决问题。选择积极学习、经营规模比较大、具有强烈上进心的学员，作为典型案例重点进行帮助和宣传，起到示范作用，从而影响带动其他学员和周边群众。2014 年学员赵书涛，系临西县大刘庄乡大张庄村人，从事农业生产 18 年，承包土地 200 亩，但对于各种技术掌握不够全面，邢台市农科院李文治副研究员，给学员讲完课后，了解到赵书涛的实际情况，专门对他进行不定期辅导，效果非常好。

四、创新点

河北临西县“三化一平台”培育模式，有的放矢，针对性强，深受农民欢迎，培育效果非常突出。

一是教学形式和内容灵活，适合针对农民培育工作的开展。按季节农时进行

教学，农民看得见学得会，“做中学，学中做”；按农业生产的特点采用不同的教学形式，农民更适应，避免了传统课程教学给农民造成的不适应和困惑，大大提高了农民学习的积极性和主动性。实现由被动学习向主动学习的转变。

二是因材施教，适合不同年龄不同学历层次农民。除课堂教学外，家里有电脑的学历高的通过我们的网络平台学习，没电脑的和学历低的通过微信平台交流。多种教学方式可以使每个学员都能找到自己的切入点，学到自己想学的知识。专土结合的讲师团，给学员不同的传授知识的形式，也适合不同层次的学员学习，因此培训质量显著提高。

三是紧跟踪常问效，强化服务提质量。15 天的培训工作结束，但是培育工作才刚刚开始。一方面通过微信交流平台常与农民交流，及时了解农业经营信息。另一方面通过实地跟踪指导服务，按季节送技术到户，专家可亲眼看到农民的经营管理状况，切实解决农民生产中存在的问题，提出具体可行的管理方案。实地走访学员还可以来检验培训效果，了解培训取得实效和经验，针对存在问题和不足，着力加强薄弱环节，不断改进和完善培育方式方法，探索出适合新型职业农民培育的新路子。

五、成效分析

临西县自开展新型职业农民培育工程项目以来，加强政策扶持，创新培训机制和模式，强化跟踪服务，注重典型引导，取得了显著成效。

2014 年、2016 年通过“三化一平台”培育模式，已培育新型职业农民 352 人，由新型职业农民领办家庭农场 26 个，粮食种植专业合作社 76 家，共流转土地 1.5 万亩，实现种植规模化，辐射带动 1 万多户。很多新型经营主体成为新品种、新技术的践行者，农业标准化种植的引领者。为全县现代农业发展提供了有利的人才支撑。

通过综合评价认定新型职业农民 249 人。培训过的学员不仅技术上得到提高，思想素质上也得到了提升，更能把握市场。这些变化影响了身边的人，很多没有参加培训的农民纷纷打电话报名参加今年的新型职业农民培育班。

临西县“三化一平台”新型职业农民培育模式为不同专业、不同人群、不同知识水平的人群量身打造了不同的教学方式，受到了人们的普遍欢迎和接受，新型职业农民的文化素质和科技素质及能力得到了大幅提高。新型职业农民培育工作还在不断探索，我们将继续借鉴新经验，探索新路子，坚守初心，砥砺奋进，扎实推进新型职业农民培育工程的各项工作，努力打造临西新型职业农民培育的品牌和特色，为临西农业发展提供强有力人才支撑。

第六节　“三个课堂”培育模式

一、模式概述

河北省邢台县在新型职业农民培育过程中创造了“三个课堂”培育模式，即“理论课堂、田间课堂和信息化课堂”的培育新模式。理论课堂主要针对农业法律法规、农业生产等方面的理论知识的集中教学；田间课堂利用试验基地、示范果园、标准化养殖场等种植业、畜牧业的实践教学；信息化教学利用信息化工具如邢台县农业信息网、河北农技服务云平台、微信、手机等远程对农户进行指导教学以及后期跟踪服务教学。“三个课堂”培育模式有效完善了农业技术培训和传递的完整性，还切实提高了农民专业的技术素质。

二、模式背景

邢台县位于河北省南部、太行山东麓，自西向东呈山区、丘陵、平原依次降低。总面积 1 848 平方千米，辖 16 个乡镇，519 个行政村，耕地面积 49.61 万亩，总人口 35.22 万人，其中农业人口 31.87 万人。2015 年末实现农业总产值 134 831 万元，畜牧业总产值 53 649 万元，渔业总产值 1 440 万元。粮食总产 12.49 万吨，农民人均纯收入达到了 9 507 元。

随着惠农政策的深入实施，邢台县农业的基础地位也不断增强，农村经济在结构调整中实现了全面发展。农业结构调整持续好转，特色农业、高效农业、设施农业、养殖业发展进一步加快，逐渐形成环城平原区以“小麦、玉米”高产创建、丘陵区的谷子小杂粮、酸枣、菊花、金银花等中药材产业以及山区的现代林果业为主的发展格局。农民整体素质还不是很高，主要是一家一户的小农作坊，在种植规模、品牌意识、发展高效农业和把握农业市场信息方面还是有一定差距，邢台县林果业种植面积 8.77 万亩，2015 年末年产值 262.5 万元，温室蔬菜和食用菌种植 3.4 万亩，2015 年末年产值 105 万元，其中 90%种植户为山区丘陵的农民，农户居住地域宽广，交通不便，集中教学授课的机会较难安排，农户接受技术培训的机会不多，为此，结合邢台县实际情况，提出“理论+田间+信息化”课堂的培训模式，采取“面对面教学、手把手指导、信息化解答”等形式，组织技术人员分区域、分产业、分层次开展农业、畜牧等专业技术教学和技术跟踪指导服务模式，切实解决农民生产过程中出现的技术难题，全面提升农民学员综合素质、专业见识、专业技能和岗位实践能力。

三、主要做法

（一）抓组织，强领导，构建新型职业农民培育保障体系

为确保新型职业农民培育工程项目顺利实施，按照“科教兴农、人才强农、新型职业农民固农”的战略要求，坚持立足产业、政府主导、多方参与、注重实效的原则，成立了邢台县新型职业农民培育工程项目领导小组，由县政府分管农业的副县长任组长，成员由县政府办、县农业农村局、县财政局、县人社局、县科技局、保险公司、金融机构等单位主要领导为成员，领导小组下设办公室，办公室地点设在县农业局，具体负责新型职业农民培育试点工作的日常工作，协调各方力量，确保人员、技术措施和各项政策的落实到位。同时还以政府办红头文件先后出台了《邢台县新型职业农民培育认定办法》和《邢台县新型职业农民支持扶持办法》等文件，为开展新型职业农民培育工作提供可靠政策保障。

（二）细调查，精遴选，优化新型职业农民技术队伍体系

按照河北省农业厅的要求，以“精细调查，准确遴选，参与自愿”为原则，以壮大邢台县果业、蔬菜业和畜牧业三大特色主导产业为目标，采取自愿报名、村组推荐、择优选拔、张榜公示的形式确定并上报培育对象。一是对现有的粮食、中药材、水果、设施蔬菜、畜牧等种植大户，养殖户，专业合作社的业务技术骨干，科技示范户进行调查摸底、建档立卡。二是按照生产经营型、专业技能

型和社会服务型 3 种新型职业农民类型，建立培育对象数据信息库。建立了培育对象数据信息库 725 人，其中生产经营型 425 人、专业技能型和社会服务型 300 人。三是以生产经营型的农户为重点，遴选好培育对象，把真正从事农业生产、迫切需要提升素质和生产技能、愿意成为新型职业农民的人选出来进行培育。2014 年培育新型职业农民 212 人，2015 年培育新型职业农民 144 人，2016 年培育新型职业农民 228 人，计划到 2020 年全县认定新型职业农民达 950 人，使每村都有有文化、懂技术、会经营的新型职业农民带头人。

（三）强师资，重实习，创新新型职业农民培育教学体系

培训基地：确定邢台县农业技术推广站和邢台县农业机械化学校 2 个培训基地，并实行挂牌管理，落实了新型职业农民培育培训任务。

师资教材：根据培训专业内容要求，聘请了市局、市农科院及市农校的专家和实践经验丰富的专业技术人员，担任培训教师。结合课程安排，采取自编或订购培训教材，在自编培训教材的基础上，订购了一定数量的培训教材，在师资、教材上保证了培训质量。其中征订上级统编教材 2 500 本，组织专门人员编印通俗易懂的培训教材 3 000 本。

培训管理：在培训日常工作中，严格按照培训计划，认真落实各个教学环节。根据新型职业农民培育项目要求，严格培训管理。在日常培训中，严格执行开班申请制度、公示制度、信息报送制度、台账登记制度、考试考核制度、检查验收制度，制定教师职责，要求教师精心准备教案，完成规定任务的培训内容并做好学员跟踪服务和信息反馈。

授课实习：结合农业产业特点和农民需求，坚持实际、实用、高效的原则，将培训班设在项目实施村，采取集中授课、面对面培训，进村入户指导，现场观摩等行之有效的方式，本着农民需要什么，就讲什么，及时解决农民生产实际中存在的问题，既方便农民学习，又节约培训经费，组织学员到藁城参观学习水肥一体化技术，到顺平县青青三优富士苹果农民专业合作社、石家庄井陉县矿区天户叶村农业合作社学习优质苹果栽培技术，通过现场观看，使学员们眼界大开，进一步增加了学习掌握现代农业知识的愿望。

（四）常跟踪，多服务，稳固新型职业农民技术支撑体系

新型职业农民培育工作是一项长期性的工作，县农业局成立专家服务团，开

展“技术人员领办、帮办示范园，行政人员建立联系点”以及“一个基层农技推广站依托一家科研机构、大专院校或者名优企业发展一个特色产业基地，配备一名正高级专业技术人员和一名研究生的技术指导”的工作机制，利用农业信息网、河北农技推广云平台等手段及时跟踪农技服务，确保新型职业农民能够获得更多更新的农业技术，真正实现农业科技成果转化到生产中去。

（五）惠政策，建平台，完善新型职业农民政策扶持体系

为完善新型职业农民政策扶持，邢台县积极落实国家、省市惠农政策，建立项目对接平台，对已经通过县领导小组办公室考核认证的新型职业农民纳入项目平台优先优惠名单，在承担农业项目、土地流转、基础投入、金融信贷、税费减免、信息服务、营销推广等方面，优先考虑支持新型职业农民。

四、创新点

根据农业部“分段式、重实训、参与式”新型职业农民培育培训模式要求，结合特色产业和现代农业发展对新型农民实际需求，将“理论课堂”“田间课堂”“信息化课堂”有机结合起来，大力培育新型职业农民。

（一）理论课堂

利用“固定课堂”进行集中多媒体理论授课，聘请市局、市农科院及市农校的专家和实践经验丰富的专业技术人员，担任培训教师。结合课程安排，采取自编或订购培训教材，在自编培训教材的基础上，订购了一定数量的培训教材。集中时间对新型职业农民进行现代农业、农产品品牌认证、农村土地承包法、玉米、小麦病虫草害综合防治、苹果管理技术以及手机应用技能和信息化能力培训等专业的培训，采用幻灯片教学，图文并茂，形象生动，通俗易懂，并及时记录职业农民接受教育培训情况。

（二）田间课堂

依托农业名企、农民田间学校、实训基地，建立“田间课堂”，成立苹果、植保、土肥、畜牧等主要产业的专家服务团，开通“农技服务直通车”。结合农作物、林果作物生长的关键时期，围绕各种作物的关键技术因人施教，因地施教，面对面讲、手把手教，做到“学中做，做中学”。培养学员熟练掌握实际操

作技能，提高培育对象的参与性、互动性和实践性。

（三）信息化课堂

充分利用现代化、信息化手段，组织专家以“信息化课堂”形式开展在线教学，随时随地为农民提供服务，实现了农业科技与农民的“零距离”接触。建立多业务科室的参与协作机制，充分利用邢台县农业信息网、河北农技服务云平台、“邢台县农信微报”微信公众号、测土配方查询系统等新媒体和互联网络，采取“即时解答、实地走访、电话回访、微信群交流、发送短信”等形式，组织技术人员分区域、分产业、分层次开展“一帮一或一帮多”的技术教学和技术跟踪指导服务模式，切实解决农民生产过程中出现的技术难题，全面提升学员综合素质、专业见识、专业技能和岗位实践能力。

五、成效分析

一是新型职业农民队伍进一步发展壮大。“三个课堂”的新型职业农民培育模式涵盖面广、教学内容丰富、实践操作直观、跟踪回访及时，切实提高了农民素质，加大农民科技带头作用，受到了群众的广大欢迎。三年来，邢台县共计培育新型职业农民 584 名，学员们不仅真正掌握了农业高效生产技术，还对合作社的运营、农村相关法律法规、电商等知识有了较为全面的了解，使自身的综合素质得到了全面提高。

二是农业主导产业发展进一步加速。随着苹果、蔬菜、粮食、畜牧等主导产业方面的专业人才的重点培育，邢台县主导产业的标准化生产程度也进一步加快。全县共建成高产创建示范片小麦、玉米各 2 个，苹果千亩以上标准化示范园 5 个，中药材千亩以上种植示范园 6 个，蔬菜标准化种植基地 5 个，蔬菜标准化种植基地 5 个。目前，邢台县抱香谷、太行峡谷（前南峪）省级现代农业园区和龙熙市级现代农业园区正在积极创建中，同时正在谋划创建打造一批县级农业示范园区，争取达到“一乡一园”。

三是农民农业科技素质进一步提高。项目实施以来，累计培训农民 584 名，结合邢台县新型职业农民考试考核管理办法、《邢台县新型职业农民评审及评分标准》和《邢台县新型职业农民认定办法》等一系列培训管理制度，已有 204

名农民获得了专家组审议认定并颁发证书，正式成为新型职业农民。新型职业农民的认定，进一步转变了农民传统的耕种意识，提升了农民的职业素质，推动了农业生产规模化的发展。

四是农业生产效益进一步增加。通过农业技术的传授和指导，农民的种养水平得到提高的同时，农作物、畜产品的产量和品质均有所增加。粮食班学员张平安的示范片小麦平均亩产 561. 2 千克，比示范片外同等地力条件的小麦平均亩增产 62. 5 千克。玉米示范片平均亩产 726. 4 千克，比示范片外同等地力条件的玉米平均亩增产 110. 5 千克。果农刘银祥的 1. 3 亩乔砧苹果，通过施用“大锅菜”施肥技术，2015 年收获苹果 1 万多千克，平均亩收入 5. 2 万元。折户村香菇种植户，每亩香菇棚的产量从 15 ~ 16 吨提高到 18 ~ 20 吨，每棚效益提升 2 万 ~ 5 万元。

第七节 “三全一落实”培育模式

一、模式概述

邢台市农业学校新型职业农民培育采取理论授课、分组讨论、实践指导、参观考察等多种形式，为培训班学员开阔思路，扩展视野，更新观念，迎接挑战，准备了内容丰富而有针对性的课程，总结“三全一落实”新型职业农民培育模式。“三全”是指健全各种制度、健全教学方案、健全学员管理，“一落实”是指全面落实关于新型职业农民培育的精神，把工作抓细抓实。其中创新点就是青年农场主培育中分县域开展实践课教学——县域实践突出了各县域的特点，便于问题集中处理，示范带动作用强。

二、模式背景

2016 年下半年邢台市农业学校被河北省农业厅认定为新型职业农民培育基地，承担了 220 人的培训任务，其中现代青年农场主在邢台市培训 100 人；新型农业经营主体带头人培训 120 人。任务下达后，邢台市农业学校积极开展调研，最后确定为内丘县岗底村及周边几个村的种植大户开展苹果生产产业培训、为临城县石匣沟村及附近几个村的养殖大户开展养殖专业培训，按照要求，培训中理论、实践和考察相结合，学员们既增长了理论知识和实践能力，又拓宽了视野、开阔了思路，大家纷纷表示收获很大。

三、组织实施

（一）健全管理制度

（1）学校成立了新型职业农民培育工作领导小组，建立了多部门参与的财务制度、物品采购制度、车辆使用制度等。

（2）制定学员管理制度。根据多年学校管理和学生工作经验，制定了班级管理制度和学员听课制度，为每个班明确一个班主任老师，负责班级日常管理、全程跟踪上课，确保了培训工作顺利开展。

（二）健全教学方案

1. 认真做好培训前期准备工作

为了有针对性地设置专业和课程，邢台市农业学校前期对 100 余名农场主进行了电话询访，通过了解知道，100 名农场主中，有规模养殖户 8 人，以养猪和养鸡为主；有 24 名家庭农场经营者，以种植为主，配合有少量柴鸡养殖；有 35 名合作社骨干，其中 10 余名人员担任合作社法人和理事长职务，大多以种植为主，产业主要涉及小麦、果树、杂粮生产、蔬菜；有 33 名种植大户，以果树、小麦和玉米生产为主要产业，果树以苹果和核桃种植为主。

2. 有针对性地设置课程

根据对学员的电话询访，邢台市农业学校在专业和课程方面有了一定的依据，为此请来了邢台市农科院小麦专家李文治研究员，邢台市农业农村局首席小麦专家王卫东研究员，分别就小麦选种，规模种植中的技术问题和小麦产业发展做了专题讲座。通过询访得知，由于近年来土地流转问题突出，学员们急需获取这些方面的知识，专门请来了职业律师、土地经营管理方面的专家、农村政策法规专家进行授课，并留下联系方式，或加入学员微信群，以便随时帮助学员破解难题。现阶段，国家大力发展农业规模生产，但是农民如何增收，如何破解农产品销售难题是一直亟待解决的问题，为此，邢台市农业学校为学员制定了他们急需的农产品电子商务课程、合作社经营管理课程、现代农业发展政策与职业农民课程，使这些农场主学员们可以学以致用，并且为他们之间抱团发展，促进产业融合，产业升级创造交流平台。学习伊始，就建立了微信平台，加强学员们的交流，使他们及时了解供求信息，在一定程度上解决信息不畅的问题。

3. 选聘优秀师资

组建优秀的师资队伍是高效完成新型职业农民培育项目的基础，80%的教师选自新型职业农民培育师资库，其中，包括省农业厅农经处郗悦平主任和河北农业大学农业经济专家赵帮宏教授、邢台市农科院小麦专家李文治研究员、邢台市农业农村局专家组首席小麦专家王卫东研究员、邢台市农业农村局农业经营科牛继武科长进行授课指导。赵帮宏教授和省农业农村厅郗悦平主任是我省农业经济方面的专家，通过他们对相关农业政策的解读，使学员们对新型职业农民政策更加熟悉，对省农业发展方向有了更清楚的理解，对于学员们创业或扩大生产有了进一步的指导意义。针对目前电子商务的发展趋势，我们专门聘请了邢台市淘赢电商学校赵勇利校长前来授课，从理论到实践手把手带着学员们学习，他的课从白天上到晚上，深受学员好评。

（三）健全学员管理

2016年共计划培育青年农场主600人，其中100人在校接受培育，根据产业特点设置了合作社和种植两个专业班，每个班50人左右，并推选一名班长，根据班内学员籍贯，每班设小组5个，每个小组推选一名组长，每个班配备一名班主任全程陪同上课，并负责班级全程管理，及时发现问题处理问题，并帮助学员们解决生活和学习过程中出现的困难。通过班主任和班委的配合使学员管理制度得到有效的落实，同时，还将学员管理情况及时上报市农业农村局科教科。

针对新型农业经营主体带头人培训班人员相对较集中的特点，专门为每个班指定了两名班长，协助班主任进行学员的管理工作，尤其在每次开课前都提前联系班长，由班长再通知各小组组长，由组长通知到个人，这样层层递进，使学员的管理工作得到有效的落实，实践和实训工作都能够较好地开展。

（四）认真抓落实，使各项工作有效落实到培训过程中

1. 创造丰富多彩的学习环境

按照农业农村部、省厅新型职业农民培训规范的总体要求，紧密结合邢台市农业发展实际，采取了多样化教学。理论授课，分组讨论，实践指导，参观考察等多种形式相结合，使培训过程丰富多彩，使培训效果更加明显。理论授课本着实用、实际、实效的原则，重点讲授各行业技术、发展趋势等。课程包括：现代农业生产经营，农民素养与现代生活，家庭农场经营管理，现代农业创业等必修课程和农产品电子商务，果树栽培，小麦规模化生产，蔬菜规模化生产等 13 个精选课程。针对学员个性化要求，专门征求学员意见，组织了专家答疑。我们还编印了学员、教师通讯录，建立了专家学员微信群，学员之间、学员与教师之间可以随时交流与沟通，解决了授课时很难满足每个学员知识需求的难题。

平时大家各自忙着各自的产业，难得抽出时间进行学习交流，班主任负责组织学员每天上课前半小时进行个人成果分享，晚上再组织学员一起进行座谈，各个县分成小组，推选出县域代表为小组长，组织各县代表发言、优秀学员发言，对每天的学习收获进行分享，分别就每个人的产业规模、产业特点、产业经验进行讨论。通过交流加深了学员之间的感情，加深了对所学知识的印象，加深了解，加深了学员们之间的同学情谊，带动了学员们的学习积极性。同时，通过交流和对个人产业的介绍，也进一步了解学员的需求，为明年的专业和课程设置明确了方向，为明年更好的服务新型职业农民奠定了基础。

2. 周密计划，组织学员实践、参观考察

针对学员的产业特点制定详细的参观考察方案，并及时上报市农业农村局科教科，获得批复后逐步按照计划实施。实践和实训考察场地提前半个月时间进行筛选，最终选择 1～2 个地点提交领导小组讨论后决定，本着群策群力的原则，发挥团队优势，力求做好做实培训工作。前往南和嘉年华进行考察，学习农业与休闲观光相结合的模式，学习连栋温室大棚的维护和管理。前往北京农展馆、中粮智慧农场、中国农大富通公司生态示范园区，在每个参观考察点都安排专业人员进行讲解，带队老师进行小组指导，对参观过程中的问题进行汇总，并及时反

馈给学员，力求使学员们学有所得。针对新型农业经营主体带头人学员，组织前往山东寿光、栖霞、保定涞水、易县等地参观考察，收获很大，拓展了带头人的思路。

3. 及时沟通，及时上报

邢台市农业学校在开展新型职业农民培训的过程中，与学员进行沟通，交流的同时及时向市农业农村局科教科和县农业农村局进行汇报，实时反馈信息。

（五）县域实践活动

为了更好地使学员们相互了解，加强交流，根据就近原则和地域性产业特点，组织新河、宁晋学员集中前往宁晋县兆远合作社参观学习了现代农业机械的使用；组织任县、南和区、平乡县学员前往平乡县河古庙镇平风农场参观学习大田作物管理与养护，共同发现问题解决问题；组织临城县学员前往临城县锞源有限公司实践学习山地丘陵地带果园的管理和果树的养护；组织沙河市学员前往沙河利多实业有限公司生态园进行实践学习，在实践过程中组织学员参与到大棚蔬菜和瓜果的管理过程中；组织内丘县学员前往五郭乡农场实践学习，组织威县、临西的学员前往威县人合农业开发公司的蔬菜大棚实践学习，组织邢台县的学员前往朱庄水库乐岛湖畔生态园进行实践学习休闲农业的开发和管理。这种县域实践学习模式根据“以点带面”的原则，充分发挥示范带头作用，在县域内树立榜样、典范，求大同存小异，根据自身特点，不断发挥产业优势，使县域范围产生规模效应。

（六）建立完善的评价反馈机制

1. 评价

一个良好的培训过程需要一个完善的评价机制，评价可以促进学员们认真对待此次培训活动，对于缺课的学员组织补课，督促学员认真考核和评价对所学知识。策划编制调查问卷，试题试卷等，针对教师授课的内容，提前半月进行筹备工作，准备试题试卷的编写工作。

在本培训即将结束之际，组织老师专门为学员设计考试试卷，使学员对本次学习又增添了一次回顾机会。根据对学员所在县域的了解，选择有规模，产业相近的学员产业，并组织专业教师前往指导，对于有创业需求的学员，提供创业指导，对于有扩大产业需求的学员，提供技术支持。

2. 档案整理

对于每位参加培训的学员整理一套电子档案，整理每个课程的 PPT 和课程资料，届时向学员开放，汇总整理影像资料、学员台账、签到表等资料。

四、培训效果

（一）学习认真

从整个培训过程来看，学员们学习态度端正，目标明确，虽然，培训时间有限，课程安排紧，学习任务重，晚上、白天几乎没有休息时间，但大家精力集中、情绪饱满、没有任何怨言，表现出了强烈的求知欲望。涌现出了大批上课认真、勤奋好学的优秀学员。比如，李龙飞、谷军强、柏青、梁克方、王继刚、赵清亮、刘海英等学员，他们都有自己的产业，工作任务多，但他们始终坚持学习，每天第一个到教室最后一个出教室，学得极为认真。这样的学员很多，大家排出了一切困难，放弃了很多家务事和工作上的事物，认认真真坚持学习。

（二）反响良好

参训学员普遍反映这样的培训既减轻了农民负担，又让他们开阔了视野，掌握了信息，学到了一些知识，了解了国家诸多家庭农场以及合作社的支持政策，知道了如何申报国家农业项目，增强了信心。

（三）观念更新、热情高涨

通过培训，学员进一步更新了观念，提高了认识，激发了农业干事创业的激情，懂得了要成功，不仅需要有吃苦耐劳、永不气馁的精神，更需要有创新的理念，开阔的视野。他们说：“只有想得到，才能做得到”。

（四）能力得到提升

通过培训，学员学到了农产品营销的方法与技巧，深入了解了电子商务对于目前农产品营销的影响，知道了如何经营管理家庭农场，掌握了一些前沿的现代信息技术、专业技术，能力得到了提高，更有利于他们发展事业。

第八节　现代青年农场主人才培养模式

一、模式概述

安徽农业大学与安徽荃银高科种业股份有限公司（简称荃银高科）、安徽团省委三方联合发挥各自优势，根据现代农业发展需要，在教学实践中探索出了新型职业农民培育的新模式——现代青年农场主人才培养模式。本科学生在第一学期和第二学期参加正常的学习，第三学期立志从事农业创业就业的学生自愿报名参加学校的遴选，第四学期正式编班系统实施现代青年农场主人才培养，实行单独培养计划、小班培养。在人才培养的实施过程中，三方共同研究人才培养模式、共同确定人才培养目标、共同制定人才培养方案、共同实施人才培养过程管理、共同推动就业创业。

二、目标任务

围绕“现代农业实践者、粮食生产贡献者、美好乡村建设者、基础政权巩固者、农业国际合作的促进者”现代青年农场主人才培养总体目标要求，多学科专业交叉，建立“懂生产、善经营、会管理”的三大核心培养目标，培养满足农业集约化、适度规模化、农业现代化、现代农业经营管理的创新创业人才。建立现代青年农场主人才培养的校企团协同机制，探索现代青年农场主人才培养的模式，创新涉农专业人才培养的途径，实施农业创业实践实训基地建设和青年农场主创业孵化的实训。通过合作培养，为现代农业发展和社会主义新农村建设输送一批立足服务基层，在农业领域创业就业的高级专门人才。

三、主要做法

（一）人才培养方法

1. 分段培养与创业孵化相结合

学生前三学期在原学院学习通识课程。第 4～6 学期从全校所有理科生专业中遴选30名愿意从事农业创新创业的学生进入“试验班”学习，在校完成相应课程的理论与实验（实践）教学，第7学期开始，进入荃银高科实践并完成后续课程的学习。“试验班”学生，学业合格，校企团为学员开展为期2年的农场经营管理创业孵化，提供经费和技术支持，帮助学生开展农业方面的创业；也可自主择业与荃银高科形成合作伙伴关系，或自主择业。

2. 创新人才培养课程体系和内容

根据青年农场主人才培养目标的需要，试验班的学生在课程设置上集中了安徽农业大学优质课程资源，实现了农学、工学、理学、经济学、管理学等多学科交叉。要求青年农场主要掌握农业科学基本理论知识及相关技能、现代农业的基本理论知识及相关技能、农业机械化及信息化技术等、经营管理及市场营销等方面的能力。受到农业标准化生产与管理、经营等方面的基本训练，具有作物栽培和耕作、育种、种子生产与检验、植物保护、现代农业机械使用、农场经营管理等方面的基本能力。根据能力和素质的要求，在课程设置上分为5各模块。模块一为与农业有关的基础课程，培养学生的基本理论知识和基本技能。包括大学数学、物理、化学、植物学、植物生理学、遗传学、微生物学、农业生态学、农业气象学、农林经济管理概论、农业机械学等课程；模块二为农业生产技术方面的课程，包括植物病理学、昆虫学、作物栽培学、作物育种学、作物种子学、田间试验与统计方法、土壤营养与肥料学、植物化学保护、果树学、蔬菜学等课程；模块三为农业工程及信息化相关课程群，如农业机械、设施农业工程、农产品贮藏与加工、物联网技术导论、物流学等；模块四为农场经营管理方面的课程，使学生懂得农业经营与管理的能力，如农业经济管理、农场与合作社经营管理、会计学、人力资源管理、市场营销学、农业政策法规、农村发展规划等；模块五为综合实践课程，包括植物保护学、作物种子学、作物栽培与耕作、作物育种学、农业机械化等专业课程的实习和实践，还有学生的毕业实习、毕业论文等。

3. 创新教与学的方式

任课教师参加试验班人才培养内容和体系的构建，围绕青年农场主人才培养目标开展教学工作。课堂教学与实践教学相结合，推动学生课程理性学习和感性实践的结合。通过教与学方式的创新，增进师生情感，促进教学相长。学生自主学习和研究型学习推动了教与学的深度互动，丰富和拓展了教与学的内容，教与学的质量极大提升。改革了传统课程以考试为主的考核方式，建立了以能力培养为核心，围绕课程学习特点，实施自主学习、课堂讨论、研究课题、课程论文、项目答辩、实践实训等学习实践内容考核，实施教与学全程考核。

4. 创新人才培养过程

一是依托学校基地，开展基本技能培训和创新创业实训。校内农业园区学生结合教师的科研和生产，开展农业生产技能方面的课程综合实践，将栽培、育种、病虫草害防治等有机结合起来开展实践学习。利用园区现代农业设施开展设施农业课程类实习和物联网技术初步实践。农业园内的机电工业园、农业机械试验区提供学生现代农业机械的课程实习和部分生产实践。学校在高新农业园区和农业产业园设立了试验班创新创业实践专区，提供专门的土地、用房和设施扶持试验班学生创业实践。安排专职老师指导学生创新创业实践。二是发挥现代农业产业体系和推广体系资源优势，开展学生实践实训。依托现代农业产业体系岗位科学家和实验站点，与省农委、各站点合作共建了 9 个产学研实践教育基地。依托农业产业推广体系的农业基层推广站点，安排学生到主要粮食作物、经济作物主产区的生产实习基地开展综合实践。三是依托荃银高科生产科研基地，开展技能训练和创新创业实训。学校与荃银高科联合申报了教育部农科教合作人才培养培养基地并立项。基地首先以合肥南岗科研基地、安徽阜阳科研基地和省内生产基地为依托，开展大学生教育实践和创业实训及创业孵化工作，逐步拓展到其他区域和相关子公司。每年安排学生在基地创业实践和生产实习。

5. 创新学生管理模式

一是实行“双导师制”。学生在企业实习期间安排两位导师，一位是校内导师，另一位是企业导师，共同指导学生完成课程的学习。校内导师应具有副高及以上专业职务，有从事农业科研和教学背景，企业导师应具有较强的从事农业生产管理的经验，在公司担任一定的管理职务。

二是实行“三辅导员制度”，学校辅导员负责日常管理，企业辅导员和团省委兼职辅导员参与日常管理。“试验班”为学校正常教学班级，纳入学校学生管理范围。学校学习由教务处统筹安排。学生在荃银高科学习期间，公司提供必需的生活、学习场所。学生在荃银高科学习期间，培养单位为学生每人每月提供不低于900元基本生活补贴。学习期间学生往返学校和农场的费用由学校统一支付。

（二）保障措施

1. 组织保障

建立由校企团主要领导参与，校企团下属主要部门领导参加的现代青年农场主人才培养工作领导组，定期讨论人才培养工作。学校教务处具体负责人才培养各项工作的协调落实。建立人才培养专家咨询组织，校企团安排专家开展人才培养方案构建、课程内容和体系、课程标准制定、实践实习实训计划等专题研究，保证方案约有效实施。建立了学生党团支部，发挥支部的战斗堡垒作用，以党团建设推动学风建设。

2. 制度保障

建立校企团领导联席会议制度，对人才培养重要工作进行决策。实施了校企“双导师制”，共同指导学生成长，校内导师必须具有副高及以上专业职务，有从事农业科研和教学背景。企业导师具有较强的从事农业生产管理的经验，在公司担任一定的管理职务。实行“三辅导员制度”，学校辅导员由教务处领导担任，负责日常管理和协调，企业辅导员由公司安排高层领导担任，负责落实学生在企业实习期间导师学生管理，团省委兼职辅导员由团省委农村部领导担任，参与学生思想教育。

建立跟踪联系制度。发挥校企团的组织优势，对毕业后在省内工作的学员全部纳入团省委、省委组织部、省农委共同实施的农村青年创业致富“领头雁”培养计划，充分利用创业培训、金融服务、结对帮扶、交流学习、共同发展、宣传展示6个培养平台，促进其成功创业。将直接就业的学员向涉农团属协会会员企业推荐工作，发挥其试验班所学专业特长，培养其成为青年农业专业人才。

3. 经费保障

校企团建立了现代青年农场主人才培养专项经费，专款专用。荃银高科每年资助50万元用于人才培养，经费主要用于学生的实践实训、课程标准制定、创业孵化等工作。学校在校内实训基地、校企合作实训基地以及学校其他基地设立了专项建设经费，保证人才培养。优先在校级、省级和国家大学生创新创业项目中给予支持。

4. 队伍保障

按照人才培养目标和培养要求，学校为试验班挑选了专业水平高、实践技能强的教师承担试验班理论与实践课程教学任务。企业导师为企业中高层管理人员或一线实践经验丰富的生产人员。

5. 条件保障

学校先后建立两个省级实训实训基地，依托现代农业产此体系与省农委一起合作共建了 9 个产学研农科结合基地，其中 3 个为教育部、农业农村部产学研农科教结合实训基地。学校为试验班配置了专门的教室、提供完整的现代教学设备。

6. 管理保障

试验班由学校教务处、团委、学生处负责管理，具体管理由教务处负责，保障了资源的整合与协同。学生日常管理工作挂靠农学院。党团建设接受学校和学院两级管理指导。

四、主要特色和创新点

现代青年农场主人才培养工作，是一项全新的人才培养模式改革，多学科专业交叉，除其具体做法具有多种探索与创新以外，综观该模式，其最主要的特色和创新之处在于：校企团合作培养人才，创新建立高校与企业、社会联合培养人才，建立多元主体参与学校人才培养工作的新机制、新体制、新模式创新人才培养目标和培养模式，多学科专业交叉实施人才培养；优化人才培养过程，实现在实践中培养人才；实施创业实训和创业孵化，实现以创业带动就业。

五、取得的成效

学生综合素质明显提高，学风、考风，学生能力和素质得到教师的一致认可。英语四级、六级通过比例和普通班级相比大幅提高。实施了创业项目实践，科大讯飞 2 项，国家级 5 项。学生在企业实践期间，能力素质得到企业高管的一致好评。

校企团合作育人得到社会的广泛关注。校企团三方合作共育人才以来，青年农场主人才培养模式得到社会的广泛关注，多家媒体做了专题报道。安徽省委书记张宝顺同志专程到学校慰问师生员工并与试验班师生座谈。现代青年农场主得到农业农村部、教育部和团中央的高度重视。2018 年在山东济南召开的全国新型职业农民发展论坛会议上，安徽农业大学作为新型职业农民培育典型在会议上做了经验介绍。

良好的辐射带动作用。现代青年农场主人才培养模式改革，促进了安徽农业大学涉农专业人才培养模式改革。学校多次在不同层次会议上交流现代青年农场主人才培养工作，对推动高等农业教育改革起到良好的辐射作用。

第九节　农民田间学校培育模式

河南省洛阳市农广校在新型职业农民培育过程中创造了农民田间学校培育模式。农民田间学校贴近农村、贴近农民、贴近实践，产教融合、校企结合，是农业技术普及、新型职业农民培训的重要阵地。农民田间学校新型职业农民培训模式实现了教学过程与生产过程无缝对接，充分发挥了家庭农场、农民专业合作社、农业企业等在新型职业农民培养过程中的重要作用，实现了在产业中培养新型职业农民、在培养新型职业农民过程中发展了产业。根据新型职业农民培育的要求，洛阳市农广校结合产业布局、农民需求，于 2013 年开始优选特色农业产业龙头，在各类新型经营主体中建设农民田间学校，截至 2018 年年底洛阳市共挂牌 106 所。2017 年在河南省农广校的指导下组建洛阳市农民田间学校联盟，并优选积极参与农广校教育培训工作的田间学校参加省农民田间学校联盟。2014 年以来，洛阳市共开展新型职业农民培育 17 028 人，实现产教融合、以教促产。

一、“建”字为领，强化培育体系

洛阳市校一直把农民田间学校建设作为工作重点，纳入全市农业年度工作考核目标，从“统一要求、全面铺开”到“提升完善、巩固扩大”，再到“稳定规模、打造样板”，每年都明确建设思路和目标。加大资金投入，2018 年列出专项资金 60 万元，高标准提升示范性农民田间学校。洛阳市农民田间学校覆盖了全市农业主要产业和区域，均达到“五有五统一”的标准，有的田间学校还建起农广书屋。2018 年试点在农民田间学校中建设“空中课堂”，有效提高了农民田间学校的信息化网络培训能力。目前共有 5 所农民田间学校被省校认定为省示范性农民田间学校，3 所被省厅命名为省级实训基地，2 所被授予全省新型职业农民培育综合类基地。

二、“管”字当头，促进优势互补

充分发挥农民田间学校的场地、资源、技术、管理等优势，与新型职业农民培育和中职教育的理论教学、实践实习有机结合，根据田间学校的产业特点和周边农民需求，安排新型职业农民培育任务和中职教学班。制定农民田间学校管理制度，明确农广校和田间学校的职责，实行“五统一、五上墙”，根据不同的类别分类制定管理和培训模式，使农民田间学校对职责任务有认识、有行动、有落实。建立田间学校校长和技术骨干培训机制，纳入全市师资培训计划，进入师资库，积极推荐他们参加中央农广校和省厅科教处、省农广校举办的师资培训班，提升他们的讲授水平，实现会做也会讲。把培训基础好、合作好的优秀农民田间学校利用空中课堂连接起来，打破地域、时空限制，克服田间学校档次规模不高、各有特长不全面等不足，促进资源共享、优势互补、培训互动。

三、“用”字为要，彰显支撑作用

（一）服务新型职业农民培育，提高培育的针对性、有效性和规范性

利用农民田间学校的产业优势，摸清全市农业产业从业人员情况，掌握产业发展现状和产业大户信息，广泛遴选学员，纳入培育对象库。每个田间学校确定一个产业，确定 1~2 个特色专业，一班一案，分类设置培训模块和课程体系，科学规划符合农业转型升级需要的培训内容。大力推广“专门机构+田间学校”“田间学校+创业训练”和“一点两线、全程分段”“参与式互动式”培育方式，

田间学校的技术骨干为学员进行理论培训、技术讲解，随时到实训基地进行手把手、面对面的技术指导，田间学校的负责人以自身创业经历，分享创新理念和成功案例，总结经验体会和挫折教训，探寻成功者所需的素质和能力，激发学员的创业创新热情。田间学校的企业营销手段和市场对接能力，培养了新型职业农民的市场意识、营销观念。“小班额制”“双班主任制”“第一节课”，不断优化新型职业农民培育管理细则，严格培育过程监管和标准化建设，加强学员的管理和服务，吸引学员主动学习、互相交流、提升能力。

（二）服务农民中职教育，提高新型职业农民的综合素质

农民中职教育是全面系统提升农民综合素质、增强农民自我发展能力的重要途径。农民田间学校为方便农民学习、就近就地开展中职教育提供了便利的条件和有力的支撑。田间学校发挥自身的产业集聚和纽带作用，宣传、组织、动员周边相同产业、爱学习的年轻职业农民建立中职教学班。2014 年和 2016 年在河南省农广校的支持下，在田间学校开办 2 个新型职业农民培养中职教育试点班。根据农业生产的季节性和学员的实际情况，农民田间学校合理的安排新型职业农民的教学活动，采用集中学习与生产实践相结合、农闲集中上课农忙兼顾学习和工作等灵活多样的学习方式，确保学员边学习边生产、边工作边实践，学习和工作两不误，学员综合素质和能力得到明显提高。

（三）服务新型职业农民发展，提高新型职业农民的职业荣誉感

农民田间学校紧紧围绕新型职业农民农业生产需求开展全周期的跟踪指导和技术服务，在生产经营、产品营销、品牌创建等各个环节进行全方位的指导和服务。同时积极组织新型职业农民到外地参观考察、交流学习，吸取他人的成功经验，取长补短。成立了农民田间学校联合会，开展产销对接服务，实现抱团发展。2017 年出台《洛阳市人民政府办公室关于加快推进新型职业农民培育工作的意见》（洛市政办〔2017〕80 号），进一步明确了对新型职业农民在项目报批、土地流转、资金补助、金融信贷等方面的政策扶持。经过近年来的实践探索，洛阳市农民田间学校在培养新型职业农民、促进新型农业经营主体发展、推进农业产业转型升级方面发挥了积极作用。

一是培养的新型职业农民为洛阳农业发展注入活力。106 所农民田间学校的

负责人活跃在现代农业生产经营的前沿，引领更多的新型职业农民用新理念或改进生产经营方式，或扩大经营规模，或将产业向农业产前、产中、产后拓展延伸，涌现了一批批新型职业农民的典型，孟津的草莓西施吕妙霞被授予全国三八红旗手标兵，当选全国人大代表；伊川的新大农业 80 后大学生吴迪被授予全国劳动模范标兵，2018 年进入市县人大政协的新型职业农民近 30 人。农广校中职学员张文颇被评为洛阳市十佳职业农民。洛阳市先后出版《洛阳市新型职业农民风采》和《田园耕耘曲》，收录了近百名新型职业农民创业创新典型。每年在全市农业工作会上专题表彰优秀新型职业农民，2018 年在首届农民丰收节上表彰了“十佳新型职业农民”，营造爱农、助农浓厚氛围。

二是新型职业农业经营主体在农民田间学校建设中发展壮大。设立农民田间学校的新型经营主体也在新型职业农民培育和中职教育中扩大了规模、增强了实力、改善了条件，产业的规模效应和带动能力更加凸显。洛阳明拓农业公司农民田间学校，扩大培训中心，设立孵化基地，研发农业物联网，做示范、搞推广，在全省新型职业农民创业创新大赛中获创新组一等奖，被授予全省绿色双创先进企业。

三是一批主导产业和特色产业得到转型升级，助力脱贫攻坚。农民田间学校的教育培训有力促进了孟津蔬菜林果、新安休闲观光、汝阳篙县中药材、伊川农机、栾川食用菌冷水鱼、山区特色经济等特色农业产业发展。农民田间学校和新型职业农民积极参与扶贫工作，开展贫困户农业技能培训，提高贫困地区的“造血”能力。

第十章　高校图书馆与新型职业农民培育

高校图书馆作为社会公共文化体系重要的一环，对于农村公共文化服务体系的建设，意义重大。高校图书馆拥有得天独厚的文献信息资源优势，雄厚的人才优势，可助力乡村经济振兴。高校图书馆可通过服务地方农牧林业经济、协助培养具有现代化农业科技信息素养的人才，以此推动公共文化服务体系的发展，实现其社会化服务的职能。

第一节　图书馆在新型职业农民培育中的背景

一、“三农”背景

图书馆是社会公共文化服务体系中重要的一环，是社会信息管理中心，承担着保存文化书籍、传承文化遗产、传播文化知识等任务。随着时代的发展，在“三农”问题变得愈加重要的时刻，图书馆正在朝着全面实现社会化服务功能的方向转变，尤其是高校图书馆。2004 年，国家下发文件，强调了“三农”建设的重要性，国务院又先后出台了一系列政策，明确了培养“有文化、懂技术、会经营”新型职业农民的目标，指出了城乡发展一体化的大方向。

然而，近些年来，由于城乡收入差距逐渐增加，许多农民无奈之下放弃农业生产经营，而选择了进城务工，只剩下老人和孩子留守家中，造成农业生产停滞不前，大量耕地荒废或者生产力低下。长此以往，农村青壮年劳动力缺失严重，外流日益增加，大部分农民长期在外务工不愿返乡，或在外安家落户不再返乡。

随着市场经济的发展，也有一部分农民跨越传统农业经营模式，开始尝试职业化的生产经营方式，但由于地域、资源、交通等因素的影响，这种新型职业农民在人数、规模、经营方式上相差很大。

二、乡村振兴战略背景

国家非常重视新型职业农民的培育工作，并多次下达文件做出明确部署。提高新型职业农民综合素质，打造新型职业农民队伍，把拥有专业技能的新型职业农民，纳入国家实用人才培养计划中，确保我国农业可以快速稳定发展。2018年，中共中央、国务院发布文件《中共中央　国务院关于实施乡村振兴战略的意见》，文件明确了实施振兴农村战略的总体目标，即“产业兴旺、生态宜居、乡风文明、治理有效、生活富裕”，为建设基层公共文化服务体系，服务于新型职业农民提供了政策支撑。

我国农村地域辽阔，农业人口比例大，基础差，农民的文化水平和信息素养普遍偏低，这些问题长期积累，亟待解决。在乡村振兴的大背景下，农民的社会文化属性和身份都会随之发生转变，从而适应时代发展的要求。如何围绕“三农”问题，以提高农民文化水平为目标，将传统农民转变为新型职业农民，图书馆作为社会公共文化服务机构，应该发挥其主体作用，积极构建全民学习型社会，倡导终身学习，为全民教育体系的形成贡献力量。

第二节　新型职业农民信息需求与获取现状

一、新型职业农民信息需求内容繁杂

不同类型新型职业农民的信息需求也有所不同，首先农业生产型新型职业农民，直接从事农业生产活动，最需要的是种植作物信息、养殖禽畜技术信息、农业政策信息、农资供应信息、病虫害防治技术信息以及生活服务信息等；技能服务型新型职业农民主要从事技能服务工作，更需要的是服务供需信息、农业政策信息、农业机械使用维修信息、农民教育及生活服务信息等；农业经营型新型职业农民则更需要的是农业经营管理信息、农业市场信息、农业政策、能产品供

需、原材料供应信息等。

二、新型职业农民信息获取途径多元化

新型职业农民获取农业相关信息的途径很多，主要为日常容易接触到的通信设备和娱乐设施，如手机、电视、广播、图书、报刊、政府公开信息栏、人与人之间的互相传递等。不同类型的新型职业农民获取农业信息的方式也有所区别。农业生产型新型职业农民最需要的是农业生产信息，因此，他们的信息获取渠道主要是农业科技推广机构、农产品售卖机构、农业人才培育机构等；技能服务型新型职业农民最需要的是农业服务信息，因此，他们获取信息的主要渠道主要是互联网、手机等大众传媒、农业培育机构，再者就是周围人群的口口传递；农业经营型新型职业农民最需的是市场信息及生产经营信息，因此，他们获取信息的渠道主要是农业市场、客户群体、地方政府、农业信息咨询公司等渠道。

三、新型职业农民信息素养意识不强

新型职业农民虽然已经认识到信息的重要性，但是他们获取信息的能力和意识仍有待提高。大部分新型职业农民利用网络只是倾向于聊天、交友或者娱乐，对于检索技巧和检索策略等不熟悉或者完全不懂。当有问题需要咨询时，他们更习惯利用传统的电话咨询或实地咨询。这种情况严重影响了现代新型职业农民的信息素养和获取信息能力的提升。

四、农村文化信息机构工作有待完善

农村信息机构主要包括农家书屋、移动图书站、科技下乡服务站、农业推广机构、农业信息网络平台等。虽然这些信息机构普及性很高，但总体数量上偏少，运行上还不够完善，且针对性差，很少或没有专门对接新型职业农民提供的信息服务。可见，目前农村信息机构的服务水平还有待提高。

第三节　农村开展信息服务的作用

一、丰富农民的精神文化生活

随着我国农村地区经济的发展，农民的物质生活水平在不断提高，通信技术的迅猛发展，让传统农民接触外界信息的机会大大增加，他们对精神文明的追求也越来越迫切，而图书馆等文化机构在提升农民文化知识水平和丰富他们业余文化生活方面所肩负的责任也越来越大。尤其是新型职业农民除精神文化需求外，更加需要技术上的支持，高校图书馆可对服务内容进行多方位的创新，结合地方特色，开展读书看报、文化体育娱乐、科技信息培训、专家直播讲堂等活动，协助培育新型职业农民，助力乡村建设。

二、促进农村地区公共文化服务体系建设

长期以来，我国农村地区公共文化体系的建设远远落后于城市地区，文化服务均等化任重道远。阅读权，信息获取权利，服务获取权利等，农民与城市居民应共同享有，这是图书馆等公共文化机构应该提供的基本社会权益。随着近些年，农家书屋在农村地区的逐渐普及，公共文化服务体系得到了进一步延伸和拓展，部分农民在居住区域可直接获得公共文化服务。因为我国大部分农民受教育程度较低，缺乏文化信息意识，所以目前农家书屋的建设在多数地区还未发挥其应有的作用。随着新型职业农民的逐渐增多，这一现象将得到改善，信息服务、知识服务和职业培训等蓬勃发展起来，推动着图书馆公共文化服务体系建设的发展。

三、促进农村地区经济发展和社会稳定

新型职业农民是我国农村地区经济发展的带头人，是维护社会稳定的中坚力量，他们的生活是否安定、精神需求能否得到满足，尤为重要。新型职业农民，农民中特殊群体，比传统农民更清楚生活环境对个人的影响，他们的生活和工作

更需要文化机构提供必要的教育引导，内心迫切地希望他们的子女有一个良好的学习成长环境，新型职业农民尤甚，因为他们的可选择性更多。只有农村的生活环境满足他们的要求，才能保证新型职业农民在农村地区无后顾之忧的安定下来，保持农村地区的稳定，减少不必要的人口流动，并带动当地经济发展。均等化的文化信息服务和丰富的文化娱乐活动，既保证了新型职业农民子女的教育，又照顾了老人的业余生活，改善了农村的生活环境，才能促进农村地区的社会发展。

图书馆或农家书屋等机构可以给农村孩子带来福音。农村的未来在农民的子女身上，读书对青少年的成长具有不可替代的作用，让孩子们在闲暇时刻可以多一个去处，也有助于提高孩子的学习成绩。图书馆等文化机构还可以把儿童组织起来，由当地志愿者定期辅导功课或阅读，让图书馆成为孩子们课余或节假日的乐园。

在浙江省，农家书屋与当地中小学开展了校屋合作项目，举办多种阅读推广和辅导活动，既解决了学生放学后无人看管的问题，又发挥了农家书屋读书育人的作用，解决了众多家庭的燃眉之急，受到学生、家长的一致好评。这种校馆联合模式，图书馆也可以积极参与进来，通过一个孩子带动一个家庭，通过无数个家庭带动全社会。

第四节　高校图书馆服务新型职业农民培育的优势

一、文献资源优势

高校图书馆藏书丰富，学术专业齐全，除可以满足本校读者需求外，有条件面向新型职业农民开展服务，可以通过图书流转、捐赠等多种方式与新型职业农民共享资源。而且高校图书馆作为社会公共文化服务体系的一部分，实现均等化的社会性服务也是它的重要职能，因此，高校图书馆可以向新型职业农民提供更全面专业的文献信息资源服务，例如农产品经营、加工、销售、种植、法律、经济等。

二、专业技术优势

高校图书馆拥有先进的网络技术设备和现代化信息技术，有能力利用先进的科技手段、及时、准确地为新型职业农民提供所需信息，辅助新型职业农民提升综合素质，运用科技知识走上致富之路。高校图书馆可运用专业发展思维，确定服务创新的内容和路径，在做好到馆用户服务和校园文化建设的同时，助推图书馆资源嵌入到农业生产的全过程，加强农业信息资源及平台建设，帮助农民不断提升信息素养，使图书馆成为农民农业生产活动中不可或缺的角色，立足农业人才培养服务平台建设，互利互惠，并从中获得源源不断的生机和活力。

三、专业人才优势

高校图书馆拥有众多的现代化管理人才，完全有能力打造出一支服务于新型职业农民培育的馆员队伍。尤其是农职院校高校图书馆，在专业上更具优势，可以联合校内专业教师，以团队模式运行，坚持以新型职业农民需求为导向，深度挖掘馆藏资源，用个性化服务方式与读者友好沟通，准确地理解读者需求，并将其有效转化为馆内业务。

四、科研创新优势

图书馆是文化的集散地，馆藏资源信息中包含着大量的专业前沿知识和经验的积累，图书馆工作人员可利用大数据分析技术，向新型职业农民提供相关生产经营方面的最新信息，也可以根据农民的需求提出合理性的建议，共同探讨，协助解决问题，将专业性研究成果转化为经济建设的科技生产力。

第五节　高校图书馆服务新型职业农民的内容

一、基础信息服务

新型职业农民在从事生产经营活动的过程中，只有不断学习新的知识，掌握新的技能，提升自己，获取财富，才能推动当地经济持续发展。图书馆以及农家书屋等公共文化服务体系，可增强新型职业农民文化自信、推动农村文化协调发展，加强农村精神文明建设。同时，图书馆可根据新型职业农民的需求特点，有针对性地为新型职业农民配备蔬菜瓜果种植技术、禽畜养殖技术、林业种植技术、果木病虫害防治、政策法规、文明礼仪、计算机技术等方面的书籍，有效提高农村地区文献资源供给，满足新型职业农民的信息需求，帮助新型职业农民发展经济。

二、信息素养培育

在新媒体时代这个大背景下，信息素养已成为一项自身基本素养，影响着我们的学习、工作和生活。新型职业农民普遍存在信息素养意识低，自我学习能力差的瓶颈，在平时工作生活中面临着诸多问题，却苦于找不到解决问题的方式和方法，而提高他们的学习能力、提升他们的信息素养是解决这一问题的关键。高校图书馆作为信息资源的集散地，是新型职业农民信息技术培训的重要基地，在文献资源、专业配备、信息技术、信息人才、推广经验等方面有着得天独厚的优势，可以有效地帮助新型职业农民提高自身信息素养。一方面，高校图书馆可以通过定期的信息素养课程对新型职业农民进行系统培训，举办线上线下活动，帮助农民熟练使用电脑、手机等现代通信工具，熟悉查询信息、电子商务等技能，充分与现代化、智能化生活接轨，享受信息技术带来的快捷和便利；另一方面，高校图书馆可以依据新型职业农民的兴趣爱好和生活娱乐为出发点，向他们推送相关信息。

三、职业教育服务

自 2012 年起，中央有关文件连续多年对新型职业农民培育做出政策上的部署要求，十分重视新型职业农民的培育工作。农业农村部要求，到 2020 年我国新型职业农民要发展到 2 000 万人，这意味着有一部分农民必须从一种身份向另一种职业转变。而这种身份定位的转变需要新型职业农民具有一定的使命感，拥有较高的文化水平，有强大的技术支撑，懂得经营管理，电子商务，了解先进的农业产业知识。在此契机下，高校图书馆作为社会公共文化服务机构，一方面可以和各级政府、文化机构、农业机构等主体合作，为农民提供各种资源与服务，奠定农民终身学习的基础；另一方面高校图书馆可与实力雄厚的潜在新型职业农民代表对接，开展技术合作、产业培训与推广服务，形成规模化经营。

四、推动科技成果转化

高校图书馆可推动农业科技成果转化与推广。高校既具有显著的科研优势，有具备现代化的信息传播手段，但存在着理论知识有余而实践经验不足的问题。图书馆可作为中间媒介，将科技成果迅速传递给农民，并转化为农业生产力，实现理论与实践的有机统一。如此，农民及时获得了新技术、新理论、新方法，科研人员也获得了新的农业生产实践经验，双方都获益匪浅，既达到了城乡交流促进合做共赢的目的，也加速了科技成果转化，发挥其最大的经济效益和社会效益。

五、打造职业教育品牌

在开展新型职业农民培育的过程中，要努力打造农业特色活动品牌，形成特有文化体系。高校图书馆应发挥院校的专业优势，充分利用各个学科特点，开展农业生产经营培育活动。通过开展生动有趣的农业生产培育活动，将专业理论知识与社会实践活动有机结合，激发师生及农民参与的兴趣，提升品牌活力。

农民的诉求向来简单淳朴，通过推广活动，让农民在精神和物质上都有所收获，就能够得到农民的认可；将实践活动的宣传资料、活动期间征集到的作品和活动照片等资料进行加工处理展示，既可以丰富农村农民的业余文化生活，对新型职业农民也是一种无形的指引和激励，形成富有本馆特色文化创意及其实物载体。

第六节　高校图书馆培育新型职业农民服务策略

一、强烈的新型职业农民服务意识

全面建成小康社会，实现共同富裕，农村、农业、农民问题至关重要。根据我国目前广大农村地区的现状，如何帮助农村地区走出困境，推动农业生产现代化，农民增收，不仅是党和政府的责任，也是全社会共同的责任。因此，高校图书馆作为公共文化服务机构，发挥自身资源优势，自觉为培育新型职业农民出一份力，是图书馆服务“三农”的一项重要任务。

（一）增强“三农”意识

“三农”建设是全面小康建设的重要阵地，而加快城乡一体化的步伐是解决“三农”问题的根本途径。所谓城乡一体化不仅包括经济一体化，也要实现文化一体化，是社会全面的一体化，要想建设新农村，发展新农业，必须打造新型职业农民。高校图书馆作为社会公共文化服务机构，拥有得天独厚的资源优势、技术优势、人才优势，必须适应社会发展的需要，拓展服务区域，完善服务机制，探索服务模式，努力参与到培育新型职业农民中来，不断提高农民的信息素养。

（二）寻求保障机制

推动国家立法对农村公共文化体系的建设给予保障，将高校图书馆功能扩展到提升农民信息素养工作中。同时，加强网络建设，保障高校图书馆与农民可有效沟通，完善监督机制，并推动相应评价体系的建立。当地政府为高校图书馆培育新型职业农民提供政策依据、物力支持、在两者之间起到桥梁的作用，提高高校图书馆的利用率，提升职业农民信息素养和专业技能，实现两者的双赢。

（三）增强职业认同感

社会对于农村的重视，对于农业的重视，对于农民职业的尊重与认同，影响着农村农业经济的发展。在发达国家，农业高度发达，也十分受重视，例如美国，虽然职业农民的群体不大，但是农业技术应用却十分普遍，不仅解决了国内的需求问题，还成为农业出口大国；例如日本，第二次世界大战后不仅在短时间内解决了温饱问题，还发展了现代化农业，农产品出口多个国家，所有这些成就的取得，离不开国家及国民对农业的重视，对于农民的职业认同。

在日本，民众都必须接受基本的农业常识教育，不管将来是否从事农业生产活动，主要包括小学和中学阶段的农业素养教育；在德国，职业教育发展已经非常成熟，新型职业农民教育同高等教育一样受到认可，民众可以按照自己的喜好去选择未来的职业，并通过职业教育来实现自身价值。对于职业农民的尊重和认同，是拥有高素质农民的根本原因，职业农民的积极性促进了农业经济的发展。

在我国，长期存在着城乡二元结构的状态，农民被贴上了贫穷、文化水平低，愚昧的标签，农村普遍医疗不完善、教育落后、生活环境差，长久以来，走出农村是农民的毕生愿意，受过高等教育和外出打工的年轻人不愿回到农村，回归农业，造成农村劳动力短缺、老龄化严重。

在振兴农业的大背景下，推进职业农民教育，首先要消除广大民众对农业的漠视和对农民的轻视，重视农业、尊重农民，建立起国民对农业生产的敬畏感、对农民劳动者的认同感，农业为国之根本，农业是推动社会和经济发展无可比拟的力量。

二、明确的新型职业农民培育目标

新型职业农民的培育目标要有总体上的一致性，那就是培育适应现代化农业经济发展需求的高素质、有技术、懂经营的职业农民，在农村经济发展中能够率先致富，在农业生产中起到模范带头的作用。但是新型职业农民的培育不可能是一刀切的培育，培育工作要因地制宜，依据培育对象、培育地域的差异，有所侧重和区分。在新型职业农民培育过程中，必须要清楚农村需要什么样的农民，对症下药方能事半功倍，精准培育。新型职业农民培育在遵循农民意愿的同时，也要对职业农民有所要求，制定一定的审核标准和准入制度，认真遴选符合新型职业农民培育要求的学员，要有强烈的学习欲望，方能取得良好的效果。

（一）初级培育

初级培育主要针对传统农民。传统农民是指长期占有一定数量的农业耕地，大部分时间从事农业生产活动，长期居住在农村地区，经济收入主要来源于农业生产经营的农民。因此，对于传统农民的培育应该主要侧重于农业生产技术、养殖技术的培育，让传统农民逐渐向职业农民转变。

（二）中级培育

中级教育适用于有一定基础的传统农民，正处于传统农民向新型职业农民转变的过程中。新型职业农民较之传统农民具有较高的发展观念，具有相应的职业技能，有文化、懂技术、会经营，有通过学习改变现有生活的意念，但多数还不够成熟和系统。所以对于现有过渡时期农民的培育应更侧重于现有基础的整合和提升，更有针对性和挑战性，对于工作人员的要求也更高。

（三）高级培育

高级培育主要针对现有的新型职业农民。这类农民已经转变观念，积累了一定技术和经验，拥有农业经营主体，并成为农村农业经济发展的中坚力量。通过一段时间的培育，让新型职业农民更有职业荣誉感，促使更有理想和抱负的年轻人甘心投身农业，为农业的发展储备一大批肯吃苦、敢创新的未来农民，让农业未来可期。

三、完善的文献资源保障体系

文献资源建设工作是图书馆开展一切工作的基础。文献资源建设工作的数量和质量，决定了图书馆的馆藏结构及藏书质量，进而影响文献资源的利用率，在一定程度上影响着为职业农民服务的成效。因此，通过对馆藏结构、文献资源利用情况进行统计分析与调整，最大限度地满足读者文献需求，以求达到优化馆藏和提高图书馆服务效率的目标。

一是建设完备的文献信息资源安全与保障体系。根据学校发展需要以及图书馆现有资源基础，做好文献资源的数据管理工作，加强各类文献资源利用和服务效益评估，制订并实施文献信息资源发展规划，建立完备的文献信息资源保障体系。引进和开发新技术平台和系统，加强数字资源的购置工作，重视公共安全管理，建立规范的文献信息资源安全体系。

二是建设高效的文献信息资源利用与服务体系。完善移动图书站服务模式，夯实基础文献服务，突出知识服务和创新服务，充分利用融合媒体，优化服务空间，注重服务体验，建立高效的文献信息资源服务体系。

三是建立充满活力的文献信息资源开发体系。全面参与农村农业文化建设，发挥公共文化服务的作用，不断凝练农业生产活动品牌，推进农业信息素养教育，突出特色资源开发，立足驻地共建，开展更深层更广泛的社会服务，立足馆际交流，建立科学的文献信息资源开发体系，为搭建共享平台提供实践路径，为实现区域资源共建共治共赢提供可能。

四、多样的文献信息资源类型

（一）传统文献资源建设

2013年，习近平到湖南湘西考察，提出了“实事求是、因地制宜、分类指导、精准扶贫”的重要指示。高校图书馆要服务于职业农民培育，也可立足于“精准”二字，充分发挥自身在资源、人才等方面的优势，为服务农民做好准备。

做好学科资源建设规划，既要保证评估指标的达标，又要确保学科建设的需要；创新工作思路，利用数据进行统计分析，充分挖掘读者需求的规律与行为；优化馆藏结构调整，加强剔重剔旧，加强专业类、农业类资源建设，确保馆藏数据的准确性。

我国图书馆基本按照中国图书馆分类法对馆藏图书进行分类统计，可分为22大类，这22大类按照图书内容来看，可归纳为自然科学和社会科学两部分。通常来说，不同类型图书馆在馆藏图书上会有所不同。高校图书馆可根据职业农民读者的喜好，可适当调整各大类的藏书比例，对于需求量较高的大类有所侧重。在纸质文献购置过程中，保证自身读者需求图书外，可针对性购置农业相关专业图书。

纸质期刊是图书馆非常重要的文献类别，在入藏上需要有一定延续性和针对性，对于农民喜闻乐见的期刊种类可以选择性购置，如休闲类和农牧林类等。

由于自媒体的发展，目前读者对报纸的需求逐年降低，图书馆在选择报纸种类的时候，可以多方面考虑，如果经费允许，内容可以覆盖全面，例如党报，政报，地方报，专业报纸等。

（二）数字文献资源建设

加强数字资源的建设是大势所趋，是图书馆不断向前发展的必然要求，信息技术不断升级换代，文献资料的形式呈现多元化特征，数字化和多媒体成为文献资料记载和传递的主要发展方向。数字资源不受时间和空间的限制，加之信息技术的发展，数字图书馆的建设也已经越来越成熟，可随时随地为读者提供全面高效的信息服务，为农民向新型职业农民转变提供信息支持。

在数字图书馆的建设过程中，高校图书馆应广泛征求意见，依据读者需求，认真遴选，保证图书馆资源的系统性的前提下，不断提高图书馆的自身特色，提高资源建设质量，服务于农民。高校图书馆可购置农业服务数据库平台，并利用目前数字资源的便捷性和完善的参考咨询体系，全方位地为乡村基层农民提供信息技术服务，决策服务等。

（三）农业学习平台建设

目前，高校图书馆需要结合国家乡村振兴战略，将图书馆数字化服务推向全新的领域，引导农民群众参与到数字阅读中来，除向农民提供传统文献信息服务外，图书馆还可以利用资源优势，根据农民的需求把农业技术、市场信息、前沿科技成果等实用性信息整合起来，为农民打造适合他们的数字图书馆阅读平台和农业知识统一检索平台等，实现精准推送，更有针对性，更切合农民的需求。

加强学科特色数据库建设，以当地重点农业学科建设为突破点，不断优化馆藏资源布局，建立专业特色的学科资源库，挖掘数字资源的学科化体系建设。利用互联网优势，寻求最新最具发展前景的有用资源。加大音频、视频等不同载体类型的多元化建设。对农民的信息需求进行调研，了解农民需求，作为建设数据库资源的依据。

五、多元化的公共文化服务机构

在城镇化发展的大背景下，高校图书馆要认真履行自身职能，向新型职业农民提供应有的信息资源服务。一方面图书馆助力乡村振兴策略，依据农业供给侧改革对新型职业农民提出的新要求，将自身服务范围向广大农村地区延伸和拓展，通过总分馆的建设，以独立或者合作的方式向基层转移；另一方面高校图书馆可联合其他乡镇区公共服务机构，共同建设农家书屋、移动图书站、流动书车，解决新型职业农民读书难、借书难、还书难等问题；再则，高校图书馆可联合同级文体机构、科研机构，以资源共享为目的，建设网络学习资源，举办全民阅读推广活动，打造全社会的书香文化氛围。

（一）加强与农家书屋的合作

图书馆应该充分利用自身资源、人才、技术优势，走进农村，走到田间地头，实现资源共建共享。目前，我国广大农村地区已建立了相对完善的基层文化服务体系，例如农村书屋、科技下乡大篷车等。图书馆应积极参与农村书屋的建设，并为新型职业农民提供力所能及的帮助。

2007 年，新闻出版总署会同中央文明办等多部门联合开展农家书屋工程，开始在全国范围内实施推广。目前全国已经建成几十万个农家书屋，在一定程度上缓解了农民“看书难”的问题，取得了一定成效。

在农家书屋工程开展之前，我国农村大部分家庭没有藏书，在很长一段时间内，农民人均藏书量仅为 0.1 册。农家书屋工程的推广，在一定程度上改变了农村地区阅读资源匮乏的现状。2012 年，据统计，全国有条件的行政村全部建成农家书屋，每个农家书屋配备图书 1 500 册以上，品种不少于 1 200 种，报刊不少于 20 种，农家书屋成了农民家庭的精神乐园，让很多农民渐渐熏染书香。

全民阅读工程在全国也已开展多年，高校图书馆可与农家书屋合作，将全民阅读活动推广至偏远的农村，在广大农村营造浓厚的书香氛围，提高职业农民的文化素养和综合素质。

高校图书馆可加大与农村书屋等当地信息服务机构合作。我国农村书屋建设虽然普及面广，但是其藏书数量有限，更新较慢，无法满足农民的需求。高校图书馆可以和周边乡村开展密切的交流与合作，把馆内重复和利用率低的图书、报刊等，赠予农村书屋，并帮助工作人员进行专业的培训，提高农村书屋的服务水平。

（二）积极参与文旅融合

目前很多农村地区建设了农家旅游项目，旅游业已经慢慢兴起，高校图书馆可利用自身优势，帮助新型职业农民充分挖掘当地旅游资源及其文化价值，并利用这些文化遗产，振兴经济，同时可联合其他基层文化部门借助网络、微信等多媒体平台，宣传推广这些特有的文化资源，帮助职业农民走出困境。

2018 年，文化部和国家旅游局整合为文化和旅游部，开始了文化旅游走入与融合的新战略，明确了文化和旅游的关系，提出以文化促进旅游，以旅游传播文化的工作思路。文化和旅游相辅相成，每一次旅游就是一次文化的洗礼。一方面，高校图书馆可以利用自身的资源和技术优势，积极参与到当地旅游的建设中来，发掘当地历史，寻找当地文化传承，推广当地有特色的传统民俗，推动旅游业的发展；另一方面，高校图书馆要以文化为画龙点睛之笔，将旅游产业和文化相结合，给周边产业注入灵魂；再者，高校图书馆可依托自身优势，协助当地政府及相关部门建设综合性的旅游文化平台，分享当地生态旅游信息和文化传承。

（三）推进智慧图书馆建设

基于现有技术设备，结合新的发展理念，逐步推进馆内信息化建设转型升级，面向未来“5G 技术、大数据、人工智能”等重点建设内容，谋划基础设施建设，逐年逐步推进智慧图书馆建设，提高图书馆远程服务能力。

一是利用图书馆空间重构布局的机会，注重有形的实体空间和无形的虚拟空间的交互融合设计，新型职业农民在利用实体资源的同时，也能利用移动图书馆和图书馆网站获取信息，丰富阅读内容，提升视觉与听觉新体验，在线上虚拟空间和线下实体空间实现学习资源的分享和交流，实现实体空间与虚拟空间并重，纸质资源、数字资源与其他资源类型协调，线上服务延伸与线下服务相通的智慧服务模式。

二是基于新型职业农民需求分析，提供多元化的服务。面对新型职业农民需求的不断变化，图书馆需要对用户需求行为进行调研，以充分了解新型职业农民的需求特征，在资源保障、读者服务、阅读推广、用户素养、知识挖掘、情报服务等内容和模式上进行探索，为用户提供方便快捷的服务模式和更为丰富精准的服务内容。

三是基于线上需求，逐步推进高校图书馆智慧化建设水平。目前大众的阅读习惯越来越倾向于自由性、移动化，阅读内容呈现碎片化、快餐化。用户对资源需求无限性和对资源获取便捷性的永恒追求，已成为促进图书馆“转化”和“生长”的两大驱动力。线上服务和数字资源将成为主流发展趋势，以互联、高效、智能、便捷、个性为主要特征的智慧图书馆将成为图书馆建设方向。基于此，要加快推进智慧化图书馆建设进程，提高图书馆远程服务能力。

六、科学的职业农民培育原则

（一）精准服务原则

围绕爱农业、懂技术、善经营的新型职业农民培养目标，以精准对接新型职业农民需求的文献资源保障能力为基础，以优化农民服务体验的创新管理服务为抓手，以信息化技术应用于培育实践服务为手段，将服务创新与实践落在实处，立足大服务平台，助力新型职业农民培养专业精准服务。

了解当地新型职业农民的信息需求，有针对性地提供文献资源，让新型职业农民有书可读。通过各类应用软件，实现与新型职业农民的无缝对接，突破时间与空间的限制，为新型职业农民提供全天候的咨询服务。可根据当地新型职业农民的需求，以农业园区、农民合作社和农业企业为基地，新型职业农民培育服务团队与其直接对接，服务馆员与联系人建立一对一联系，通过电话、微信、面谈等多种方式主动与其进行沟通，为新型职业农民举办各类知识讲座，邀请农牧林业、电子商务、法律等专家学者，解答新型职业农民的问题，解决新型职业农民实际困难。

图书馆可对特定人群提供个性化服务。图书馆工作人员和农业方面专家联合起来，共同开展农业科技知识的宣传和推广，根据新型职业农民的需求，把相应的信息编辑成册，通过培训手册、宣传报、视频讲解等多种方式，向特定的新型职业农民发放，尤其是种植大户、养殖大户、农产品经营大户等，以期提高生产经营效益。

以培育全能农民为目标，增强新型职业农民的产业化意识，推进农村的规模化经营，从根本上提高农业内在活力，让新型职业农民成为乡村振兴和共同致富的带头人。

（二）统筹发展原则

新型职业农民培育是一项长久的工程，不仅关系到整个国家的经济社会发展，将贯穿我国现代化建设的全过程，农业是国之根本，与经济发展相互作用、相辅相成，一定要统筹规划，共同发展。

我国新型职业农民培育基础差、起步晚，还无法满足当前现代农业发展对我国新型职业农民的迫切需求。新型职业农民的培育不仅需要政府主导，还需要各部门和单位共同协作，才能保证新型职业农民培育的持续、稳定、高效，需要各级党委和政府统筹规划，多方引导，带领社会力量积极参与。

首先，各级政府要高度重视新型职业农民的培育，将其作为解决“三农”

问题重点工作来贯彻并实施，纳入各级政府的整体规划之中，认真践行，建立健全评价和监督制度；其次，在中央政府的领导之下，各级人民政府应该设立新型职业农民培育的管理部门，主要负责此项工作，明确分工、明确责任、与其他部门协调合作，掀起新型职业农民培育的整体氛围，建立新型职业农民培育的运行机制；最后，各级政府必须发挥其主导作用，做好新型职业农民的宣传和推广工作，以多种方式鼓励和支持高等院校、科研机构、龙头企业、培训机构等社会力量参与，并给予一定的奖励机制，引导各方面专家人士献计献策、积极参与，以满足现代化农业发展对高素质农业人才的需要。

（三）因地制宜原则

因地制宜是在新型职业农民培育过程中保证培育效果必须要坚持的原则。一方面要遵循各个区域农业生产特征，我国幅员辽阔，有山地、有平原、有草原、有丘陵，自然环境的差异造成了农业生产的差异；另一方面我国是一个农业大国，农业人口众多，各地区农民综合素质千差万别，即使是同一地区，农民的接受能力也是参差不齐，所以，在实施过程中，必须要做到想农民之所想，补农民之所需，以新型职业农民信息需求为核心，培育内容和培育方式要科学合理，符合区域特点，符合农民实际发展情况。新型职业农民培育不能一刀切，坚持四个“不同”理念，不同的农业产业特点，不同的农业发展实际，不同的农业发展水平，给予不同的帮扶政策，辅助新型职业农民培育工作有序、规范、协调开展。

（四）农民自愿原则

新型职业农民的培育要尊重农民意愿，切不可一意孤行、本末倒置。首先，自愿原则体现了对农民的个体尊重，任何一个新兴事物，都需要有适应和接受的过程，这就更需要工作人员营造一个良好的学习氛围，加大对新型职业农民培育的宣传力度，解放农民的思想，正所谓扶贫先扶志；其次，高校图书馆在新型职业农民培育工作中要起到引导的作用，首先自身要充分认识到新型职业农民培育的重要性，通过基层政府和其他部门的宣传，也要让农民认识到学习的重要性，愿意付出时间和精力参与其中，并从中有所收获，建立一个良性循环体系。

（五）系统培育原则

新型职业农民不仅要“培”，还要“育”，所谓培育是指按照一定的目的长期的培养和教育，并非一朝一夕，而是一个持久的系统工程。新型职业农民的系统培育原则是指新型职业农民的培育内容要全面化，整个过程要系统化。全面化是指新型职业农民的课程体系不仅要涉及农业技术、经营管理等直接相关内容，还要包括农业政策、法规、电子商务等平时接触比较少的领域，意在培育全面的、综合素养高的新型职业农民。首先，在整个新型职业农民培育的过程中，不仅要做好培育开始前的各项准备工作，以保证培育质量，还要做好培育后的回访工作和跟踪服务工作，重视培育成果在农业实践中的应用与反馈，以便加以改进；其次，政府及相关部门要为新型职业农民培育创造良好的外部条件，提供稳定的经费保证，政策上全力支持，从而确保新型职业农民培育流程的系统化、规范化、全面化、专业化，形成良好的培育机制。

（六）协同式原则

高校图书馆要与各政府机构及相关部门遵循“合作与融入”原则，开展协同式农业信息素养教育，将农业信息获取能力、农业信息素养的培养与提升拓展为科学素养的训练与提升，并将农业信息素养教育贯穿于农业生产整个阶段。完成由最初的引导型农业生产信息素养教育向高难度的农业创新型信息素养教育转变，对新型职业农民的整体思维及技巧进行系统的综合训练，培养新型职业农民初步具备解决复杂专业问题的能力，提升综合信息素养水平，进而提升其自主学习和终身学习能力。

七、智慧的新型职业农民服务团队

构建一个具有创新服务能力的新型职业农民服务团队，激发馆员学习热情、推动馆员在推陈出新、知识获取、学习思考、调研实践、交流协作等领域的素质提升，由普通馆员向新型职业农民专业馆员转变。同时，积极推进人才引进，优化馆员队伍专业结构，打造图书馆培育新型职业农民人才队伍。

（一）制订人才培养规划

高校图书馆现有馆员队伍现状与结构进行分析，图书馆现有馆员队伍无论是专业结构还是专业水平，都和以上要求存在着巨大的差距。因此，新型职业农民培育过程也是馆员自我学习的过程，正所谓工欲善其事，必先利其器，只有服务新型职业农民的馆员队伍不断提高自我修养，打磨自己，方能取得事半功倍的效果。因此，高校图书馆有必要制订一套人才培养计划，逐渐建立起一支有能力服务新型职业农民的专业馆员队伍。

（二）打造农业服务团队

新型职业农民的培育不是靠一部分人就能够完成的，是一个长期的系统的过程，因此，高校图书馆必须吸纳新生力量，利用高校的人才优势，集中各专业学科优秀人士及团体，以现有服务团队为基础，逐步建立起与各级政府、农业推广部门、各系部的战略合作伙伴关系，团结协作，建设一支专业团队，才能共同完成这项光荣而伟大的任务。

（三）引进外部社会力量

高校图书馆要做到引进人才与重点培养相结合。在内部遴选年轻且有专业背景的馆员或各部门专业人才，通过参加馆外培训，到农业相关机构进行短期实践，来培养馆员较强的学习沟通能力和协同作战能力。面向社会招聘具有以上能力的专业人士充实到馆员队伍中来，构建新型职业农民服务赋能团队，才能实现高校图书馆服务新型职业农民的目标。

八、灵活的新型职业农民培育模式

新型职业农民培育是长期的、全面的、系统的。新型职业农民无法长时间离开农业生产活动，因此，在有限的时间内，为保证培育成效，必须经过长时间的观察调研，依据新型职业农民的需求，制定科学严谨的培训方式，设计合理灵活的培育模式，根据各类型、各阶段新型职业农民的特点，提供专业的培育服务。新型职业农民培育模式具体分为以下 2 种类型。

（一）系统教育模式

系统性教育模式主要是针对可以接受较长时间农业信息素养培育的新型职业农民，高校图书馆可以协同各级政府教育机构，合作开展新型职业农民信息素养培育，通过系统的课程接受更专业的理论课和实践课教育，有望在某一领域取得较高的造诣，进行深入的研究。

（二）短期培训模式

新型职业农民除需要长期系统的教育模式外，更适合参加短期的培训模式，首先农民的学习时间必然有限，受客观条件制约，在农忙时期农民无法离开农业生产活动，应该很难抽出稳定学习的时间；其次短期培训模式更灵活，也更容易操作，高校图书馆可以联合农业合作社、农业协会等组织，在特定时间根据农民的特殊需求来制定培训内容，使其迅速掌握农业生产经营技能或服务技能，例如，当某一区域刚刚兴起某种养殖业或种植业时，正是农民急需学习的时候，就可以联合这一方面的专家学者对感兴趣的农民进行统一培训，帮助农民迅速掌握技巧，在当地形成规模性产业。

在短期职业培训服务过程中，要遵循以下原则：一是时间合适。培训时间不宜过长，保证新型职业农民培训时效性；二是培训程度合适。根据新型职业农民的文化知识程度和自身的接受能力，适时调整；三是内容实用。可根据当地新型职业农民的主要产业发展需求为指针，需要什么就培训什么；四是方式适合。对待新型职业农民的培训，可多注重实践，将理论与经验实践结合到一起，让新型职业农民学有所得。

九、多样的新型职业农民培育方式

在服务方式上，图书馆可根据新型职业农民所需要的各项技能，开展讲座、培训及阅读推广活动，以“提高文化知识技能、提升综合信息素养”为重点，采取讲授、游戏、实践等相结合的方式，达到让新型职业农民实现自我提升、自我发展的目标。

新型职业农民培育方式要结合农村发展实际情况和农民的基本特点，采取多样化的培育方式，将传统与现代结合、线上与线下融合。

（一）传统教学与现代教学结合

在新型职业农民的培育过程中，应该将传统的面授方式和现代化的远程教学方式相结合。传统的面授方式可用于系统的、全面的理论知识的讲解，通过面对面的教学，可以直观地讲授重点和难点，强化理论知识学习，但缺点是时间和地点不够灵活。

远程教学正好可以弥补这个缺点，依托现代科技手段，突破时间和空间以及学习人数的限制，在不影响自身工作的情况下，灵活自如的学习，没有太多限制，可以重复观看，方便快捷。例如，根据馆内师资和资源情况开展农业学科相关专题讲座，邀请系部学科专家开设直播讲坛等，在学习新的农业信息技能的同时又兼顾了生产活动，一举两得。

（二）系统教育和技能培训结合

系统教育周期长，主要用于理论教育，多用于通识教育阶段，适用于有一定文化水平和实践能力的新型职业农民，通过长时间的、系统的理论学习和实践指导，充实其农业知识理论体系，增强其农业素养、服务技能、经营管理及解决问题的能力。

技能培训具有周期短、针对性强、时间集中等特点，技能培训往往效果显著，实用性强，可以将技能培育嵌入到实践中，实现两者的融合，可以在短时间内提高新型职业农民的专业技能，更适用于时间上很不灵活的新型职业农民。

（三）一般教育与分类教育结合

一般教育，即普及教育，也就是将农业生产信息教育贯穿于整个义务教育阶段，在义务教育阶段开展农业通识教育，宣传和普及农业的重要性，激发农民子女等潜在新型职业农民对于农业生产的尊重和热爱，并积极参与到农业生产经营活动中，乐于从事农业产业。

除一般教育外，可根据当地农业生产的实际情况以及农民的实际信息需求，对于特定领域的特别人群开展分类教育，并依据一定的标准和意愿，确定一部分新型职业农民为重点培育对象，实现全面布局，点面结合，以点带面，依托一部分的成功经验带动当地的经济发展。

综上所述，高校图书馆必须通过独立或者合作的方式向广大农村地区延伸，以“走进农村、走近农民”为使命，到达农村阵地第一线，给新型职业农民以最实际的帮助。新型职业农民信息素养的培育是一项系统工程，既需要各级政府推动、相关部门联动、农业产业带动、广大农民主动参与，也需要教育培训的保障、规范的管理制度、政策资金的扶持，更要全面兼顾，生产经营型、专业技能型、专业服务型齐头并进，初级、中级、高级上下贯通，及时准确了解新型职业农民所思、所盼、所忧、所急，才能把培育工作做实、做深、做细、做透。

第十一章　典型新型职业农民介绍

奋斗的青春最美丽

——秦皇岛市小江蔬菜专业合作社理事长邬大为

邬大为，男，40 岁，中共党员，本科学历。现任秦皇岛小江蔬菜合作社党支部书记、理事长兼总经理，秦皇岛抚宁区青年商会会长、秦皇岛市抚宁区生姜产业协会会长。先后荣获“全国向上向善好青年”“全国农村致富带头人”“河北省劳动模范”“河北省乡村好青年”“河北省第二批农村青年拔尖人才”“河北省青年五四奖章”“省级科技示范能手”等荣誉称号，是秦皇岛市党代表、抚宁区政协常委。

一、从山里娃到卖菜创业

1979 年 11 月，邬大为出生在河北省秦皇岛市抚宁区台营镇邬家沟村一个普通的农家。邬家沟坐落于抚宁区台营镇西北，紧邻长城的山脚下，是一个不足 10 户人家的贫穷小山村，土地瘠薄，交通信息闭塞。邬大为从小家境贫寒，虽然父母为他起了个“大为”的名字，意谓长大后可以大有所为，但受家庭经济条件限制，仅读完小学的邬大为就不得不辍学务农。然而，邬大为却不甘像父辈那样一辈子蜗居小山村，他渴望山外的风景，憧憬外面世界的精彩，决意要走出山村，到外面闯荡奋斗。只有这样才能让自己活得更有意义、更有价值，才能真正摆脱贫困。于是，便怀揣梦想，跟随村里在外经营蔬菜生意的经纪人走村串乡、赶集上市、收菜买菜。虽然年纪轻轻，只有十几岁，但邬大为不怕苦、不怕累，头脑灵活，善于留心，从菜品到价格，从货源到销售，每一道程序、每一个渠道、每一次经营，他都用小本子记录下来，总结归纳。他由开始随别人走南闯北，很快便能独当一面，并建立起自己的经营渠道，探索出自己的一套经营经验。1997 年，他开始了独立创业，不久便有了一些创业资本积累。

二、从创办蔬菜合作社到以小萝卜闯出大市场

在外闯荡了十几年又善于思考动脑的邬大为，通过收菜买菜发现市场更青睐于无公害、绿色菜品。尤其是靠单纯收菜不仅品种规格不一，而且质量难以保障，且由于卖出的菜品缺乏加工，附加值比较低。更重要的是他发现许多蔬菜经纪人开始领办合作社，成为“菜老板”。2011 年 1 月，刚过而立之年不久的邬大为决定抓住各级政府鼓励发展农民专业合作社的政策机遇，领办创办合作社。他认为既然自己从贩菜开始，并积累了一定的经验，就创办蔬菜合作社。于是他组织 7 名社员组建了小江菜社。创办之初，他先着眼立足区内，稳扎稳打，步步为营，先租借办公场所，再通过土地流转方式租用农民土地，建立起自己的蔬菜产品基地。在经营蔬菜品种上，邬大为没有“挖到笼子里都是菜”，而是根据本地市场特点、土壤气候、水源条件以及产品耐储存菜式运输等方面，选择胡萝卜、水萝卜等萝卜系列，在种植之初就实行优种优育，科学管理。为此，他跑遍附近农业院所，考察周边市场，同社员、菜农一起从播种、施肥、管理、收获、储存、加工到销售，一条龙跟踪参与。一些社员看到邬大为这样操劳、辛苦，劝他超脱些。但邬大为认为，作为小江菜社的理事长、总经理，不仅要统筹全局、协调各方，更要带头干、领着干，艰苦奋斗、艰苦创业。经过几年的发展，吸纳合作社成员已达 153 人，合作社占地面积 40 余亩，主要从事根类蔬菜的种植、收储、加工和批发配送。目前，合作社建有多条清洗加工流水生产线与包装于一体的生产加工车间近 1 800 平方米，拥有高标准蔬菜冷藏保鲜库 19 000 立方米，年加工配送能力 3 万吨。

三、从小学辍学生到农技拔尖人才、企业管理能人

邬大为虽然仅读过小学，但在长期奋斗实践中认识到知识的重要性，不仅自学获得大专学历，而且非常勤奋刻苦、谦虚好学。为办好合作社，他既十分注重

外出考察学习，每年都要自费到山东、北京、浙江等地学习考察，又注重探索总结实践经验。在他的床头、办公桌上，还有公文包里，总有一个记事本，随学随记、随思随记、随问随记。甚至与别人洽谈业务、吃饭席间、接待领导，兜里也总是装着一个本子，聊起话来对方提的建议、意见，他随时掏出本子记下。当别人问起来开玩笑："我们随便唠，你记它干啥?"他总是满怀诚意，谦虚地说："你说得太好了，对我有很大启发。"在郛大为的办公室，仅有几条简单的沙发、茶几，但书柜中却装满大量有关企业管理、蔬菜种植管理技术、中央和省市区有关农业发展各类政策的书籍。每天郛大为忙碌之余，都要到办公室读书学习，并撰写大量读书笔记，回家睡觉前也要看几页书，已成为一种习惯。与此同时，他每年还抽出时间到北京农科院所拜师求教。通过学习和实践，他亲自研究制定了一系列有关合作社发展经营的管理制度，打造了一支懂经营、会管理、善营销，特别能吃苦的管理团队，在全区农村合作社中探索成功实行了企业式管理模式，为合作社管理规范化夯实了基础。

四、从"买全国、卖本地"经营到"种本地、卖全国"战略转向

小江菜社在经营发展之初，由于入社社员较少，基地规模较小，配送能力弱，郛大为为合作社制定了"买全国、卖本地"的经营战略，即放眼全国范围，租用外地农户土地建立蔬菜生产基地，采取"公司+农户"方式，与外地签订经营协议，统一品种、统一种植、统一管理、统一标准、统一收购，解决规模问题，以全国为主，卖本地为辅。近年来随着企业的发展，郛大为又将经营战略向"种本地、卖全国"转移，闯出了一条以合作社为主体，以自营、联营、订单、统种统销等多种合作及服务方式，形成了跨区域经营、跨省市合作的特点。2018年年初，为响应国家实施乡村振兴战略，立足发展现代农业，郛大为组织全社制定了第二个五年发展规划，即坚持现有流通体系创新经营，构建"农场+合作社+公司"的农业产业化联合体，完善农业生产的标准化、信息化、品牌化体系建设，打造规模化、节约化和绿色、高效、可持续发展的现代新型经营主体。2019 年合作社蔬菜销售总量达 2.5 万吨，实现销售额 5 905.38 万元。

五、从艰辛创业到惠泽家乡百姓

郛大为凭着一股韧劲、一股倔强、一股不服输，一路拼搏、艰苦创业，挥洒汗水，成就辉煌。他所创办的“小江菜社”品牌先后被评为秦皇岛知名商标、河北省著名商标、河北省优质产品、中国蔬菜百强品牌、2017 年中国百佳农产品品牌。小江蔬菜专业合作社也被评为秦皇岛市农业产业化经营重点龙头企业、秦皇岛市优秀基层服务组织、河北省省级示范社、河北省著名商标企业、河北省优质产品、全国农民专业合作社加工示范单位、国家级示范社。

在成功与荣誉面前，郛大为不仅没有自满止步，而是更觉身上肩负着强烈的社会责任感。为了带领更多的农民致富，他带领合作社不断发展壮大，于 2012 年建设了绿色蔬菜种植示范基地，现已扩大到 530 余亩。不仅带动周边农户实现增产增收，而且实现了由产量增收型向质量增效型的跨越。由于郛大为非常重视推广蔬菜新品种、栽培新技术，水肥一体化技术、土壤熏蒸消毒技术，从源头把住菜品安全关口，2014 年种植基地被秦皇岛市政府授予“食品安全示范基地”称号。抚宁区下庄管理区有生姜种植的栽培历史，是河北省“生姜之乡”。为提升生姜种植管理技术水平，把农户组织起来，共同打造生姜品牌，在各级政府及广大姜农的一致举荐下，郛大为组织专业合作社、种植大户、农资经销商、农技人员，成立了秦皇岛市抚宁区生姜产业协会，郛大为任协会会长。为实现科技兴农，更好地服务农民，他谋划成立了秦皇岛匠联农业科技发展有限公司，连接各大农业院校及科研单位，组织姜农开展技术培训，参观学习，请专家做现场技术指导，推动生姜产业走上科技创新之路，加强一二三产业融合发展，促进全区蔬菜产业健康发展。2019 年 5 月建立品牌蔬菜专家工作站，通过组织开展蔬菜种植技术培训班、观摩会等方式，提升作物品质，提高农户经济效益，辐射带动周边 6 500 余户农户增收。这也实现了他回馈家乡、惠泽桑梓的创业初衷。

作为抚宁区政协常委，不仅积极参加区政协组织的各项活动，而且利用扎根农业一线的经验，每次政协全会前夕，认真开展调查研究，并多次在全会上做大会发言，为构建特色农业之区建言献策。强烈的社会责任感还体现他感恩党和国家，回报社会。邬大为正直、善良，致富思源、向上向善，暖贫敬老，捐资助教。每年春节，都为区高庄中心敬老院送去多种新鲜蔬菜，以表示对五保老人的一片爱心。为患有先天性心脏病的贫困儿童捐赠 3 000 元、为困难职工办年货、为贫困老人送医送药。2010 年正值创业关键时期，获悉老家东胜寨中学因缺少电教设备无法开展微机课，他义无反顾拿出钱买了 7 台电脑送到学校。2013 年又与下庄中学签订十年资助贫困生协议，每年资助 5 000 元现金和实物。2014 年以来，经团区委联系介绍，先后定向资助唐爽和陈美玲 2 位贫困生，帮助他俩顺利完成高中学业，考上大学……2020 年年初新冠肺炎疫情期间，邬大为紧急召开会议，成立疫情防控工作领导小组，不仅积极抗击疫情，保证市场蔬菜供应，更是走进秦皇岛市抚宁新冠肺炎病毒防控领导小组驻地，为疫情防控捐赠价值 6 000 余元物品及 10 000 元现金。他的种种善举赢得了社会的认可与好评。

奋斗的青春最美丽。邬大为从一个长城脚下的山里娃靠一步步坚实的脚印逐梦，靠艰苦打拼成就梦想，靠执着信念书写奋斗篇章，成为新时代青年农民的佼佼者，展示了青年农民良好的精神风貌和价值追求。

中药材产业的先锋

——承德中泽源农业开发有限公司经理刘志祥

一、基本情况

刘志祥，男，中共党员，承德中泽源农业开发有限公司经理。隆化县第十六届人大代表，中共承德市党代表。河北省“千名好支书”等称号，荣获“承德市扶贫攻坚优秀共产党员”。2014 年创办承德中泽源农业开发有限公司，公司经营范围包括中药材、谷物、豆类、油料、薯类、蔬菜、食用菌的生产及销售等。企业被评为“省级示范社”“省级扶贫龙头企业”“河北省中小型科技企业”“河北省中草药种植示范园区”“承德市农业科技园区”“市农业产业化龙头企业”、隆化县“经营模式创新企业”。基地作为国家中药材试验站的组成部分，荣获“河北省十大道地药材基地”“河北省农业与乡村振兴基地”称号。

刘志祥始终以特色产业作为基础，脱贫攻坚作为己任，加强自身和企业建设，推动优势产业发展。先后带动450户贫困户脱贫致富。2019年公司牵头，经过承德市科学技术局批准，成立了“承德市隆化县道地药材产业技术创新战略联盟”，带动全县42家中草药种植大户、承德医学院等，达成与院校对接、与市场对接、与加工企业对接，中药材产业逐步实现机械化标准化种植等，解决了技术问题，有力地推动全县中药材产业向着健康稳定的方向发展。2019年隆化县被省政府评为“中药材产业优势区”，离不开联盟成员的努力与奉献。期间进行了“隆化苍术”“隆化枸杞”地理标志商标的注册，推动区域品牌化发展。

二、以脱贫攻坚作为己任，加强自身和企业建设，推动优势产业发展

（一）一心以特色产业作为基础，脱贫攻坚作为己任

作为县人大代表，一心从产业角度进行努力，带领家乡群众发展产业致富。通过中药材的示范带动一开始就使乡亲们人均增收500多元，促进200多剩余劳动力就业；园区先后引起了省、市、县政府的高度关注，并给予了大力支持。贫困户和其他村民在流转土地、务工收入等方面每年都要增收180万元。2017年以来，先后直接带动460户贫困户增收。2018年通过政银企户保带动贫困户5户，每户年增收 3 600元；2019年实施玉米套种柴胡产业 2 627亩带动贫困户208户，户均增收 3 100元，2018年在园区务工贫困户人年均增收 5 000元，在其他乡镇所带贫困户150户，等等，2019年带动16户，年均增收 3 600元，连续三年。最为关键的是从产业方面，直接影响到了周边百姓的观念，让百姓看到了希望，群众有了信心，周边县市的群众纷纷取经和效仿。为把产业做好，扶贫效果更佳，我单位从技术、市场方面寻求多方合作，先后分别与相关院校、韩国客商达成了从技术到销售的全产业链合作，为企业带来了更好的发展空间，让产业惠及更多的贫困户。

（二）公司牵头，推动优势产业抱团发展，尽力促成县域优势产业的良性发展

在承德中泽源农业开发有限公司牵头下，经过承德市科学技术局批准，成立

了“承德市隆化县道地药材产业技术创新战略联盟”，带动全县42家中草药种植大户、承德医学院等，达成与院校对接、与市场对接、与加工厂家对接、机械化标准化实施等，解决了技术问题，有力地推动全县中药材产业向着健康稳定的方向发展。联盟初步确定隆化县联盟重点发展品种为柴胡，北苍术2个品种。2019年底苍术面积 4 000 亩，2020年度增加面积达到1.4万亩，净增加1万亩苍术面积，预计2021年，种植面积依然会增加1万亩以上，形成4年周期的良性循环，达到持续稳定的供货能力。种植户亩均收入5万元以上。2019年隆化县被省政府评为“中药材产业优势区”，离不开联盟成员的努力与奉献。在此期间，联盟在公司的继续推动下，道地药材种植产业向各户发展，实现户均年亩增收万元以上，切实达到增收致富。切实促进了产业的快速发展和进步，有望实现苍术产业形成区域品牌化优势产区大县。

平凡中的奋斗

——宽城天润秋野种植专业合作社理事长李桂艳

一、带头人和合作社名片

李桂艳（1966年生），女，满族，致富能手，宽城满族自治县第七届政协委员。多年来，李桂艳先后对北苍术、关黄柏、热河黄芩、北柴胡等中药材进行引进、研究与推广，填补了化皮溜子镇及周边村镇中药材野生变家种的空白，为调整农业产业结构提供了可行的方案。引进并采集当地种质资源进行驯化，培育出了“北术一号”优良中药材品种，填补了北苍术无本地品种的历史。同时，还完成了北苍术、北柴胡的地理标志认证工作；完成了药王庙种植基地北苍术、热河黄芩的有机认证等工作。在对各种中药材等资源进行深层次的研究后，她同颈复康药业集团、河北旅游职业学院生物工程系的专家、教授一起，创建了“宽城苍术园”，通过反复试验，总结出了适合各品种中药材栽培的高产技术，为因地制宜地发展中药材产业提供了技术保障。

2015年注册宽城天润秋野种植专业合作社，注册资金220万元，是一家集中药材、板栗、水果种植、种子生产、试验示范、提纯选优、推广销售和开发加工为一体的综合性合作社。合作社聘请专家为技术指导，搭建了北苍术、热河黄芩等道地中药材产品的栽培技术平台和信息服务平台，建有“颈复康药业集团宽城苍术园”。2016 年被评为县级示范农民合作社；2017 年被评为宽城县农业产业化重点龙头企业和市级农村股份合作制经济示范组织。2018 年被评为省级农民合作社示范社和省级农村股份合作制经济示范组织。2019 年获得宽城满族自治县科技进步奖。

宽城天润秋野种植专业合作社的发展离不开理事长李桂艳的辛勤努力和精心经营，在合作社的发展和建设中起到了至关重要的作用。2015 年创办了宽城天润秋野种植专业合作社，并担任理事长工作，积极投身于合作社各项事业，强化带头引领作用、建立合作社带头人长效管理机制，进一步提高合作社队伍素质建设，因此，合作社的规范化运行和三产业融合发展等方面工作得到了各级领导的肯定。

二、创业历程和成效

合作社成立之初，李桂艳反复到各地考察，一方面综合宽城县优越的地理优势和特殊的气候特点，另一方面合作社试种的北苍术、热河黄芩经过专家的鉴定药用价值很高，最终李桂艳确定以中药材生产作为合作社主打产业。

李桂艳作为县政协委员，觉得有责任、有义务积极响应国家“精准扶贫”号召。2016 年，李桂艳同宽城县职教中心一起共同认真组织了两期中药材培训班，先后有 250 多人次参加了学习；2017 年她又动员和组织了 50 多人积极报名参加了新型职业农民培育中药材培训班的学习。她积极地为中药材种植户提供技术支撑，助力推动中药材种植的健康发展，把中药材种植作为调整农业产业结构，增加农民收入的重点产业发展，做精做强道地药材的方向。在各级领导的大力支持和帮助下，克服了诸多困难，近年来，宽城的中药材产业稳步发展，经济效益凸显。

在李桂艳的带领下，宽城天润秋野种植专业合作社在助推全县中药材产业发展取得了很多成绩。① 建立农民专业合作社联合社。注册宽城冀润种植专业联合社，参加了承德市中药材技术创新战略联盟。② 成立宽城满族自治县中药协会 2019 年 7 月 18 日注册成立宽城满族自治县中药协会，旨在推动宽城县中药材产业的发展。③ 建设中药材种植基地。截至 2019 年年底，合作社已完成固定资产投资 800 多万元，种植以北苍术、热河黄芩等道地中药材 2 400 多亩，有力地带动了全县中药材产业的发展。④ 建设中药材初加工基地，加大中药材种子种苗生产力度。合作社建设了 3 个中药材种植基地，其中药王庙种植基地面积 1 200 多亩，以北苍术制种、育苗、热河黄芩制种为主；化皮溜子种植基地，面积 1 200 多亩，以仿野生播撒北苍术、热河黄芩包衣种子 150 亩，林下播撒北苍术、热河黄芩包衣种子 200 亩，栽植黄柏树 3.6 万棵；苍术示范园种植中药材 31.94 亩；柳树底下种植基地，面积为 100 多亩。以北苍术种植为主。基地主要以提供种子、种苗为主。⑤ 组织参观考察和开办中药材培训班。几年来，合作社先后组织到颈复康药业集团、青龙满族自治县、隆化县、双桥区、围场县等地参观考察，参加河北省在滦平县召开的中药材产业发展大会，参加承德市中药材种养加培训会、国药承德药材公司中药种植研讨会、承德北苍术产业培训会，考察了安国市中药材市场等活动。此外，还在化皮溜子镇、龙须门镇举办中药材培训班和燕山中药材（北苍术）种植技术培训班，共有 206 人参加培训。⑥ 深入各乡镇有种植意愿的农户考察。先后考察了化皮溜子镇、龙须门镇、亮甲台镇、宽城镇、塌山乡、汤道河镇、峪耳崖镇、独石沟乡、板城镇、铧尖乡、孛罗台镇等多个乡镇村，就在当地发展中药材种植提出了合理化建议。⑦ 加强与科研院所合作，强化试验示范作用。合作社与中国农业科学院、中国农业大学、河北农业大学、河北旅游职业学院、北京农林科学院等多家科研单位合作，不断引进、推广新技术。接待河北省老年科技工作者协会臧胜业、承德市老科协领导、宽城县老科协领导、县领导、承德市现代农业促进会刘学军等来基地参观考察，并作为试验基地，较好地发挥了示范带动作用。

三、带动群众共同致富

合作社采用“合作社+基地+农户”的经营模式，建设 3 个中药材种植基地计 2 400 多亩，带动中药材种植大户 20 多家，发展会员 100 多人。通过与会员签订种植和收购协议，采取合作社提供药材种子、提供种植技术，农户负责种植和管理的方式，中药材种植范围已覆盖到全县 18 个乡镇的 100 余家种植户种植了北苍术、热河黄芩、北柴胡、黄精等中药材，种植面积达 3 000 多亩。李桂艳和她的企业已带动发展中药材产业农户已达 506 户，带动建档立卡贫困户 96 户。

2016 年被评为县级示范农民合作社；2017 年被评为宽城县农业产业化重点龙头企业和市级农村股份合作制经济示范组织。2018 年被评为省级农民合作社示范社和省级农村股份合作制经济示范组织。

目前中药材的种植和开发前景广阔，市场需求量大。李桂艳表示力争到 2022 年发展中药材种植 2 000 亩，年产中药材干品在 200 吨以上，促进农民增收 1 000 万元，同时可解决 200 余人就业，改善当地群众生活质量和水平，并带动中药材产业有一个较快的发展。在中药材种植面积扩大的同时，不忘记中药材质量“药材好，药才好”的把关。合作社理事长李桂艳表示合作社本着“惠民、康家、富国”的目标，以“高规格建设，高标准生产，高科技指导，高质量监督”的经营理念，秉承“诚实守信，质量至上”的原则，脚踏实地带领社员致富，真正做到惠民、利民、为民，保证对中药材精心科学管理，绿色防控病虫害，让基地中药材农药残留和重金属含量都低于国家标准，有效成分含量高于《中华人民共和国药典》中规定的标准。

四、未来愿景

李桂艳并不满足于目前现状，为把全县中药材产业做大做强，她正探索新道路，建立中药材标准化种植基地，筹建中药材初加工厂，把宽城县中药材产业推向标准化、规范化，创造中药材产业新品牌。她继续深入农村，传播农业科技知识，宣传中药材科技知识，在平凡中持续着不懈的奋斗，真正发挥了一个农村科普工作者的模范带头作用，为建设社会主义和谐新农村贡献力量。

在如何把宽城的中药材产业做大做强？李桂艳在对全国中药材种植企业、制药企业等考察的基础上，为自己的合作社和宽城中药材发展进行谋划。提出应重点从以下 7 个方面入手。

（1）中药材标准化、规范化种植。充分利用宽城的生态优势，科学规划布局中药材种类布局，规模化种植北苍术、热河黄芩等道地药材。研究制定道地中药材标准化的栽培与病虫害防治等技术规程，积极推广中药材在板栗、苹果等果树间作、病虫害引入生物防治等技术。积极开展中药材生产质量管理规范（GAP）认证、有机认证和公用品牌、企业品牌等注册工作，积极申报国家地理标识保护产品，申报国家中药材生态原产地认证，争创国家和省、市中药材名牌产品。

（2）加强资源普查和保护。深入开展宽城中药材资源普查，加快建立宽城中药材种质资源库，保护、利用好都山中药材种质资源。同时加强野生中药材的保护和驯化工作，建立野生中药材驯化基地和种质资源圃。建立中药材种质资源保护区，依法加大对濒危和野生中药材资源的保护力度，避免宽城县域内道地药材因过度采挖造成的资源枯竭，实现中药材资源的可持续利用。

（3）建立良种繁育基地。合理利用宽城中药材种源、气候和生态优势，支持中药材企业建设种子种苗集中繁育基地，使用组培等技术加快速生产中药材种苗，提高集约化生产繁供比例，做到仿野生栽培，以确保种植中药材品质。

（4）不断提升科技创新能力。与农业科技院所联合，研发中药材种子种苗繁育、野生资源驯化、栽培模式创新、有机种植、病虫害防控、林下种植等技术的研究，提高中药材初加工、中药养生保健和食疗药膳的技术和工艺，加大对北苍术、热河黄芩等道地优势品种药材的种植和研发力度。

（5）做大做强龙头企业。坚持内扶外引，扶植发展龙头企业与中药材合作社、家庭农场、种植大户等新型中药材经营主体联合，借助《关于加快中医药特色发展的若干政策措施》的春风，利用各自优势做大做强，推动新型中药材经营主体发展。

（6）强化质量风险防控。建立中药材种植户档案，从种植源头上实现对产地药材种植、加工、销售全过程登记追溯，将农药残留、重金属污染等影响中药材质量的因素消灭在源头。中药材企业、合作社等经营主体申请产地认证，搭建绿色通道，加快品牌与商标认证进程。联合成立中药材质量检测中心，对中药材质量进行检测后出具合格证书后才能上市交易，严防低劣假冒产品进入，严厉打击制售假劣中药材及其相关产品的欺诈行为。

（7）努力发展中药材产品的初加工。补齐中药材加工短板，开发宽城特色药材热河黄芩、北苍术等中药材初加工产品，扩大市场占有率，改变靠出售中药材原料的状况。

中药材是一个高投入、高产出的产业，扩大中药材种植规模的难度依然很大，中药材产业的发展依然任重而道远。宽城作为热河黄芩、北苍术等道地药材的主产地之一，拥有丰富中药材资源，而且气候干燥，中药材存储条件得天独厚。如果我们能够充分利用自然资源优势，就地对中药材进行初加工，那将更好地帮助当地人民脱贫致富，促进宽城经济跨越发展。

创业艰难，守业更难，开办合作社，最多的工作就是和农民沟通。因此今后更要踏踏实实工作，栽培管理等技术模式公开透明，让老百姓产生信任，完完全全地参与进来，才能真正带领大家走向富裕。同时，在生产和管理中要有所创新和突破，在生产技术方面，进一步发展宽城县中药材产业高效种植技术；在经营管理方面，分工明细，一二三产业融合发展；在品牌建设和产品营销方面，通过推广，注册商标、办理有机认证、办理地理标志、申请绿色食品、市场调研、媒体组合营销等方式使品牌得到良好的口碑和知名度。

科技致富路上的领头雁

——宽城县化皮乡西岔沟村新型职业农民张春江

张春江，男，1963 年生，宽城满族自治县化废乡西岔沟村人。2009 年，他栽植 5 亩果园，由于不懂技术、不会管理，果园收入无几。为了能尽快致富，他参加了新型职业农民培训班，系统学习了果树栽培管理技术，积极转变种植观念，应用科技创新、探索新的林果种植技术，2016 年产苹果已达 1.5 万千克，产值 10 余万元，为全村村民谋求到了一条林果科技种植的致富路，他被村民们亲切地称为果树专家。

一、开拓创新探寻种植新技术

为了提高全村的果树种植技术，张春江刻苦钻研，在苹果栽培管理上，完全采用“轮替更新、控冠”技术，使苹果的产量和品质有了很大的提高，上果率95%，但一些技术还是与农民长期形成的认为“靠得住”的土办法产生了激烈冲突。为了打消村民的疑惑，他在自己的果园里搞示范，采用矮砧细长纺锤技术，推广到乔砧果树上应用。并在成龄大树上改进，取得丰硕成果，其主要技术是在主枝上做单轴延伸，在其上做下垂结果枝组，枝组也是单轴状，效果非常好。用新的修剪方法修剪后，果树结的苹果不仅个大、而且味甜营养丰富，村民对他非常信服。在病虫害防控上，严格按着国家病虫害防控体系操作办法来防控，使树体健壮，连续丰产稳产，没有各种病虫害发生，特别是在防控轮纹病和腐烂病上取得了重大突破。

二、考察学习引进种植新品种

为了更好地掌握果树种植技术，2015 年宽城县农广校到西岔沟村举办新型职业农民果树专业培训班，张春江又第一个报名参加学习，课上认真记笔记，课下找老师探讨，还请县林业局的技术专家到果园进行现场指导。通过学习和参视，他的果树种植技术有了更大的提高。在他的果园中种植着不同年龄、不同品质的果树，有矮砧，有乔砧，还有 1 年、2 年、3 年、4 年和 10 年生不等的果树，经过自己的努力，亩产增值达 20%以上，果园收入达十多万元，看到这种情况，村民们纷纷向他投去了羡慕的眼光。

2013 年富慷肥业聘请张春江为技术顾问，使他在这一平台上更能发挥好自己的一技之长。他先后在青龙、平泉、承德、宽城和滦平等县做技术推广，为青龙县农广校承接实地培训，为市林业局技术推广站做“瘠旱山地低产园优质丰产栽培技术示范推广”项目承担实地培训，几年来培训上百场次，受益总人数达到上万人次。

三、传授技术致富不忘帮乡邻

张春江在果树栽培上取得了成功，但是他没有忘记乡亲，不仅自己发家致富，也要带动乡亲一起致富。他把所学的果树栽培新技术无偿地向村民传授，运用先进的果树栽培技术入配方施肥技术、疏花疏果技术、苹果套袋技术以及果树病虫害综合防治技术等一系列的技术措施，使苹果的品质和产量都有了质的飞跃，解决了果树种植“大小年”的问题。果农采用同样的方法种植了果树，收入相当可观，增强了他们的信心，由此调动了周围群众进行果树种植的积极性，全村果树种植面积一下子达到的 300 亩以上。

张春江，一位普普通通的农村人，通过参加新型职业农民培训班，果树栽培技术有了质的飞跃，成为科技致富道路上的领头雁，带领全村人共同致富，受到了全村群众的一致认可和高度称赞。通过自己的不断努力以及各级政府的培养，张春江成为农民高级农技师，先后 3 次被县委评为优秀共产党员和党员致富能手。

参考文献

[1] 朱启臻，闻静超. 论新型职业农民及其培育[J]. 农业工程，2012，2(3)：1-4.

[2] 李环环，牛晓静. 法国农民职业培训体系对我国的启示[J]. 中国成人教育，2017（1）：154-157.

[3] 曾雅丽，李敏，张木明. 国外农民培训模式及对我国新型农民培养的启示[J]. 职业时空，2012（6）：76-80.

[4] 张亮，周瑾，赵帮宏，等. 国外职业农民培育比较分析及经验借鉴[J]. 高等农业教育，2015（6）：122-127.

[5] 中共中央，国务院. 中共中央 国务院关于加快推进农业科技创新持续增强农产品供给保障能力的若干意见[EB/OL].[2012-02-02]. http：//www. moa. gov. cn/ztzl/yhwj/zywj/201202/t20120215_ 2481552. htm.

[6] 中共中央，国务院. 中共中央 国务院关于加快发展现代农业进一步增强农村发展活力的若干意见[EB/OL].[2013-01-31]. http：//www. gov. cn/zhengce/2013-01/31/content_ 5408647. htm.

[7] 中共中央，国务院. 中共中央 国务院关于全面深化农村改革加快推进农业现代化的若干意见[EB/OL].[2014-01-19]. http：//www. gov. cn/zhengce/2014-01/19/content_ 2640103. htm.

[8] 中共中央，国务院. 中共中央 国务院关于加大改革创新力度 加快农业现代化建设的若干意见[EB/OL].[2015-02-01]. http：//www. gov. cn/zhengce/2015-02/01/content_ 2813034. htm.

[9] 中共中央，国务院. 中共中央 国务院关于落实发展新理念加快农业现代化实现全面小康目标的若干意见[EB/OL].[2016-01-27]. ht-

tp：//www. gov. cn/zhengce/2016-01/27/content_ 5036698. htm.

[10] 中共中央，国务院. 中共中央 国务院关于深入推进农业供给侧结构性改革 加快培育农业农村发展新动能的若干意见[EB/OL]. [2017-02-05]. http：//www. gov. cn/zhengce/2017-02/05/content_ 5165626. htm.

[11] 中共中央，国务院. 中共中央 国务院关于实施乡村振兴战略的意见[EB/OL]. [2018-02-04]. http：//www. gov. cn/zhengce/2018-02/04/content_ 5263807. htm.

[12] 中共中央，国务院. 中共中央 国务院关于坚持农业农村优先发展做好“三农”工作的若干意见[EB/OL]. [2019-02-19]. http：//www. gov. cn/zhengce/2019-02/19/content_ 5366917. htm.

[13] 中共中央，国务院. 中共中央 国务院关于抓好“三农”领域重点工作确保如期实现全面小康的意见[EB/OL]. [2020-02-05]. http：//www. gov. cn/zhengce/2020-02/05/content_ 5474884. htm.

[14] 国务院. 国务院关于印发全国现代农业发展规划（2011—2015 年）的通知[EB/OL]. [2012-02-13]. http：//www. gov. cn/zhengce/content/2012-02/13/content_ 2791. htm.

[15] 国务院办公厅. 国务院办公厅转发教育部等部门关于实施教育扶贫工程意见的通知[EB/OL]. [2013-09-11]. http：//www. gov. cn/zhengce/content/2013-09/11/content_ 5295. htm.

[16] 国务院. 国务院关于激发重点群体活力带动城乡居民增收的实施意见[EB/OL]. [2016-10-21]. http：//www. gov. cn/zhengce/content/2016-10/21/content_ 5122769. htm.

[17] 国务院办公厅. 国务院办公厅关于完善支持政策促进农民持续增收的若干意见[EB/OL]. [2016-12-06]. http：//www. gov. cn/zhengce/content/2016-12/06/content_ 5143969. htm.

[18] 国务院. 国务院关于印发“十三五”促进就业规划的通知[EB/OL]. [2017-02-06]. http：//www. gov. cn/zhengce/content/2017-02/06/

content_ 5165797. htm.

[19] 农业部办公厅. 农业部办公厅关于印发《新型职业农民培育试点工作方案》的通知[EB/OL]. [2012-08-20]. http://www. moa. gov. cn/nybgb/2012/dbaq/201805/t20180516_ 6142259. htm.

[20] 农业部. 农业部办公厅关于新型职业农民培育试点工作的指导意见[EB/OL]. [2013-05-24]. http://www. pkulaw. cn/fulltext_ form. aspx? Db=chl&Gid=d9d328a623cee468.

[21] 农业部. 农业部关于加强农业广播电视学校建设加快构建新型职业农民教育培训体系的意见[EB/OL]. [2013-08-20]. http://www. moa. gov. cn/nybgb/2013/dbaq/201712/t20171219_ 6119827. htm.

[22] 农业部办公厅，财政部办公厅. 农业部办公厅 财政部办公厅关于做好2014年农民培训工作的通知[EB/OL]. [2014-08-04]. http://www. moa. gov. cn/govpublic/CWS/201408/t20140804_ 3989380. htm.

[23] 农业部科技教育司. 关于做好2015年新型职业农民培育工作的通知[EB/OL]. [2015-03-26]. http://www. ngx. net. cn/tzgg/gztz/201503/t20150326_ 168350. html.

[24] 农业部办公厅，财政部办公厅. 农业部办公厅 财政部办公厅关于做好2016年新型职业农民培育工作的通知[EB/OL]. [2016-05-30]. http://www. moa. gov. cn/govpublic/CWS/201605/t20160530_ 5154719. htm.

[25] 农业部. 农业部关于印发《"十三五"全国新型职业农民培育发展规划》的通知[EB/OL]. [2017-02-20]. http://www. moa. gov. cn/nybgb/2017/derq/201712/t20171227_ 6131209. htm.

[26] 农业部办公厅. 农业农村部办公厅关于做好2018年新型职业农民培育工作的通知[EB/OL]. [2018-07-20]. http://www. moa. gov. cn/nybgb/2018/201807/201809/t20180912_ 6157154. htm.

[27] 山西省人民政府. 山西省人民政府关于印发山西省新型职业农民培育规划纲要（2015—2020年）的通知[EB/OL]. [2015-03-12]. http://www. shanxi. gov. cn/zw/zfcbw/zfgb/2015nzfgb/d5q_ 5674/szfwj_ 5676/

201503/t20150312_ 102103. shtml.

[28] 安徽省人民政府办公厅. 安徽省人民政府办公厅关于加快推进新型职业农民培育工作的意见[EB/OL].[2015-03-27]. http://www. ah. gov. cn/szf/zfgb/8127981. html.

[29] 湖南省人民政府办公厅. 湖南省人民政府办公厅关于加快新型职业农民培育的意见[EB/OL].[2014-08-19]. http://www. hunan. gov. cn/hnszf/szf/hnzb_ 18/2014_ 18/2014nd14q_ 18/szfbgtwj_ 98188_ 18/201408/t20140819_ 4700963. html.

[30] 陕西省人民政府办公厅. 陕西省人民政府办公厅转发省农业厅关于加快新型职业农民培育工作意见的通知[EB/OL].[2014-01-03]. http://www. shaanxi. gov. cn/zfxxgk/zfgb/2013_ 4091/d24q_ 4115/201401/t20140103_ 1641608. html.

[31] 江苏省人民政府办公厅. 省政府办公厅关于加快培育新型职业农民的意见[EB/OL].[2015-08-20]. http://www. jiangsu. gov. cn/art/2015/8/20/art_ 46144_ 2545363. html.

[32] 四川省人民政府办公厅. 四川省人民政府办公厅关于加快新型职业农民培育工作的意见[EB/OL].[2015-08-21]. http://www. sc. gov. cn/10462/11555/11563/2015/9/14/10352354. shtml.

[33] 河南省人民政府办公厅. 河南省人民政府办公厅关于加快推进新型职业农民培育工作的意见[EB/OL].[2016-10-10]. https://www. henan. gov. cn/2016/11-04/248381. html.

[34] 李毅，周妮笛. 乡村振兴战略下新型职业农民素质模型构建研究[J]. 湖南财政经济学院学报，2020，36（1）：65-72.

[35] 马建富，陈春霞，吕莉敏. 新型职业农民素质模型的建构：基于KSAIBs 模型及国内外认定标准[J]. 职教通讯，2016（34）：50-56，72.

[36] 陈春霞，石伟平. “生产经营型”新型职业农民胜任素质的要素构成研究：基于行为事件访谈法[J]. 现代远距离教育，2020（1）：

11-18.

[37] 苏敬肖，焦伟伟，李红利，等. 基于胜任素质模型的新型职业农民素质提升路径：以河北省为例[J]. 江苏农业科学，2017，45（18）：338-343.

[38] 高玉峰，刘燕，孟凡美. 基于灰色关联分析新型职业农民素质研究[J]. 河北科技师范学院学报（社会科学版），2020，19（3）：22-27.

[39] 邓聚龙. 灰色系统理论教程[M]. 武汉：华中理工大学出版社，1990.

[40] 刘思峰，谢乃明. 灰色系统理论及其应用[M]. 4版. 北京：科学出版社，2010.

[41] 贺字典，吉志新，高玉峰，等. 灰色关联分析筛选抗逆生防木霉发酵条件的研究[J]. 西北农业学报，2015，24（3）：163-169.

[42] 高玉峰，崔金龙，刘丽梅. 新生代农民工精神文化生活质量影响因素灰色关联分析[J]. 党史博采（理论），2013（11）：48-50.

[43] 高玉峰. 灰色关联方法对高职院校学风建设影响因素分析[J]. 党史博采（理论），2015（3）：52-54.

[44] 高玉峰，李艳坡. 灰色关联分析方法探析专业硕士研究生创新能力影响因素[J]. 河北科技师范学院学报，2015，29（2）：75-80.

[45] Meijboom F L B，Stafleu F R. Farming ethics in practice：from freedom to professional moral autonomy for farmers[J]. Agric hum values，2016，33（8）：403-414.

[46] 武传宝，赵金波，于东泽，等. 基于“三位一体”o2o平台的新型职业农民种植专业课程体系设计与实施[J]. 齐齐哈尔工程学院学报，2016，10（2）：26-28.

[47] Zhao Dan，Chen Yuchun，Bruno Parolin，et al. New Professional Farmers' Training（NPFT）：A multivariate analysis of farmers' participation in lifelong learning in Shaanxi，China[J]. International review of educa-

tion, 2019, 65 (1): 579-604.

[48] 屈子园. 乡村振兴视域下新型职业农民的培育路径研究[D]. 石家庄: 河北师范大学, 2020.

[49] Lu Hualiang, Wang Dongqin, Wang Mengya. Impacting factors of triple performance of farmer' s professional cooperatives in China: a case study of Jiangsu Province[J]. Building new bridges between business and society, 2017 (1): 191-207.

[50] 植玉娥. 成都市新型职业农民培育扶持政策的实施效果及影响因素研究[D]. 雅安: 四川农业大学, 2015.

[51] 任玉霜. 基于新型农业经营主体的职业农民培育研究[D]. 长春: 东北师范大学, 2016.

[52] 中华人民共和国. 中华人民共和国国民经济和社会发展第十三个五年规划纲要[EB/OL]. [2016-03-17]. http: //www. xinhuanet. com/politics/2016lh/2016-03/17/c_ 1118366322. htm.

[53] 袁延文. 坚持农业农村优先发展, 因地制宜推进农业现代化[J]. 湖南社会科学, 2020 (6): 7-11.

[54] 董丽娟, 桑晓靖, 王玲, 等. 乡村振兴背景下村域尺度农业可持续发展研究: 以甘肃省渭源县 M 村为例[J]. 湖北农业科学, 2020, 59 (S1): 509-511.

[55] 王建. 建三江打造智慧农业端牢"中国饭碗"[J]. 中国农垦, 2021 (1): 48-49.

[56] 晋农. 加快生产体系现代化 重点推进"四化"[J]. 当代农机, 2021 (1): 7.

[57] 程映国. 现代农业推广方式: 美国农场科学展[J]. 中国农技推广, 2020, 36 (12): 23-25.

[58] 王洁琼, 贾娜, 李瑾. 国外农业信息化发展模式及经验[J]. 上海农业科技, 2020 (6): 41-44.

[59] 陈天金, 任育锋, 柯小华. 中国与欧美农业科技创新体系对比研究

[J]. 中国农业科技导报，2020，22（11）：1-10.

[60] 陈国波. 小农户和现代农业融合发展探索[J]. 扬州职业大学学报，2020，24（3）：26-29，42.

[61] 旷允慧，赵晓东，陈赣，等. 浅谈水肥一体化技术在井冈蜜柚园中的应用[J]. 现代园艺，2020，43（23）：96-97.

[62] 段秀娟. 水肥一体化技术在现代农业产业园中的应用[J]. 山东水利，2020（11）：77-78.

[63] 王成业. 滴灌水肥一体化技术在农业灌溉中的应用[J]. 乡村科技，2020，11（33）：116-117.

[64] 徐剑锋. 无人机技术在植保中的应用价值：评《农用无人机技术及其应用》[J]. 热带作物学报，2020，41（9）：1964.

[65] 徐亚兰，郭承军. 运用北斗卫星导航系统的植保无人机发展现状研究[C]. 中国卫星导航系统管理办公室学术交流中心.

[66] 胡永万，谢宗良. 推进三产融合 打造振兴样板：黑龙江省兴十四村调研报告[J]. 农村工作通讯，2021（1）：43-46.

[67] 张正球，孙潇潇，胡晨浩. 连云港市农村一二三产业融合发展现状与对策[J]. 农业技术与装备，2020（12）：56-57，60.

[68] 慈溪市农业农村局. 慈溪市国家现代农业产业园：以全域三化推动一二三产业深度融合发展[J]. 宁波通讯，2020（23）：30-31.

[69] 曹菲，聂颖，王大庆，等. 海岛地区一、二、三产业融合水平研究：以海南岛北部 4 市（县）为例[J]. 中国农业资源与区划，2020，41（11）：183-191.

[70] 盖志毅. 推动内蒙古农村牧区一二三产业融合发展的思考[J]. 北方经济，2020（11）：28-30.

[71] 吴春群. 三江侗族自治县茶产业发展现状及建议[J]. 现代农业科技，2020（23）：247-249.

[72] 以农文旅融合发展助力乡村振兴[J]. 蔬菜，2020（12）：9.

[73] 许家宏，张卫英，汪敏，等. 山区一二三产业融合发展及其典型案

例、模式与路径研究[J]. 安徽农学通报，2021，27（1）：12-13，55.

[74] 肖红波，白宏伟. 京津冀农业一、二、三产业区域比较优势分析[J]. 中国农业资源与区划，2020，41（12）：180-189.

[75] 秦睿. 用电商拓展希望的田野[N]. 青海日报，2021-01-27（4）.

[76] 许岩，焦朝霞. 农产品利用短视频平台营销的策略分析：以抖音为例[J]. 黑龙江粮食. 2020（11）：70-72.

[77] 农业农村部新闻办公室. 2020 全国县域数字农业农村发展水平评价报告[R]. 中国食品，2020.

[78] 褚成伟，张波，徐迪楼. 双元制和资格证书制度：德国农民职业教育的制度驱动[J]. 世界农业，2013（3）：132-141.

[79] 田玉敏. 发达国家农业职业资格证书制度分析及其启示[J]. 中国培训，2009（9）：56-57.

[80] 倪慧，万宝方，龚春明. 新型职业农民培育国际经验及中国实践研究[J]. 世界农业，2013（3）：134-137.

[81] 田玉敏. 发达国家农业职业资格证书制度分析及其启示[J]. 中国培训，2009（9）：56-57.

[82] 陈园园. 加拿大绿色证书计划的特点[J]. 中国职业技术教育，2009（10）：58-60.

[83] 张雅光. 法国农民培训与证书制度[J]. 中国职业技术教育，2008（3）：27-28.

[84] 苏娜，牛静. 英国农业职业资格证书制度现状[J]. 世界农业，2012（10）：126-128.

[85] 周海鸥，赵邦宏. 加拿大农民培训模式分析与经验借鉴[J]. 河北经贸大学学报，2012（33）：91-93.

[86] 四川省农业农村厅. 四川省新型职业农民认定管理暂行办法[EB/OL]. [2019-11-11]. http：//nynct. sc. gov. cn//nynct/c100761/2019/11/11/a0901c12feaf421c93f058edf9386dfb. shtml.

[87] 广东省农业农村厅. 广东省农业厅关于新型职业农民（生产经营型）认定管理办法[EB/OL].[2017-12-21]. http：//dara. gd. gov. cn/zcfg2295/content/post_ 1559363. html.

[88] 上海市浦东新区农业委员会. 关于印发《浦东新区新型职业农民认定管理办法》的通知[EB/OL].[2015-12-30]. https：//www. tuliu. com/read-31432. html.

[89] 胡静. 基于 KSAIBs 的新型职业农民认定标准及实现路径研究[D]. 秦皇岛：河北科技师范学院，2014.

附录1　新型职业农民培育策略调查问卷

您好！现欲就新型职业农民培育策略进行调查研究，您的回答对我们研究非常重要，希望您能抽出宝贵时间协助我们完成这次问卷调查，我们将会对您的信息进行严格的保密。非常感谢您的支持！

---

1. 您的性别：

① 男　② 女

2. 您的年龄是：

① ≤24岁　② 25~34岁　③ 35~44岁　④ 45~54岁

⑤ ≥55岁

3. 您的文化程度：

① 小学及以下　② 初中高中（中专/职高）

③ 大专　④ 本科及以上

4. 您的职业：

① 公务员　② 事业单位工作人员

③ 农业生产服务人员　④ 农业生产一线工作者　⑤ 其他

5. 您的年收入为：

① ≤1万　② 1万~5万　③ 5万~10万

④ 10万~20万　⑤ 20万~50万　⑥ >50万

6. 您对工资或劳动收入的满意度？

① 非常满意　② 满意　③ 基本满意　④ 不满意

⑤ 非常不满意

7. 您从事农业的背景：

① 长期务农　② 在职村干部　③ 转业军人　④ 打工返乡

⑤ 大中专院校毕业生　⑥ 其他

8. 您从事农业年限：

① ≤2年　② 3~5年　③ 6~10年　④ 11~20年

⑤ >20年

9. 您属于：

① 生产经营型新型职业农民　② 专业技能型新型职业农民

③ 社会服务型新型职业农民　④ 其他

10. 您现在的具体身份或从事职业：

① 养殖户　② 种植户　③ 合作社带头人

④ 家庭农场主　⑤ 农技服务员　⑥ 其他

11. 您认为当前新型职业农民从事生产经营活动遇到的困难主要有哪些（可多选）：

① 土地资源匮乏　② 资金短缺　③ 技术落后　④ 信息不畅

⑤ 销售中间环节过多　⑥ 自然灾害　⑦ 其他

12. 您认为政府最应从哪些方面帮助发展农业：

① 政策支持　② 资金支持

③ 技术支持　④ 减少销售环节

⑤ 其他

13. 您的农产品销售渠道主要是：

① 直接销售　② 多层中间商销售

③ 以“加工+销售”为主的农产品销售模式

④ 没有产品销售　⑤ 其他

14. 您认为以下哪几种方式有助于优化农产品销售渠道（多选）：

① 引进新品种，发展特色农业

② 开展网络营销渠道，拓宽销售渠道

③ 缩短营销渠道，走“超市化”和“企业化”的道路

④ 打造旅游、观光、采摘新型销售模式

15. 您认为今后新型职业农民的主要来源是：

① 农科专业毕业生　　② 部队转业人员

③ 进城务工返乡创业人员　　④ 农业技术人员分流人员

⑤ 其他

16. 您是否参加过新型职业农民培训：

① 是　　② 否

17. 假如让您参加培训，您愿意接受的培训形式（可多选）：

① 课堂授课　　② 经验交流　　③ 实践教学　　④ 基地参观

⑤ 函授学习

18. 如果您参加培训，您想学习的内容（可多选）：

① 先进的生产技术　　② 先进的生产理念

③ 先进的产品营销策略　　④ 先进的信息化技术

⑤ 成功的创业案例　　⑥ 国家的政策法律法规

19. 如果您参加培训，您最能接受的培训时间：

① 0.5 天　　② 1 天　　③ 2 天　　④ 3 天

⑤ 4~7 天　　⑥ 8~14 天　　⑦ 15~30 天　　⑧ 31 天以上

20. 如果您参加培训，您最能接受的培训地点：

① 本村　　② 本乡镇　　③ 本县　　④ 外县

⑤ 省外

21. 您认为当前新型职业农民培训存在哪些问题（可多选）：

① 培训目标与农民的需求脱节　　② 培训方式与农民的要求不适应

③ 培训内容不能满足农民的需要　　④ 重复性培训太多

⑤ 培训结束后缺乏后续的服务　　⑥ 培训时间安排不合理

⑦ 培训教师缺乏实践技能　　⑧ 其他，请说明：____________

22. 您认为如何能做好新型职业农民培训（可多选）：

① 政府加强宣传引导　　② 健全农民培训的相关政策

③ 增加政府对农民培训的补贴　　④ 培育优质的培训机构

⑤ 加强对培训师资的培训　　⑥ 精选示范基地增加实践培训

23. 您认为成为一名优秀的新型职业农民下列因素的重要性如何：

(a) 专业知识：(1) 非常重要 (2) 比较重要 (3) 重要 (4) 不重要 (5) 非常不重要

(b) 交际能力：(1) 非常重要 (2) 比较重要 (3) 重要 (4) 不重要 (5) 非常不重要

(c) 管理能力：(1) 非常重要 (2) 比较重要 (3) 重要 (4) 不重要 (5) 非常不重要

(d) 操作能力：(1) 非常重要 (2) 比较重要 (3) 重要 (4) 不重要 (5) 非常不重要

(e) 领导能力：(1) 非常重要 (2) 比较重要 (3) 重要 (4) 不重要 (5) 非常不重要

(f) 政府支持：(1) 非常重要 (2) 比较重要 (3) 重要 (4) 不重要 (5) 非常不重要

(g) 创新能力：(1) 非常重要 (2) 比较重要 (3) 重要 (4) 不重要 (5) 非常不重要

(h) 冒险精神：(1) 非常重要 (2) 比较重要 (3) 重要 (4) 不重要 (5) 非常不重要

(i) 学习能力：(1) 非常重要 (2) 比较重要 (3) 重要 (4) 不重要 (5) 非常不重要

(j) 合作精神：(1) 非常重要 (2) 比较重要 (3) 重要 (4) 不重要 (5) 非常不重要

(k) 决策能力：(1) 非常重要 (2) 比较重要 (3) 重要 (4) 不重要 (5) 非常不重要

(l) 抗挫能力：(1) 非常重要 (2) 比较重要 (3) 重要 (4) 不重要 (5) 非常不重要

(m) 沟通能力：(1) 非常重要 (2) 比较重要 (3) 重要 (4) 不重要 (5) 非常不重要

（n）市场意识：（1）非常重要（2）比较重要（3）重要（4）不重要（5）非常不重要

（o）吃苦耐劳：（1）非常重要（2）比较重要（3）重要（4）不重要（5）非常不重要

（p）动手能力：（1）非常重要（2）比较重要（3）重要（4）不重要（5）非常不重要

（q）思维灵活：（1）非常重要（2）比较重要（3）重要（4）不重要（5）非常不重要

（r）学历要求：（1）非常重要（2）比较重要（3）重要（4）不重要（5）非常不重要

（s）经济条件：（1）非常重要（2）比较重要（3）重要（4）不重要（5）非常不重要

（t）勤奋好学：（1）非常重要（2）比较重要（3）重要（4）不重要（5）非常不重要

（u）健康状态：（1）非常重要（2）比较重要（3）重要（4）不重要（5）非常不重要

（v）信息意识：（1）非常重要（2）比较重要（3）重要（4）不重要（5）非常不重要

（w）竞争意识：（1）非常重要（2）比较重要（3）重要（4）不重要（5）非常不重要

（x）品牌意识：（1）非常重要（2）比较重要（3）重要（4）不重要（5）非常不重要

（y）质量意识：（1）非常重要（2）比较重要（3）重要（4）不重要（5）非常不重要

（z）发展眼光：（1）非常重要（2）比较重要（3）重要（4）不重要（5）非常不重要

问卷到此结束，再次感谢您的支持。如您愿意，请留下您的个人信息：

您的姓名：________________ 联系方式：________________

地　　址：________________ 工作内容：________________

附录 2　涉农专业大学生成为新型职业农民调查问卷

亲爱的同学：

您好！现欲就涉农专业大学生成为新型职业农民愿景问题进行问卷调查，您的回答对我们研究非常重要，希望您能抽出宝贵时间协助我们完成这次问卷调查，问卷采用无记名方式，请您放心回答。非常感谢您的支持！

---

1. 您的性别：

　（1）男　　（2）女

2. 您是几年级学生：

　（1）一年级　　（2）二年级　　（3）三年级　　（4）四年级

3. 您是：

　（1）本科生　　（2）专科生　　（3）研究生

4. 您的户籍所在地为：

　（1）城镇　　（2）农村

5. 您是否为独生子女：

　（1）是　　（2）否

6. 您是否担任过学生干部：

　（1）是　　（2）否

7. 您的政治面貌是：

　（1）群众　　（2）共青团员　　（3）党员

8. 您所学是否与农业相关：

　（1）是　　（2）否

9. 您家庭人均年收入：

（1）1万元以下　　（2）1万~2万元　　（3）2万~5万元

（4）5万~10万元　　（5）10万元以上

10. 您的父母是否从事和农业相关的工作：

（1）是　　（2）否

11. 您是否参加过农业生产经营活动：

（1）是　　（2）否

12. 您是否有过农业、农村相关的实习实践经历：

（1）是　　（2）否

如选（1），请继续回答：您是通过什么途径参与相关农业生产活动或实践锻炼的：

（1）学校组织　　（2）社会组织　　（3）家庭组织　　（4）其他

13. 您的学校是否组织过相关农业活动：

（1）是　　（2）否

14. 您对“新型职业农民”的了解程度：

（1）完全不了解　（2）基本了解　　（3）比较了解　　（4）非常了解

15. 您是通过什么途径了解“新型职业农民”相关政策的（可多选）：

（1）网络媒体　　（2）广播电视　　（3）期刊报纸　　（4）身边熟人

（5）讲座论坛　　（6）课堂学习　　（7）其他

16. 您对“新型职业农民”相关信息的关注程度：

（1）从不关注　　（2）关注度很低　（3）关注度一般　（4）比较关注

（5）非常关注

17. 您对国家关于培育新型职业农民的扶持政策的了解程度为：

（1）完全不了解　（2）基本了解　　（3）比较了解　　（4）非常了解

18. 您对农村工作环境（基础设施、社会保障、人口素质等）的满意程度为：

（1）非常不满意　（2）不太满意　　（3）基本满意　　（4）比较满意

（5）非常满意

19. 面对当前社会存在的对务农者的偏见，您认为专职从事农业的压力程度为：

(1) 完全无压力 (2) 压力很小 (3) 压力一般 (4) 压力较大

(5) 非常有压力

20. 您毕业后是否愿意从事农业生产经营或技术服务：

(1) 不愿意 (2) 愿意 (3) 没想好

如选择（1）不愿意，请回答理由（可多选）：

(1) 农村条件艰苦

(2) 新型职业农民社会地位低

(3) 新型职业农民的收入低

(4) 亲戚朋友不同意

(5) 身边的人没有人愿意做新型职业农民

(6) 新型职业农民的风险大

(7) 资金缺乏

(8) 担心所学知识做不了新型职业农民

(9) 不敢冒险

(10) 其他

如选择（2）愿意，请继续回答理由（可多选）：

(1) 国家重视，将来新型职业农民大有作为

(2) 对农村有感情，想在农村创出自己的一片天地

(3) 回报家乡，想用自己的一技之长为家乡贡献自己的力量

(4) 亲戚朋友想让自己回家乡

(5) 喜欢新型职业农民的职业

21. 您认为下列各因素对成为一名新型职业农民的重要性如何：

(a) 专业知识：(1) 很重要 (2) 比较重要 (3) 一般重要 (4) 不太重要
(5) 不重要

(b) 交际能力：(1) 很重要 (2) 比较重要 (3) 一般重要 (4) 不太重要
(5) 不重要

(c) 管理能力：(1) 很重要 (2) 比较重要 (3) 一般重要 (4) 不太重要

(5) 不重要

(d) 动手能力:(1) 很重要 (2) 比较重要 (3) 一般重要 (4) 不太重要 (5) 不重要

(e) 领导能力:(1) 很重要 (2) 比较重要 (3) 一般重要 (4) 不太重要 (5) 不重要

(f) 信息意识:(1) 很重要 (2) 比较重要 (3) 一般重要 (4) 不太重要 (5) 不重要

(g) 创新能力:(1) 很重要 (2) 比较重要 (3) 一般重要 (4) 不太重要 (5) 不重要

(h) 冒险精神:(1) 很重要 (2) 比较重要 (3) 一般重要 (4) 不太重要 (5) 不重要

(i) 学习能力:(1) 很重要 (2) 比较重要 (3) 一般重要 (4) 不太重要 (5) 不重要

(j) 合作精神:(1) 很重要 (2) 比较重要 (3) 一般重要 (4) 不太重要 (5) 不重要

(k) 决策能力:(1) 很重要 (2) 比较重要 (3) 一般重要 (4) 不太重要 (5) 不重要

(l) 抗挫能力:(1) 很重要 (2) 比较重要 (3) 一般重要 (4) 不太重要 (5) 不重要

(m) 沟通能力:(1) 很重要 (2) 比较重要 (3) 一般重要 (4) 不太重要 (5) 不重要

(n) 市场意识:(1) 很重要 (2) 比较重要 (3) 一般重要 (4) 不太重要 (5) 不重要

(o) 吃苦耐劳:(1) 很重要 (2) 比较重要 (3) 一般重要 (4) 不太重要 (5) 不重要

(p) 健康状态:(1) 很重要 (2) 比较重要 (3) 一般重要 (4) 不太重要 (5) 不重要

(q) 思维灵活:(1) 很重要 (2) 比较重要 (3) 一般重要 (4) 不太重要

（5）不重要

（r）学历条件：（1）很重要（2）比较重要（3）一般重要（4）不太重要
（5）不重要

（s）经济基础：（1）很重要（2）比较重要（3）一般重要（4）不太重要
（5）不重要

22. 你毕业后薪酬期望（元/月）：

（1）2 000~4 000　　（2）4 000~6 000

（3）6 000~10 000　　（4）10 000 以上

23. 如果政府给予一定的补贴和福利，您是否会选择做新型职业农民：

（1）是　　（2）否　　（3）不一定

24. 您认为学校要促进大学生毕业后当作新型职业农民应该做哪些工作（可多选）：

（1）加大对新型职业农民政策的宣传使更多的学生了解新型职业农民

（2）增加实践教学使大学生更加接近农业生产实际

（3）积极探索产学一体模式使学生边学边实践毕业会就能做新兴职业农民

（4）大学生第二课堂活动紧紧围绕新型职业农民所需能力素质展开

（5）成立专门的新兴职业农民专业

（6）对原有农业专业进行整改

（7）增设与农学相关的选修课

（8）创建新型职业农民相关的社团、组织

25. 您认为国家为提高大学生从事新型职业农民的比例，需要在哪些方面做出努力：

（1）加大资金、技术投入力度

（2）降低农业风险

（3）加大宣传力度

（4）增设新型职业农民证书

26. 描述一下你心中的新型职业农民工作的场景：